Leo Koenigsberger

Die Prinzipien der Mechanik

Mathematische Untersuchungen

Leo Koenigsberger

Die Prinzipien der Mechanik

Mathematische Untersuchungen

ISBN/EAN: 9783955622732

Auflage: 1

Erscheinungsjahr: 2013

Erscheinungsort: Bremen, Deutschland

@ Bremen-university-press in Access Verlag GmbH, Fahrenheitstr. 1, 28359 Bremen. Alle Rechte beim Verlag und bei den jeweiligen Lizenzgebern.

DIE PRINCIPIEN DER MECHANIK.

MATHEMATISCHE UNTERSUCHUNGEN

VON

LEO KOENIGSBERGER,
PROFESSOR AN DER UNIVERSITÄT ZU HEIDELBERG.

LEIPZIG,
DRUCK UND VERLAG VON B. G. TEUBNER.
1901.

Vorwort.

Die Untersuchungen von Helmholtz über die „Principien der Statik monocyklischer Systeme" und „die physikalische Bedeutung des Princips der kleinsten Wirkung" haben mich dazu geführt, die in der Mechanik wägbarer Massen für die Kraft und deren Maass gegebene Definition zu verallgemeinern und auf Grund dieser Erweiterung die analytische Form der sich so ergebenden allgemeineren Principien der Mechanik aufzustellen, welche die bekannten Principien als specielle Fälle umfassen. Aber all' die erweiterten mechanischen Principien will ich nur als mathematische Wahrheiten betrachtet wissen, die, wie mir scheint, die Sätze der Mechanik wägbarer Massen in ihrem Wesen und in ihrer Bedeutung ein wenig klarer hervortreten lassen, als wenn man dieselben unmittelbar von der Erfahrung ausgehend auf Grund der Newton'schen Gesetze ermittelt — ich halte mich jedoch grundsätzlich von der Erörterung der Frage fern, ob die allgemeinere Behandlung der Sätze der Mechanik irgendwie geeignet ist, physikalische Vorgänge complicirterer Natur darzustellen, so wie es Helmholtz gelungen ist, physikalische Vorgänge zu beschreiben, indem er in dem Ausdrucke des kinetischen Potentials erster Ordnung eine Trennung der actuellen und potentiellen Energie nicht als gegeben voraussetzte. Wesentlich aber war es für mich, bei der Ausdehnung des Begriffes des kinetischen Potentials die Erweiterung des von Helmholtz in die Mechanik wägbarer Massen eingeführten und von Hertz zur Grundlage seiner Mechanik gemachten Princips der „verborgenen Bewegung" und der „unvollständigen Probleme" zu untersuchen, und die Frage allgemein zu erörtern, wann ein mechanisches Problem für eine bestimmte Anzahl von Parametern und unter dem Einfluss von Kräften irgend welcher Ordnung sich auf ein Problem für eine grössere oder geringere Anzahl von Parametern unter der Einwirkung von Kräften niederer oder höherer Ordnung reduciren lässt, wonach unter anderem die Bewegung zweier nach dem Weber'schen Gesetze sich bewegender Massenpunkte beschrieben werden konnte durch die Bewegung dreier Punkte, von denen zwei sich nach dem Newton'schen Gesetze anziehen, während der dritte mit den beiden in bestimmter Weise verbunden ist und nur durch seine Trägheit wirkt.

Dass endlich die Laplace-Poisson'sche partielle Differentialgleichung auch in der Mechanik der Kräfte höherer Ordnung ihr Analogon hat, und, wie in der Theorie des gewöhnlichen Newton'schen Potentials, auch für das erweiterte Newton'sche Potential die verschiedensten Anwendungen findet bei der Behandlung von Bewegungsproblemen unter der Einwirkung von Kräften höherer Ordnung, schien mir nicht unwesentlich bemerkt zu werden.

Für die Erweiterung des Princips der kleinsten Wirkung mit Beibehaltung des Energiegesetzes, und für die Aufstellung des allgemeinen Hamilton'schen totalen Differentialgleichungssystems sowie der zugehörigen partiellen Differentialgleichung verweise ich auf die Arbeiten von

> Ostrogradsky „Mémoire sur les équations différentielles relatives au problème des isopérimètres",
> Mém. de l'acad. de St. Pétersbourg, sc. math. et phys. tome IV, 1850

und

> Jacobi „De aequationum differentialium isoperimetricarum transformationibus earumque reductione ad aequationem differentialem partialem primi ordinis non linearem,
> Gesammelte Werke V,

für die Behandlung des Princips der kleinsten Action in der Mechanik wägbarer Massen kommen wesentlich die Arbeiten von

> A. Mayer „Die beiden allgemeinen Sätze der Variationsrechnung, welche den beiden Formen des Princips der kleinsten Action in der Dynamik entsprechen",
> Verhandl. d. königl. Gesellsch. d. Wissensch. zu Leipzig 1886

und
> Helmholtz „Ueber die physikalische Bedeutung des Princips der kleinsten Action",
> — „Zur Geschichte des Princips der kleinsten Action", Wissenschaftliche Abhandlungen Bd. III

in Betracht, an die sich noch die Arbeit von
> Réthy „Ueber das Princip der kleinsten Action", Mathematische Annalen Bd. 48

anschliesst, in welcher in Anlehnung an die eben erwähnten Arbeiten von Helmholtz die Gültigkeit des Actionsprincips ohne Zuhülfenahme des Satzes von der lebendigen Kraft erwiesen wird; es ist endlich noch in dieser Beziehung auf die Arbeiten von
> Hölder „Die Principien von Hamilton und Maupertuis", Nachr. d. königl. Gesellsch. d. Wissensch. zu Göttingen, math.-phys. Cl. 1896

und
> Voss „Ueber die Principe von Hamilton und Maupertuis", Nachr. d. königl. Gesellsch. d. Wissensch. zu Göttingen, math.-phys. Cl. 1900

hinzuweisen.

Von Arbeiten, die sich an meine ersten Veröffentlichungen über die Principien der Mechanik anschlossen, sind in Betreff der Existenzbeweise für das kinetische Potential hervorzuheben von
> A. Mayer „Die Existenzbedingungen eines kinetischen Potentials",
> Ber. d. königl. Gesellsch. d. Wissensch. zu Leipzig 1896,
>
> A. Hirsch „Ueber eine charakteristische Eigenschaft der Differentialgleichungen der Variationsrechnung", Mathematische Annalen Bd. 49,
>
> K. Boehm „Die Existenzbedingungen eines kinetischen Potentials höherer Ordnung", Journal für Mathematik Bd. 121.

Heidelberg im November 1900.

Der Verfasser.

Inhaltsangabe.

	Seite
Vorwort	V

§ 1. **Das erweiterte d'Alembert'sche Princip** 1
Postulat für die allgemeine Mechanik wägbarer und nicht wägbarer Materie.

§ 2. **Analytischer Ausdruck für das Maass der Kraft** 4
Hülfsatz 1. betr. die Beziehungen, welche für eine Function R von t, von μ von t abhängigen Grössen $p_1, \ldots, p_\mu$ und deren Ableitungen bestehen zwischen den nach t genommenen totalen Differentialquotienten der nach den p und deren Ableitungen genommenen partiellen Differentialquotienten von R und den partiellen Ableitungen der nach t genommenen totalen Differentialquotienten 5
Hülfsatz 2. betr. die Beziehung, welche, wenn $R_1, R_2, \ldots$ Functionen von $t, p_1, \ldots, p_\mu$ sind, für eine von $t, R_1, R_2, \ldots$ und deren Ableitungen abhängige Function V besteht zwischen den Grössen
$$\frac{\partial V}{\partial u} - \frac{d}{dt}\frac{\partial V}{\partial u'} + \cdots + (-1)^\nu \frac{d^\nu}{dt^\nu} \frac{\partial V}{\partial u^{(\nu)}},$$
wenn u durch die p oder die R ersetzt wird 7
Anwendung dieser Sätze auf die nothwendige und hinreichende Form aller von den Coordinaten und deren Ableitungen abhängigen Functionalausdrücke, welche der Forderung des d'Alembert'schen Princips genügen und somit nach Ausschliessung der Bewegungsmomente des allein möglichen analytischen Ausdruckes für das Maass der Kraft in der allgemeinen Mechanik 9

§ 3. **Analytischer Ausdruck für die lebendige Kraft** 15
Hülfsatz 3. betr. die nothwendige und hinreichende Bedingung dafür, dass eine von $t, p_1, \ldots, p_\mu$ und deren Ableitungen

Inhaltsangabe. IX

Seite

bis zur ν^{ten} Ordnung abhängige Function V durch den nach t genommenen Differentialquotienten einer Function von $t, p_1, \ldots, p_\mu$ und deren Ableitungen bis zur $\nu-1^{\text{ten}}$ Ordnung hin dargestellt werden kann 16

Hülfsatz 4.*) betr. die nothwendige und hinreichende Bedingung dafür, dass μ Functionen $N_1, N_2, \ldots, N_\mu$ von $t, p_1, \ldots, p_\mu$ und deren Ableitungen existiren, welche durch ein und dieselbe Function M von $t, p_1, \ldots, p_\mu$ und deren Ableitungen bis zur ν^{ten} Ordnung hin in der Form darstellbar sind

$$N_k = \frac{\partial M}{\partial p_k} - \frac{d}{dt}\frac{\partial M}{\partial p'_k} + \cdots + (-1)^\nu \frac{d^\nu}{dt^\nu}\frac{\partial M}{\partial p_k^{(\nu)}} \quad (k=1,\ldots,\mu) \quad 22$$

Anwendung dieser Sätze auf den analytischen Ausdruck der Kraft ν^{ter} Ordnung, wenn dieser, der Mechanik wägbarer Massen entsprechend, von den Coordinaten und den Ableitungen bis zur ν^{ten} Ordnung hin unabhängig sein soll . . 38

Ausdruck für die lebendige Kraft 40

§ 4. **Die erste Form der erweiterten Lagrange'schen Gleichungen** 41

Definition der Kräftefunction und des kinetischen Potentials höherer Ordnung. 42, 44

Behandlung der Lagrange'schen Differentialgleichungen für holonome und nicht holonome Systeme 45

§ 5. **Die zweite Form der erweiterten Lagrange'schen Gleichungen** 46

§ 6. **Das erweiterte Hamilton'sche Princip** 47

Behandlung der Lagrange'schen Bewegungsgleichungen für holonome und nicht holonome Systeme, wenn die Bedingungsgleichungen auch die Ableitungen der Coordinaten enthalten 49

§ 7. **Das erweiterte Princip der Erhaltung der lebendigen Kraft** 54

Actuelle und potentielle Energie 59

Gegenseitige Abhängigkeit des kinetischen Potentials und des Energievorraths 60

Das Energieprincip für den Fall, dass die Bedingungsgleichungen auch die Ableitungen der Coordinaten enthalten 64

---

*) Auf Seite 22 Z. 13 v. o. ist L durch N zu ersetzen.

Inhaltsangabe.

§ 8. **Das erweiterte Gauss'sche Princip vom kleinsten Zwange** 67
Anwendung desselben auf ein kinetisches Potential, welches aus der lebendigen Kraft und einer von der Entfernung und den Ableitungen derselben abhängigen Function zusammengesetzt ist 71

§ 9. **Das erweiterte Princip der kleinsten Wirkung** 73
Beispiel der Reduction desselben auf die Lagrange'schen Bewegungsgleichungen für den Fall des Weber'schen Gesetzes................. 80

§ 10. **Das erweiterte Princip der Erhaltung der Flächen** . . 82
Aehnliche Integralformen der Bewegungsgleichungen für den Fall, dass das kinetische Potential der von i befreite imaginäre Theil einer Function complexer Variabeln ist 86

§ 11. **Das erweiterte Princip von der Erhaltung der Bewegung des Schwerpunktes** 91
Anwendung der entwickelten mechanischen Principien auf die Bewegung zweier nach dem Weber'schen Gesetze sich anziehenden Punkte 95

§ 12. **Transformation der erweiterten Lagrange'schen Bewegungsgleichungen in das totale Differentialgleichungssystem von Hamilton** 98
Untersuchung der algebraischen Integralfunctionen eines Hamilton'schen Differentialgleichungsystems, wenn das kinetische Potential eine algebraische Function der Zeit, der Coordinaten und deren Ableitungen ist......... 102

§ 13. **Die erweiterte Hamilton'sche partielle Differentialgleichung.** 105

§ 14. **Helmholtz's Princip der verborgenen Bewegung in der Mechanik wägbarer Massen und Anwendung desselben auf die Bewegung dreier Punkte** 108
Reduction der Bewegung zweier sich nach dem Weber'schen Gesetze anziehenden Punkte auf die Bewegung dreier Punkte, von denen sich zwei nach dem Newton'schen Gesetze anziehen, während der dritte einer bestimmten Zwangsbedingung unterliegt............. 118

§ 15. **Erweiterung des Helmholts'schen Princips von der verborgenen Bewegung für die allgemeinen kinetischen Potentiale erster Ordnung** 128

Inhaltsangabe. XI

Seite

Untersuchung der fünf möglichen Fälle einer Reduction auf
weniger Lagrange'sche Gleichungen, denen wiederum
ein kinetisches Potential erster Ordnung zu Grunde liegt:
1) ϱ Lagrange'sche Gleichungen sind vollständige nach
der Zeit genommene Differentialquotienten von Functionen, welche die zugehörigen ϱ Coordinaten nicht
enthalten 132
2) ϱ Lagrange'sche Gleichungen sind vollständige nach
der Zeit genommene Differentialquotienten von Functionen, welche die ersten Ableitungen der zugehörigen
Coordinaten nicht enthalten 135
3) ϱ Lagrange'sche Gleichungen sind von den ϱ zugehörigen Coordinaten und deren ersten Ableitungen
unabhängig 145
4) ϱ Lagrange'sche Gleichungen sind von den ϱ zuge-
gehörigen Coordinaten und deren zweiten Ableitungen
unabhängig 153
5) ϱ Lagrange'sche Gleichungen sind von den ersten
und zweiten Ableitungen der ϱ zugehörigen Coordinaten unabhängig 159

§ 16. **Helmholtz's Fall der unvollständigen Probleme** . . 167
Erweiterung auf beliebige kinetische Potentiale erster Ordnung 169

§ 17. **Ueber die Erniedrigung der Anzahl der Coordinaten
Lagrange'scher Bewegungsgleichungen durch Er-
höhung der Ordnung des kinetischen Potentials.** . 170
Untersuchung der Fälle, in denen die Elimination einer
Coordinate zwischen zwei Lagrange'schen Gleichungen
mit einem kinetischen Potentiale erster Ordnung auf eine
Lagrange'sche Gleichung für ein Potential zweiter Ordnung führt:
1) wenn p'' in beiden Gleichungen fehlt 171
2) wenn in der zu $\mathfrak{p}$ gehörigen Lagrange'schen Gleichung
p' und p'' nicht enthalten sind 177
3) wenn in beiden Lagrange'schen Gleichungen p' fehlt 182
4) wenn in beiden Lagrange'schen Gleichungen p nicht
enthalten ist 188
Die allgemeinen Existenzbedingungen eines kinetischen Potentials zweiter Ordnung für das Eliminationsresultat einer
Coordinate zwischen zwei Lagrange'schen Gleichungen 192
Die Elimination durch das Hamilton'sche Princip 198

	Seite
§ 18. **Ueber das erweiterte Newton'sche Potential und die Verallgemeinerung der Laplace-Poisson'schen Differentialgleichung**	195
Die Laplace'sche Differentialgeichung für einen ausserhalb der Masse gelegenen Punkt	200
Das Potential einer nach dem Weber'schen Gesetze wirkenden Kugelschale	201
Die Poisson'sche Differentialgleichung für einen innerhalb der Masse gelegenen Punkt	206
§ 19. **Ueber die Bewegung eines von einer Kräftefunction erster Ordnung beeinflussten Punktes**	207
Bewegung eines von einer Kugelschale nach dem Weber'schen Gesetz angezogenen Punktes	212
§ 20. **Ueber die Erweiterung der Poisson'schen Unstetigkeitsgleichung**	214
§ 21. **Rückblick**	224

Bei der Verallgemeinerung der bekannten Principien der Mechanik wird man von der Gültigkeit der Newton'schen Gesetze absehen müssen, wonach

1) jeder Körper in seinem Zustande der Ruhe oder der gradlinig gleichförmigen Bewegung so lange verharrt, als er nicht durch Anwendung äusserer Kräfte zu einer Aenderung seines Zustandes gezwungen wird (Gesetz der Trägheit), und

2) die Aenderung der Bewegung eines Körpers in gradem Verhältniss zu der auf ihn einwirkenden Kraft steht und in deren Richtung stattfindet, woraus sich als Maass der Kraft das Product aus der Masse und Beschleunigung ergiebt;

doch wird der Gesichtspunkt festzuhalten sein, dass die durch Zugrundelegung der Newton'schen Gesetze eintretende Specialisirung dieser allgemeinen Principien auf die bekannten Sätze der Mechanik wägbarer Massen führen soll.

§ 1.
Das erweiterte d'Alembert'sche Princip.

Bewegt sich ein Punkt auf einer graden Linie, deren Strecken von einem festen Anfangspunkte aus gezählt mit s bezeichnet werden mögen, und sei S eine bestimmte Function der Bewegung, deren Eigenschaften nachher angegeben werden, und die aus später ersichtlichen Gründen *Kraft* genannt werden soll, so möge bei der Verrückung des Punktes um die Strecke ds die durch die Bewegung oder durch die Kraft nach dieser Richtung geleistete *Arbeit* durch das Product

$$S\,ds$$

definirt werden, wobei über das Maass der durch die Bewegung definirten Kraft zunächst nichts weiter vorausgesetzt wird; legen wir nun ein festes Coordinatensystem zu Grunde und bezeichnen unter Voraussetzung der Zerlegbarkeit der Kräfte die nach den drei Axen gerichteten Componenten derselben mit X, Y, Z und die dem ds entsprechenden unendlich kleinen Wegstrecken mit dx, dy, dz, so wird die geleistete Arbeit auch durch

$$X\,dx + Y\,dy + Z\,dz$$

dargestellt werden können.

Bewegt sich nunmehr ein beliebiges System von n Punkten, so soll, wenn wir die auf den i^{ten} Punkt wirkenden, nach den Coordinatenaxen gerichteten Kräfte mit X_i, Y_i, Z_i bezeichnen, die *Gesammtarbeit* des Systems durch die Summe

$$\sum_1^n (X_i\,dx_i + Y_i\,dy_i + Z_i\,dz_i)$$

definirt werden, wenn man die gleichzeitigen Veränderungen der Coordinaten der Punkte mit dx_i, dy_i, dz_i bezeichnet. Unterwerfen wir das System beliebigen Zwangsbedingungen, so dass die Bewegung desselben eine andere wird, so werden auch die Kräfte, welche auf die einzelnen Punkte des Systems nach den Coordinatenrichtungen wirken müssen, um die nunmehr stattfindende Bewegung zu veranlassen, von den früheren verschiedene sein, und die von dem Systeme ausgeübte Gesammtarbeit durch

$$\sum_1^n (X_i'\,dx_i + Y_i'\,dy_i + Z_i'\,dz_i)$$

dargestellt werden, worin auch die dx_i, dy_i, dz_i im Allgemeinen andere sein können als früher.

Wir stellen nun als erweitertes d'Alembert'sches Princip für die allgemeine Mechanik die Forderung auf,

dass die Gesammtarbeit, welche das den neuen Zwangsbedingungen unterworfene System leistet, gleich ist der Gesammt-

arbeit des ursprünglichen Systems für dieselben Verrückungen, und zwar für alle diejenigen, welche die Punkte des den neuen Beschränkungen unterworfenen Systems überhaupt erleiden können,

so dass dieses Princip, wenn alle möglichen oder *virtuellen* Verschiebungen der Coordinaten mit δx_i, δy_i, δz_i bezeichnet werden, durch die Gleichung dargestellt ist

$$(1) \quad \sum_1^n (X_i' \delta x_i + Y_i' \delta y_i + Z_i' \delta z_i)$$
$$= \sum_1^n (X_i \delta x_i + Y_i \delta y_i + Z_i \delta z_i).$$

Sind nun die neuen Zwangszustände dadurch charakterisirt, dass die x_i, y_i, z_i von μ von einander unabhängigen Grössen $p_1, p_2, \ldots, p_\mu$ abhängig gemacht sind, so wird für $s = 1, 2, \ldots, \mu$ eine virtuelle Bewegung unter anderen durch

$$\delta p_1 = \delta p_2 = \cdots = \delta p_{s-1} = \delta p_{s+1} = \cdots = \delta p_\mu = 0$$

dargestellt sein, während δp_s beliebig bleibt, und es werden somit aus (1) die Beziehungen folgen

$$(2) \quad \sum_1^n \left(X_i' \frac{\partial x_i}{\partial p_s} + Y_i' \frac{\partial y_i}{\partial p_s} + Z_i' \frac{\partial z_i}{\partial p_s}\right)$$
$$= \sum_1^n \left(X_i \frac{\partial x_i}{\partial p_s} + Y_i \frac{\partial y_i}{\partial p_s} + Z_i \frac{\partial z_i}{\partial p_s}\right) \quad (s = 1, 2, \ldots, \mu).$$

Nennt man nun die von einander unabhängigen Grössen $p_1, p_2, \ldots, p_\mu$ die *freien* Coordinaten des Problems, so wird man von einer Kraft P_s reden können, welche in der Richtung der Coordinate p_s einwirken muss, damit die Bewegung des Systems in der angenommenen Weise vor sich geht, und es wäre in diesem Sinne die Gesammtarbeit des durch die neuen Zwangsbedingungen beschränkten Systems, da alle δp mit Ausnahme von δp_s Null sind, durch den Ausdruck

$$P_s \delta p_s$$

definirt, so dass sich vermöge (2) das erweiterte d'Alembertsche Princip auch in die Form setzen lässt

$$(3) \quad P_s = \sum_1^n \left(X_i \frac{\partial x_i}{\partial p_s} + Y_i \frac{\partial y_i}{\partial p_s} + Z_i \frac{\partial z_i}{\partial p_s} \right) \quad (s = 1, 2, \ldots, \mu),$$

und wenn wir als Projection der in der Richtung der Coordinatenaxen wirkenden Kräfte X_i, Y_i, Z_i auf die Richtung der Coordinate p_s die aus diesen Grössen mit $\frac{\partial x_i}{\partial p_s}$, $\frac{\partial y_i}{\partial p_s}$, $\frac{\partial z_i}{\partial p_s}$ gebildeten Producte bezeichnen, auch so gedeutet werden kann,

dass während der Dauer der Bewegung die auf die Coordinate p_s wirkende Kraft gleich ist der Summe der Projectionen aller auf die Punkte des ursprünglichen Systems wirkenden Kräfte nach der Richtung von p_s genommen.

§ 2.
Analytischer Ausdruck für das Maass der Kraft.

Um einen Ausdruck für das Maass der Kraft zu gewinnen, wird es nöthig sein, der nach den obigen Auseinandersetzungen unter der Annahme der Zerlegbarkeit der Kräfte gültigen Beziehung

$$(1) \quad P_s = \sum_1^n \left(X_i' \frac{\partial x_i}{\partial p_s} + Y_i' \frac{\partial y_i}{\partial p_s} + Z_i' \frac{\partial z_i}{\partial p_s} \right)$$

in der allgemeinsten Weise zu genügen und zwar so, dass das Maass der nach den Coordinatenaxen gerichteten Kräfte nur von der entsprechenden Coordinate und den nach der Zeit genommenen Ableitungen derselben abhängt; wir müssen jedoch zur Behandlung dieser Aufgabe zunächst einige Bemerkungen vorausschicken, die auch später vielfach zur Anwendung kommen werden.

Hülfsatz 1. *Seien $p_1, p_2, \ldots, p_\mu$ von der Zeit t abhängige Grössen, und*

$$R = f(t, p_1, p_1', \ldots, p_1^{(\nu)}, p_2, p_2', \ldots, p_2^{(\nu)}, \ldots, p_\mu, p_\mu', \ldots, p_\mu^{(\nu)}),$$

worin ν die höchste Ordnung der nach t genommenen Ableitungen aller p darstellt, so folgt aus

$$\delta R^{(\varrho)} = \frac{d^\varrho \delta R}{dt^\varrho},$$

worin $R^{(\varrho)}$ die nach t genommene ϱ^{te} Ableitung bedeutet, weil

$$\delta R^{(\varrho)} = \sum_1^\mu {}_\lambda \left\{ \frac{\partial R^{(\varrho)}}{\partial p_\lambda} \delta p_\lambda + \frac{\partial R^{(\varrho)}}{\partial p_\lambda'} \delta p_\lambda' + \cdots + \frac{\partial R^{(\varrho)}}{\partial p_\lambda^{(\nu+\varrho)}} \delta p_\lambda^{(\nu+\varrho)} \right\}$$

und

$$\frac{d^\varrho \delta R}{dt^\varrho} = \frac{d^\varrho}{dt^\varrho} \sum_1^\mu {}_\lambda \sum_0^\nu {}_\alpha \frac{\partial R}{\partial p_\lambda^{(\alpha)}} \delta p_\lambda^{(\alpha)}$$

$$= \sum_1^\mu {}_\lambda \sum_0^\nu {}_\alpha \left\{ \frac{d^\varrho}{dt^\varrho} \frac{\partial R}{\partial p_\lambda^{(\alpha)}} \delta p_\lambda^{(\alpha)} + \varrho_1 \frac{d^{\varrho-1}}{dt^{\varrho-1}} \frac{\partial R}{\partial p_\lambda^{(\alpha)}} \delta p_\lambda^{(\alpha+1)} + \cdots + \frac{\partial R}{\partial p_\lambda^{(\alpha)}} \delta p_\lambda^{(\alpha+\varrho)} \right\}$$

ist, *durch Gleichsetzen der Coefficienten der entsprechenden Variationen*

(2) $\quad \dfrac{\partial R^{(\varrho)}}{\partial p_\lambda^{(\varrho-\varkappa)}} = \dfrac{d^\varrho}{dt^\varrho} \dfrac{\partial R}{\partial p_\lambda^{(-\varkappa)}} + \varrho_1 \dfrac{d^{\varrho-1}}{dt^{\varrho-1}} \dfrac{\partial R}{\partial p_\lambda^{(-\varkappa-1)}}$

$\quad + \varrho_2 \dfrac{d^{\varrho-2}}{dt^{\varrho-2}} \dfrac{\partial R}{\partial p_\lambda^{(-\varkappa-2)}} + \cdots + \varrho_{-\varkappa} \dfrac{d^\varkappa}{dt^\varkappa} \dfrac{\partial R}{\partial p_\lambda} \quad (\varkappa = 1, 2, \ldots, \varrho)$

und

(3) $\quad \dfrac{\partial R^{(\varrho)}}{\partial p_\lambda^{(\varrho+\varkappa)}} = \dfrac{d^\varrho}{dt^\varrho} \dfrac{\partial R}{\partial p_\lambda^{(\varrho+\varkappa)}} + \varrho_1 \dfrac{d^{\varrho-1}}{dt^{\varrho-1}} \dfrac{\partial R}{\partial p_\lambda^{(\varrho+\varkappa-1)}}$

$\quad + \varrho_2 \dfrac{d^{\varrho-2}}{dt^{\varrho-2}} \dfrac{\partial R}{\partial p_\lambda^{(\varrho+\varkappa-2)}} + \cdots + \dfrac{\partial R}{\partial p_\lambda^{(\varkappa)}} \quad (\varkappa = 1, 2, \ldots, \nu).$

Hängt R nur von $t, p_1, \ldots, p_\mu$ und nicht von deren Ableitungen ab, so folgt aus (2) für $\varkappa = \varrho$ und für $\varkappa = \varrho - \sigma$, wenn $\sigma \leqq \varrho$ ist,

$$\frac{\partial R^{(\varrho)}}{\partial p_\lambda} = \frac{d^\varrho}{dt^\varrho} \frac{\partial R}{\partial p_\lambda} \quad \text{und} \quad \frac{\partial R^{(\varrho)}}{\partial p_\lambda^{(\sigma)}} = \varrho_\sigma \frac{d^{\varrho-\sigma}}{dt^{\varrho-\sigma}} \frac{\partial R}{\partial p_\lambda},$$

und aus diesen beiden Gleichungen, wenn die letztere σ mal nach t differentiirt wird, *die häufig zur Anwendung kommende Beziehung*

(4) $\quad \dfrac{d^\sigma}{dt^\sigma} \dfrac{\partial R^{(\varrho)}}{\partial p_\lambda^{(\sigma)}} = \varrho_\sigma \dfrac{\partial R^{(\varrho)}}{\partial p_\lambda}.$

Hängt R ausser von $t, p_1, \cdots, p_\mu$ noch von den ersten Ableitungen dieser Grössen ab, so liefert (2) für $\varkappa = \varrho$, $\varkappa = \varrho - 1$ und $\varkappa = \varrho - \sigma$ die Beziehungen

$$\frac{\partial R^{(\varrho)}}{\partial p_\lambda} = \frac{d^\varrho}{dt^\varrho} \frac{\partial R}{\partial p_\lambda}, \qquad \frac{\partial R^{(\varrho)}}{\partial p'_\lambda} = \frac{d^\varrho}{dt^\varrho} \frac{\partial R}{\partial p'_\lambda} + \varrho \frac{d^{\varrho-1}}{dt^{\varrho-1}} \frac{\partial R}{\partial p_\lambda},$$

$$\frac{\partial R^{(\varrho)}}{\partial p_\lambda^{(\sigma)}} = \varrho_{\sigma-1} \frac{d^{\varrho-\sigma+1}}{dt^{\varrho-\sigma+1}} \frac{\partial R}{\partial p'_\lambda} + \varrho_\sigma \frac{d^{\varrho-\sigma}}{dt^{\varrho-\sigma}} \frac{\partial R}{\partial p_\lambda},$$

und hieraus folgt wieder die Relation

$$(5) \quad \frac{d^\sigma}{dt^\sigma} \frac{\partial R^{(\varrho)}}{\partial p_\lambda^{(\sigma)}} = (\varrho_\sigma - \varrho_1 \varrho_{\sigma-1}) \frac{\partial R^{(\varrho)}}{\partial p_\lambda} + \varrho_{\sigma-1} \frac{d}{dt} \frac{\partial R^{(\varrho)}}{\partial p'_\lambda},$$

während sich aus den beiden ersten und der aus (3) für $\varkappa = 1$ folgenden Gleichung

$$\frac{\partial R^{(\varrho)}}{\partial p_\lambda^{(\varrho+1)}} = \frac{\partial R}{\partial p'_\lambda}$$

die Beziehung

$$(6) \quad \frac{d^{\varrho+1}}{dt^{\varrho+1}} \frac{\partial R^{(\varrho)}}{\partial p_\lambda^{(\varrho+1)}} = -\varrho \frac{\partial R^{(\varrho)}}{\partial p_\lambda} + \frac{d}{dt} \frac{\partial R^{(\varrho)}}{\partial p'_\lambda}$$

ergiebt, und ähnliche Formeln, welche, wenn R auch die $2^{\text{ten}}, 3^{\text{ten}}, \ldots, \alpha^{\text{ten}}$ Ableitungen der p enthält, linear homogen

$$\frac{d^\sigma}{dt^\sigma} \frac{\partial R^{(\varrho)}}{\partial p_\lambda^{(\sigma)}} \quad \text{durch} \quad \frac{\partial R^{(\varrho)}}{\partial p_\lambda}, \; \frac{d}{dt} \frac{\partial R^{(\varrho)}}{\partial p'_\lambda}, \; \cdots, \; \frac{d^\alpha}{dt^\alpha} \frac{\partial R^{(\varrho)}}{\partial p_\lambda^{(\alpha)}}$$

ausdrücken.

Um endlich noch die Beziehungen zwischen den nach t genommenen partiellen und totalen Ableitungen der von t, von $p_1, \ldots, p_\mu$ und deren Ableitungen bis zur ν^{ten} Ordnung abhängigen Function R festzustellen, bemerke man, dass aus

$$\frac{dR}{dt} = \frac{\partial R}{\partial t} + \sum_1^\mu{}_\lambda \frac{\partial R}{\partial p_\lambda} p'_\lambda + \sum_1^\mu{}_\lambda \frac{\partial R}{\partial p'_\lambda} p''_\lambda + \cdots + \sum_1^\mu{}_\lambda \frac{\partial R}{\partial p_\lambda^{(\nu)}} p_\lambda^{(\nu+1)}$$

sich

$$\frac{\partial}{\partial t}\frac{dR}{dt} = \frac{\partial^2 R}{\partial t^2} + \sum_1^\mu{}_\lambda \frac{\partial^2 R}{\partial p_\lambda \partial t} p'_\lambda + \sum_1^\mu{}_\lambda \frac{\partial^2 R}{\partial p'_\lambda \partial t} p''_\lambda + \cdots + \sum_1^\mu{}_\lambda \frac{\partial^2 R}{\partial p_\lambda^{(\nu)} \partial t} p_\lambda^{(\nu+1)}$$

ergiebt, und wegen

$$\frac{d}{dt}\frac{\partial R}{\partial t} = \frac{\partial^2 R}{\partial t^2} + \sum_1^\mu \frac{\partial^2 R}{\partial t \partial p_\lambda} p'_\lambda + \sum_1^\mu \frac{\partial^2 R}{\partial t \partial p'_\lambda} p''_\lambda + \cdots + \sum_1^\mu \frac{\partial^2 R}{\partial t \partial p_\lambda^{(\nu)}} p_\lambda^{(\nu+1)}$$

die Gleichung

(7) $$\qquad\qquad \frac{\partial}{\partial t}\frac{dR}{dt} = \frac{d}{dt}\frac{\partial R}{\partial t}$$

folgt, und hieraus allgemein

(8) $$\qquad\qquad \frac{\partial^\lambda}{\partial t^\lambda}\frac{dR}{dt} = \frac{d}{dt}\frac{\partial^\lambda R}{\partial t^\lambda},$$

oder wenn R durch R', R'', ... ersetzt wird,

(9) $$\qquad\qquad \frac{\partial^\lambda}{\partial t^\lambda}\frac{d^\mu R}{dt^\mu} = \frac{d^\mu}{dt^\mu}\frac{\partial^\lambda R}{\partial t^\lambda}.$$

Hülfsatz 2. *Sind $R_1, R_2, \ldots$ Functionen von $t, p_1, p_2, \ldots, p_\mu$, und sei V eine von $t, R_1, R_1', \ldots, R_1^{(\nu_1)}, R_2, R_2', \ldots, R_2^{(\nu_2)}, \ldots$ abhängige Function*, so ist nach den Principien der Variationsrechnung unter der Annahme, dass die Variationen von $p_1, p_2, \ldots, p_\mu$ sowie deren Ableitungen bis zur $\nu_1 - 1$, $\nu_2 - 1, \ldots$ ten Ordnung hin für $t = t_0$ und $t = t_1$ verschwinden,

$$\delta \int_{t_0}^{t_1} V(t, R_1, R_1', \ldots, R_1^{(\nu_1)}, R_2, R_2', \ldots, R_2^{(\nu_2)}, \ldots)\, dt$$

$$= \int_{t_0}^{t_1} \sum_{\alpha=1,2,\ldots} \left\{ \frac{\partial V}{\partial R_\alpha} - \frac{d}{dt}\frac{\partial V}{\partial R_\alpha'} + \cdots + (-1)^{\nu_\alpha}\frac{d^{\nu_\alpha}}{dt^{\nu_\alpha}}\frac{\partial V}{\partial R_\alpha^{(\nu_\alpha)}} \right\} \delta R_\alpha\, dt$$

$$= \int_{t_0}^{t_1} \sum_{\alpha=1,2,\ldots} \left\{ \frac{\partial V}{\partial R_\alpha} - \frac{d}{dt}\frac{\partial V}{\partial R_\alpha'} + \cdots + (-1)^{\nu_\alpha}\frac{d^{\nu_\alpha}}{dt^{\nu_\alpha}}\frac{\partial V}{\partial R_\alpha^{(\nu_\alpha)}} \right\}$$

$$\left(\frac{\partial R_\alpha}{\partial p_1}\delta p_1 + \frac{\partial R_\alpha}{\partial p_2}\delta p_2 + \cdots + \frac{\partial R_\alpha}{\partial p_\mu}\delta p_\mu \right) d$$

da aber ferner, wenn die grösste der Zahlen $\nu_1, \nu_2, \ldots$ mit ν bezeichnet wird,

$$\delta \int_{t_0}^{t_1} V(t, R_1, R_1', \ldots, R_1^{(\nu_1)}, R_2, R_2', \ldots, R_2^{(\nu_2)}, \ldots)\, dt$$

$$= \int_{t_0}^{t_1} \sum_{1}^{\mu} \left\{ \frac{\partial V}{\partial p_\lambda} - \frac{d}{dt} \frac{\partial V}{\partial p_\lambda'} + \cdots + (-1)^\nu \frac{d^\nu}{dt^\nu} \frac{\partial V}{\partial p_\lambda^{(\nu)}} \right\} \delta p_\lambda\, dt$$

ist, *so folgt durch Vergleichung dieser beiden Ausdrücke die Beziehung*

(10) $\quad \dfrac{\partial V}{\partial p_\lambda} - \dfrac{d}{dt} \dfrac{\partial V}{\partial p_\lambda'} + \cdots + (-1)^\nu \dfrac{d^\nu}{dt^\nu} \dfrac{\partial V}{\partial p_\lambda^{(\nu)}}$

$$= \sum_{\alpha=1,2,\ldots} \left\{ \frac{\partial V}{\partial R_\alpha} - \frac{d}{dt} \frac{\partial V}{\partial R_\alpha'} + \cdots + (-1)^{\nu_\alpha} \frac{d^{\nu_\alpha}}{dt^{\nu_\alpha}} \frac{\partial V}{\partial R_\alpha^{(\nu_\alpha)}} \right\} \frac{\partial R_\alpha}{\partial p_\lambda},$$

welche für $\nu_1 = \nu_2 = \cdots = \nu$ *die Grundlage aller weiteren Betrachtungen bilden wird.*

Zunächst wird dieser zweite Hülfssatz schon sehr allgemeine Auflösungen der Gleichung (1) zu finden gestatten. Sei nämlich

$$T_x(t, x, x', x'', \ldots, x^{(\nu)}),$$

worin ν eine beliebige positive ganze Zahl ist, eine willkürliche Function ihrer Argumente, und setzt man

$$T = \sum_{1}^{n} {}_i T_{x_i}(t, x_i, x_i', \ldots, x_i^{(\nu)}) + \sum_{1}^{n} {}_i T_{y_i}(t, y_i, y_i', \ldots, y_i^{(\nu)})$$

$$+ \sum_{1}^{n} {}_i T_{z_i}(t, z_i, z_i', \ldots, z_i^{(\nu)}),$$

bezeichnet ferner, wenn durch Einführung beliebiger Zwangsbedingungen die rechtwinkligen Coordinaten durch die μ freien Coordinaten $p_1, p_2, \ldots, p_\mu$ ausgedrückt werden, den resultirenden Werth von T mit (T), so wird vermöge (10) die Beziehung bestehen

Ausdruck für das Maass der Kraft.

$$-\frac{\partial(T)}{\partial p_s} + \frac{d}{dt}\frac{\partial(T)}{\partial p'_s} - \cdots + (-1)^{\nu-1}\frac{d^\nu}{dt^\nu}\frac{\partial(T)}{\partial p_s^{(\nu)}}$$

$$= \sum_1^n {}_i \left\{ \left(-\frac{\partial T}{\partial x_i} + \frac{d}{dt}\frac{\partial T}{\partial x'_i} - \cdots + (-1)^{\nu-1}\frac{d^\nu}{dt^\nu}\frac{\partial T}{\partial x_i^{(\nu)}} \right) \frac{\partial x_i}{\partial p_s} \right.$$

$$+ \left(-\frac{\partial T}{\partial y_i} + \frac{d}{dt}\frac{\partial T}{\partial y'_i} - \cdots + (-1)^{\nu-1}\frac{d^\nu}{dt^\nu}\frac{\partial T}{\partial y_i^{(\nu)}} \right) \frac{\partial y_i}{\partial p_s}$$

$$+ \left. \left(-\frac{\partial T}{\partial z_i} + \frac{d}{dt}\frac{\partial T}{\partial z'_i} - \cdots + (-1)^{\nu-1}\frac{d^\nu}{dt^\nu}\frac{\partial T}{\partial z_i^{(\nu)}} \right) \frac{\partial z_i}{\partial p_s} \right\}$$

$$= \sum_1^n {}_i \left\{ \left(-\frac{\partial T_{x_i}}{\partial x_i} + \frac{d}{dt}\frac{\partial T_{x_i}}{\partial x'_i} - \cdots + (-1)^{\nu-1}\frac{d^\nu}{dt^\nu}\frac{\partial T_{x_i}}{\partial x_i^{(\nu)}} \right) \frac{\partial x_i}{\partial p_s} \right.$$

$$+ \left(-\frac{\partial T_{y_i}}{\partial y_i} + \frac{d}{dt}\frac{\partial T_{y_i}}{\partial y'_i} - \cdots + (-1)^{\nu-1}\frac{d^\nu}{dt^\nu}\frac{\partial T_{y_i}}{\partial y_i^{(\nu)}} \right) \frac{\partial y_i}{\partial p_s}$$

$$+ \left. \left(-\frac{\partial T_{z_i}}{\partial z_i} + \frac{d}{dt}\frac{\partial T_{z_i}}{\partial z'_i} - \cdots + (-1)^{\nu-1}\frac{d^\nu}{dt^\nu}\frac{\partial T_{z_i}}{\partial z_i^{(\nu)}} \right) \frac{\partial z_i}{\partial p_s} \right\},$$

und *es wird somit eine der Auflösungen der Gleichung* (1) *als Maass der Kraft, welche ein sich in der* X-*Axe bewegender Punkt in dem oben bezeichneten Sinne ausübt, den Ausdruck*

(11) $\quad X = -\dfrac{\partial T}{\partial x} + \dfrac{d}{dt}\dfrac{\partial T}{\partial x'} - \dfrac{d^2}{dt^2}\dfrac{\partial T}{\partial x''} + \cdots + (-1)^{\nu-1}\dfrac{d^\nu}{dt^\nu}\dfrac{\partial T}{\partial x^{(\nu)}}$

ergeben, worin ν *eine beliebige positive ganze Zahl und* T *eine willkürliche Function von* $t, x, x', x'', \ldots, x^{(\nu)}$ *ist.*

In der Mechanik wägbarer Massen, für welche $\nu = 1$ ist, würde zunächst als Maass der Kraft

$$X = -\frac{\partial T}{\partial x} + \frac{d}{dt}\frac{\partial T}{\partial x'}$$

folgen.

Um aber alle Auflösungen der Gleichung (1) zu finden, mag die Frage gleich etwas allgemeiner, so wie wir sie später für die Behandlung des kinetischen Potentials brauchen werden, in der Form gestellt werden,

welches ist für eine beliebig gegebene Function

$$T(r_1, r'_1, \ldots, r_1^{(\nu)},\ r_2, r'_2, \ldots, r_2^{(\nu)}, \ldots, r_\varkappa, r'_\varkappa, \ldots, r_\varkappa^{(\nu)}),$$

worin $r_1, r_2, \ldots, r_\varkappa$ beliebige von einer Variabeln t abhängige Grössen, und $r_1^{(\alpha)}, r_2^{(\alpha)}, \ldots, r_\varkappa^{(\alpha)}$ die nach t genommenen α^ten Ableitungen dieser Grössen bedeuten, die allgemeinste Gestalt der aus den partiellen Differentialquotienten

$$\frac{\partial T}{\partial r_s}, \; \frac{\partial T}{\partial r'_s}, \; \ldots, \; \frac{\partial T}{\partial r_s^{(\nu)}}$$

und deren nach t genommenen totalen Ableitungen irgend welcher Ordnung zusammengesetzte Function f, welche die Eigenschaft besitzt, dass, wenn $r_1, r_2, \ldots, r_\varkappa$ in willkürlicher Weise von μ von einander unabhängigen Grössen $p_1, p_2, \ldots, p_\mu$ abhängig gemacht werden, worin die Variable t nicht explicite eintritt, und die durch Substitution dieser Werthe in T resultirende Function von $p_1, \ldots, p_\mu$ mit (T) bezeichnet wird, dieselbe Function f gebildet aus

$$\frac{\partial (T)}{\partial p_s}, \; \frac{\partial (T)}{\partial p'_s}, \; \ldots, \; \frac{\partial (T)}{\partial p_s^{(\nu)}}$$

und den nach t genommenen totalen Differentialquotienten dieser Grössen gleich ist der Summe der Producte der f-Function für die Variabeln r_s multiplicirt mit $\dfrac{\partial r_s}{\partial p_s}$, oder dass der Gleichung genügt wird

(12) $\quad f\left(\dfrac{\partial(T)}{\partial p_s}, \; \dfrac{d}{dt}\dfrac{\partial(T)}{\partial p_s}, \; \dfrac{d^2}{dt^2}\dfrac{\partial(T)}{\partial p_s}, \; \ldots, \; \dfrac{\partial(T)}{\partial p'_s}, \; \dfrac{d}{dt}\dfrac{\partial(T)}{\partial p'_s}, \; \ldots \right.$
$\left. \ldots, \; \dfrac{\partial(T)}{\partial p_s^{(\nu)}}, \; \dfrac{d}{dt}\dfrac{\partial(T)}{\partial p_s^{(\nu)}}, \ldots \right)$

$= \displaystyle\sum_1^\varkappa f\left(\dfrac{\partial T}{\partial r_s}, \; \dfrac{d}{dt}\dfrac{\partial T}{\partial r_s}, \; \dfrac{d^2}{dt^2}\dfrac{\partial T}{\partial r_s}, \; \ldots, \; \dfrac{\partial T}{\partial r'_s}, \; \dfrac{d}{dt}\dfrac{\partial T}{\partial r'_s}, \; \ldots \right.$
$\left. \ldots, \; \dfrac{\partial T}{\partial r_s^{(\nu)}}, \; \dfrac{d}{dt}\dfrac{\partial T}{\partial r_s^{(\nu)}}, \ldots \right) \dfrac{\partial r_s}{\partial p_s},$

für jede Wahl der Function T und jede Beziehung der r zu den p?

Wir wollen hier, wie im Folgenden häufig beim Beweise der Hülfssätze, wenn das Princip des Beweises genau dasselbe bleibt, der Kürze halber für ν einen bestimmten Werth annehmen, der aber immer grösser als 1 sein soll, um nicht in der Mechanik wägbarer Massen zu bleiben, und es wird für die Beantwortung der eben aufgeworfenen Frage genügen, vorauszusetzen, dass die Ableitungen der Grössen r nur die zweite Ordnung erreichen.

Da die Beziehung (12) für jede Abhängigkeit der r und p stattfinden soll, so wird sie auch gelten müssen, wenn r_1 als willkürliche Function von p_1 gewählt wird, ferner $\mu = \varkappa$ und $r_2 = p_2, \ldots, r_\mu = p_\mu$ gesetzt werden, so dass, wenn $s = 1$ genommen und r_1, p_1 mit r und p bezeichnet werden, die Gleichung

$$(13)\ f\left(\frac{\partial(T)}{\partial p}, \frac{d}{dt}\frac{\partial(T)}{\partial p}, \ldots, \frac{\partial(T)}{\partial p'}, \frac{d}{dt}\frac{\partial(T)}{\partial p'}, \ldots, \frac{\partial(T)}{\partial p''}, \frac{d}{dt}\frac{\partial(T)}{\partial p''}, \ldots\right)$$
$$= f\left(\frac{\partial T}{\partial r}, \frac{d}{dt}\frac{\partial T}{\partial r}, \ldots, \frac{\partial T}{\partial r'}, \frac{d}{dt}\frac{\partial T}{\partial r'}, \ldots, \frac{\partial T}{\partial r''}, \frac{d}{dt}\frac{\partial T}{\partial r''}, \ldots\right)\frac{\partial r}{\partial p}$$

befriedigt werden soll für jede Wahl von T und jede Beziehung zwischen r und p. Die letztere Forderung bedingt einerseits, wenn

$$\frac{\partial r}{\partial p} = \mathfrak{r}_1, \quad \frac{\partial^2 r}{\partial p^2} = \mathfrak{r}_2, \quad \frac{\partial^3 r}{\partial p^3} = \mathfrak{r}_3, \ldots$$

also
$$r' = \mathfrak{r}_1 p', \quad r'' = \mathfrak{r}_1 p'' + \mathfrak{r}_2 p'^2, \quad r''' = \mathfrak{r}_1 p''' + 3\mathfrak{r}_2 p'' p' + \mathfrak{r}_3 p'^3, \ldots$$

gesetzt wird, die Unabhängigkeit von $\mathfrak{r}_1, \mathfrak{r}_2, \ldots$ und $r', r'', \ldots$ unter einander, andererseits ist ersichtlich, dass, wenn

$$\frac{\partial T}{\partial r} = u, \quad \frac{\partial T}{\partial r'} = v, \quad \frac{\partial T}{\partial r''} = w$$

gesetzt wird, da die Gleichung (13) für eine willkürliche Wahl von T stattfinden sollte, nicht nur die Grössen u, v, w von einander unabhängig sein werden, sondern auch zwischen den Grössen

$$\frac{d}{dt}\frac{\partial T}{\partial r} = u' = u_1, \quad \frac{d^2}{dt^2}\frac{\partial T}{\partial r} = u'' = u_2, \ldots,$$
$$\frac{d}{dt}\frac{\partial T}{\partial r'} = v' = v_1, \quad \frac{d^2}{dt^2}\frac{\partial T}{\partial r'} = v'' = v_2, \ldots$$

weder unter einander noch mit u, v, w ein Zusammenhang stattfinden wird, da die höheren partiellen Differentialquotienten von T nach r, r', r'' genommen von einander unabhängig sind. Setzt man nun

$$\frac{\partial r}{\partial p} = \mathfrak{r}_1 = \varrho_1, \qquad \frac{\partial r'}{\partial p} = \frac{\partial \mathfrak{r}_1}{\partial p} p' = \mathfrak{r}_2 p' = \varrho_2,$$

$$\frac{\partial r''}{\partial p} = \mathfrak{r}_2 p'' + \frac{\partial \mathfrak{r}_2}{\partial p} p'^2 = \mathfrak{r}_3 p'' + \mathfrak{r}_3 p'^2 = \varrho_3, \ldots,$$

worin die Grössen $\varrho_1, \varrho_2, \varrho_3, \ldots$ wiederum von einander unabhängig sind, so folgt vermöge der aus der Gleichung (2) sich ergebenden Beziehung

$$\frac{\partial r^{(\sigma)}}{\partial p^{(\lambda)}} = \sigma_\lambda \frac{\partial r^{(\sigma - \lambda)}}{\partial p} \qquad (\lambda \leqq \sigma)$$

mit Hülfe der eingeführten Bezeichnungen

$$\frac{\partial (T)}{\partial p} = u \varrho_1 + v \varrho_2 + w \varrho_3, \quad \frac{\partial (T)}{\partial p'} = v \varrho_1 + 2 w \varrho_2, \quad \frac{\partial (T)}{\partial p''} = w \varrho_1,$$

$$\frac{d}{dt} \frac{\partial (T)}{\partial p} = u_1 \varrho_1 + (u + v_1) \varrho_2 + (v + w_1) \varrho_3 + w \varrho_4, \ldots,$$

$$\frac{d^2}{dt^2} \frac{\partial (T)}{\partial p} = u_2 \varrho_1 + (2 u_1 + v_2) \varrho_2 + (u + 2 v_1 + w_2) \varrho_3$$
$$+ (v + 2 w_1) \varrho_4 + w \varrho_5, \ldots,$$

. . . .

und es wird somit nach (13) für willkürliche Werthe aller eintretenden Grössen die Identität gefordert

(14) $f \big(u \varrho_1 + v \varrho_2 + w \varrho_3, \; u_1 \varrho_1 + (u + v_1) \varrho_2 + (v + w_1) \varrho_3 + w \varrho_4,$
$\qquad u_2 \varrho_1 + (2 u_1 + v_2) \varrho_2 + (u + 2 v_1 + w_2) \varrho_3$
$\qquad \qquad + (v + 2 w_1) \varrho_4 + w \varrho_5, \ldots,$
$\quad v \varrho_1 + 2 w \varrho_2, \; v_1 \varrho_1 + (v + 2 w_1) \varrho_2 + 2 w \varrho_3,$
$\qquad v_2 \varrho_1 + (2 v_1 + 2 w_1) \varrho_2 + (v + 2 \cdot 2 w_1) \varrho_3 + 2 w \varrho_4, \ldots,$
$\quad w \varrho_1, \; w_1 \varrho_1 + w \varrho_2, \; w_2 \varrho_1 + 2 w_1 \varrho_2 + w \varrho_3, \ldots \big)$
$= \varrho_1 f(u, u_1, u_2, u_3, \ldots, v, v_1, v_2, v_3, \ldots, w, w_1, w_2, w_3, \ldots).$

Setzt man hierin

$$v = v_1 = v_2 = \cdots = w = w_1 = w_2 = \cdots = 0, \quad \varrho_1 = 1,$$

so folgt aus der resultirenden Gleichung

$$f(u, \ u_1 + u\varrho_2, \ u_2 + 2u_1\varrho_2 + u\varrho_3,$$
$$u_3 + 3u_2\varrho_2 + 3u_1\varrho_3 + u\varrho_4, \ldots, 0, 0, \ldots)$$
$$= f(u, \ u_1, \ u_2, \ u_3, \ \ldots, 0, 0, \ldots),$$

da die Argumente der linken Seite vom zweiten ab vermöge der Willkürlichkeit der Grössen ϱ_2, ϱ_3, ... beliebige von $u, u_1, u_2, \ldots$ unabhängige Werthe annehmen können, dass in der Function f von den Grössen $u, u_1, u_2, u_3, \ldots$ nur die Grösse u vorkommen kann. Setzt man nunmehr in (14)

$$w = w_1 = w_2 = \cdots = 0, \quad \varrho_1 = 1, \quad \varrho_2 = 0,$$

so wird ebenso aus der Gleichung

$$f(u, v, v_1, v_2 + v\varrho_3, v_3 + 3v_1\varrho_3 + v\varrho_4, \ldots, 0, 0, \ldots)$$
$$= f(u, v, v_1, v_2, v_3, \ldots, 0, 0, \ldots)$$

folgen, dass die Function f nicht mehr von $v_2, v_3, \ldots$ abhängen darf, ebenso nicht von $w_3, w_4, \ldots$, so dass die für die nothwendige Form von f identisch zu erfüllende Gleichung (14) in

(15) $f(u\varrho_1 + v\varrho_2 + w\varrho_3, v\varrho_1 + 2w\varrho_2, v_1\varrho_1 + (v+2w_1)\varrho_2 + 2w\varrho_3,$
$w\varrho_1, w_1\varrho_1 + w\varrho_2, w_2\varrho_1 + 2w_1\varrho_2 + w\varrho_3) = \varrho_1 f(u, v, v_1, w, w_1, w_2)$
übergeht.

Kehren wir nunmehr zur ursprünglichen durch die Gleichung (12) gestellten Forderung zurück und nehmen an, dass *die Function T mindestens von zwei r-Grössen abhängt*, so wird die identisch zu erfüllende Gleichung, wenn wir die entsprechenden Grössen sämmtlich mit dem Index ε versehen, mit Rücksicht auf (15) die Form annehmen

(16) $f\Big\{\sum{}^\varepsilon(u^{(\varepsilon)}\varrho_1^{(\varepsilon)} + v^{(\varepsilon)}\varrho_2^{(\varepsilon)} + w^{(\varepsilon)}\varrho_3^{(\varepsilon)}),\ \sum{}^\varepsilon(v^{(\varepsilon)}\varrho_1^{(\varepsilon)} + 2w^{(\varepsilon)}\varrho_2^{(\varepsilon)}),$
$\sum{}^\varepsilon(v_1^{(\varepsilon)}\varrho_1^{(\varepsilon)} + (v^{(\varepsilon)} + 2w_1^{(\varepsilon)})\varrho_2^{(\varepsilon)} + 2w^{(\varepsilon)}\varrho_3^{(\varepsilon)}),\ \sum{}^\varepsilon w^{(\varepsilon)}\varrho_1^{(\varepsilon)},$
$\sum{}^\varepsilon(w_1^{(\varepsilon)}\varrho_1^{(\varepsilon)} + w^{(\varepsilon)}\varrho_2^{(\varepsilon)}),\ \sum{}^\varepsilon(w_2^{(\varepsilon)}\varrho_1^{(\varepsilon)} + 2w_1^{(\varepsilon)}\varrho_2^{(\varepsilon)} + w^{(\varepsilon)}\varrho_3^{(\varepsilon)})\Big\}$
$= \sum{}^\varepsilon \varrho_1^{(\varepsilon)} f(u^{(\varepsilon)}, v^{(\varepsilon)}, v_1^{(\varepsilon)}, w^{(\varepsilon)}, w_1^{(\varepsilon)}, w_2^{(\varepsilon)});$

da aber, wenn $\varrho_1^{(\varepsilon)} = 1$, $\varrho_2^{(\varepsilon)} = 0$, $\varrho_3^{(\varepsilon)} = 0$ gesetzt wird, aus der sich ergebenden Gleichung durch partielle Differentiation nach den Argumenten folgt, dass die Differentialquotienten von den Argumenten unabhängig sind, so wird f eine lineare Function der Argumente mit constanten Coefficienten von der Form sein

$$f(u^{(\epsilon)}, v^{(\epsilon)}, v_1^{(\epsilon)}, w^{(\epsilon)}, w_1^{(\epsilon)}, w_2^{(\epsilon)})$$
$$= \alpha_0 + \alpha u^{(\epsilon)} + \beta v^{(\epsilon)} + \beta_1 v_1^{(\epsilon)} + \gamma w^{(\epsilon)} + \gamma_1 w_1^{(\epsilon)} + \gamma_2 w_2^{(\epsilon)},$$

und durch Einsetzen dieses Ausdruckes in (16) und Identificirung der Coefficienten von $u^{(\epsilon)}, v^{(\epsilon)}, \ldots$, und in diesen wieder der Coefficienten von $\varrho_1^{(\epsilon)}, \varrho_2^{(\epsilon)}, \ldots$ die Bestimmungsgleichungen folgen

$$\alpha_0 = 0, \quad \alpha + \beta_1 = 0, \quad \beta_1 + \gamma_2 = 0, \quad 2\beta + \gamma_1 = 0,$$

so dass f die Form annimmt

$$f(u^{(\epsilon)}, v^{(\epsilon)}, v_1^{(\epsilon)}, w^{(\epsilon)}, w_1^{(\epsilon)}, w_2^{(\epsilon)})$$
$$= \alpha (u^{(\epsilon)} - v_1^{(\epsilon)} + w_2^{(\epsilon)}) + \beta (v^{(\epsilon)} - 2 w_1^{(\epsilon)}) + \gamma w^{(\epsilon)},$$

worin α, β, γ beliebig bleiben, und es ergeben sich somit als Auflösungen der Gleichung (12) im Falle $\nu = 2$, da von den Grössen α, β, γ stets zwei gleich Null angenommen werden können, für f die drei Formen als nothwendig und hinreichend

$$-\frac{\partial T}{\partial r_\epsilon} + \frac{d}{dt}\frac{\partial T}{\partial r_\epsilon'} - \frac{d^2}{dt^2}\frac{\partial T}{\partial r_\epsilon''}, \quad \frac{dT}{dr'} - 2\frac{d}{dt}\frac{\partial T}{\partial r''}, \quad -\frac{\partial T}{\partial r''},$$

und genau in derselben Weise folgt für beliebige ν der Satz,

dass sämmtliche Functionen f, welche für eine beliebige Function T von $r_\epsilon, r_\epsilon', \ldots, r_\epsilon^{(\nu)}$, worin $\epsilon = 1, 2, \ldots, \varkappa$ und $\varkappa > 1$ ist, und für eine willkürliche Abhängigkeit zwischen $r_1, r_2, \ldots, r_\varkappa$ und $p_1, p_2, \ldots, p_\mu$ der Gleichung (12) genügen, in der Form enthalten sind

$$f = (-1)^{\nu - \lambda + 1} \Big(\frac{\partial T}{\partial r_\epsilon^{(\nu - \lambda)}} - (\nu - \lambda + 1) \frac{d}{dt} \frac{\partial T}{\partial r_\epsilon^{(\nu - \lambda + 1)}}$$
$$+ \frac{(\nu - \lambda + 2)(\nu - \lambda + 1)}{1 \cdot 2} \frac{d^2}{dt^2} \frac{\partial T}{\partial r_\epsilon^{(\nu - \lambda + 2)}} - \cdots$$
$$+ (-1)^\lambda \frac{\nu(\nu - 1) \cdots (\nu - \lambda + 1)}{1 \cdot 2 \cdots \lambda} \frac{d^\lambda}{dt^\lambda} \frac{\partial T}{\partial r_\epsilon^{(\nu)}} \Big),$$

worin λ die Werthe $1, 2, \ldots, \nu$ annimmt.

Definiren wir also, um in Uebereinstimmung mit der Mechanik wägbarer Massen zu bleiben, *im Falle $\nu > 1$ für einen auf der X-Axe sich bewegenden Punkt*

$$B_\lambda = (-1)^{\nu-\lambda+1}\left(\frac{\partial T}{\partial x^{(\nu-\lambda)}} - (\nu-\lambda+1)_1 \frac{d}{dt}\frac{\partial T}{\partial x^{(\nu-\lambda+1)}}\right.$$
$$+ (\nu-\lambda+2)_2 \frac{d^2}{dt^2}\frac{\partial T}{\partial x^{(\nu-\lambda+2)}} - \cdots$$
$$\left. + (-1)^\lambda \nu_\lambda \frac{d^\lambda}{dt^\lambda}\frac{\partial T}{\partial x^{(\nu)}}\right)$$
$$(\lambda = 0, 1, 2, \ldots, \nu-1)$$

als *Bewegungsmoment λ^ter Ordnung*, so ergiebt sich als allein möglicher allgemeiner Ausdruck für das Maass der Kraft die oben gefundene Form

$$X = -\frac{\partial T}{\partial x} + \frac{d}{dt}\frac{\partial T}{\partial x'} - \frac{d^2}{dt^2}\frac{\partial T}{\partial x''} - \cdots + (-1)^{\nu-1}\frac{d^\nu}{dt^\nu}\frac{\partial T}{\partial x^{(\nu)}},$$

worin T zunächst noch eine willkürliche Function von x, x', x'', ..., $x^{(\nu)}$ ist.

§ 3.
Analytischer Ausdruck für die lebendige Kraft.

Der oben für die Mechanik wägbarer Massen gewonnene Ausdruck für das Maass der Kraft

$$X = -\frac{\partial T}{\partial x} + \frac{d}{dt}\frac{\partial T}{\partial x'},$$

worin T eine beliebige Function von x und x' bedeutet, wird, wenn man im Einklange mit den Newton'schen Gesetzen die Bedingung aufstellt, dass derselbe von x und x' unabhängig sein soll, die Gleichungen nach sich ziehen

$$-\frac{\partial^2 T}{\partial x^2} + \frac{d}{dt}\frac{\partial^2 T}{\partial x \partial x'} = 0, \quad \frac{d}{dt}\frac{\partial^2 T}{\partial x'^2} = 0,$$

und es wird somit T die Form annehmen

$$T = ax'^2 + f(x)x' + \alpha x + \beta,$$

worin a, α, β Constanten, und $f(x)$ noch eine beliebige Function

16 Ausdruck für die lebendige Kraft.

von x sein kann, während das Maass für die Kraft sich in der Gestalt ergiebt

$$X = -\alpha + 2ax'',$$

worin, wenn den beiden Newton'schen Gesetzen genügt werden soll, offenbar $\alpha = 0$ und $a = \frac{m}{2}$ sein muss, und somit für $\beta = 0$ T in

$$T = \frac{m}{2} x'^2$$

übergeht, welcher Ausdruck als lebendige Kraft definirt wird. Wir wollen nun auch im allgemeinen Falle durch ähnliche Bedingungen den oben gefundenen Ausdruck für das Maass der Kraft specialisiren, um auf die Verallgemeinerung des Ausdruckes für die lebendige Kraft geführt zu werden.

Zu dem Zwecke sollen, um später die Auseinandersetzung der allgemeinen Principien der Mechanik nicht zu unterbrechen, schon an dieser Stelle einige Hülfssätze behandelt werden, die eine wesentliche Rolle in der allgemeinen Mechanik spielen.

Hülfssatz 3. Ist V eine Function von $t, p_1, p_2, \ldots, p_\mu$ und deren nach t genommenen Ableitungen bis zur ν^{ten} Ordnung hin, so ist bekanntlich

$$(1)\ \delta \int_{t_0}^{t} V\, dt = \sum_{1}^{\mu} \left[\left(\frac{\partial V}{\partial p'_\lambda} - \frac{d}{dt} \frac{\partial V}{\partial p''_\lambda} + \cdots + (-1)^{\nu-1} \frac{d^{\nu-1}}{dt^{\nu-1}} \frac{\partial V}{\partial p_\lambda^{(\nu)}} \right) \delta p_\lambda \right]_{t_0}^{t}$$

$$+ \sum_{1}^{\mu} \left[\left(\frac{\partial V}{\partial p''_\lambda} - \cdots + (-1)^{\nu-2} \frac{d^{\nu-2}}{dt^{\nu-2}} \frac{\partial V}{\partial p_\lambda^{(\nu)}} \right) \delta p'_\lambda \right]_{t_0}^{t} + \cdots$$

$$+ \sum_{1}^{\mu} \left[\frac{\partial V}{\partial p_\lambda^{(\nu)}} \delta p_\lambda^{(\nu-1)} \right]_{t_0}^{t}$$

$$+ \int_{t_0}^{t} \sum_{1}^{\mu} \left(\frac{\partial V}{\partial p_\lambda} - \frac{d}{dt} \frac{\partial V}{\partial p'_\lambda} + \cdots + (-1)^\nu \frac{d^\nu}{dt^\nu} \frac{\partial V}{\partial p_\lambda^{(\nu)}} \right) \delta p_\lambda\, dt,$$

und nimmt man an, dass V ein nach t genommener Differentialquotient einer Function $f(t, p_1, p'_1, \ldots, p_1^{(\nu-1)}, \ldots, p_\mu, p'_\mu, \ldots, p_\mu^{(\nu-1)})$ ist, so wird, wenn für die obere Grenze t ein bestimmter

Werth t_1 angenommen und festgesetzt wird, dass $\delta p_\lambda, \delta p_\lambda', \ldots, \delta p_\lambda^{(\nu-1)}$ für t_0 und t_1 verschwinden sollen, weil

$$\delta \int_{t_0}^{t_1} V\, dt = \delta \int_{t_0}^{t_1} \frac{df}{dt}\, dt = \delta [f]_{t_0}^{t_1} = 0$$

ist, nach (1) die identische Beziehung bestehen

(2) $\qquad \dfrac{\partial V}{\partial p_\lambda} - \dfrac{d}{dt}\dfrac{\partial V}{\partial p_\lambda'} + \cdots + (-1)^\nu \dfrac{d^\nu}{dt^\nu}\dfrac{\partial V}{\partial p_\lambda^{(\nu)}} = 0,$

welche somit die nothwendige Bedingung dafür ist, dass V durch den nach t genommenen Differentialquotienten einer Function dargestellt werden kann, und es wird in diesem Falle unter der Annahme, dass $\delta p_\lambda, \delta p_\lambda', \ldots, \delta p_\lambda^{(\nu-1)}$ für t_0 verschwinden, die Gleichung (1) den Variationsausdruck liefern

(3) $\displaystyle \delta \int_{t_0}^{t} V\, dt = \sum_1^\mu \left(\frac{\partial V}{\partial p_\lambda'} - \frac{d}{dt}\frac{\partial V}{\partial p_\lambda''} + \cdots + (-1)^{\nu-1}\frac{d^{\nu-1}}{dt^{\nu-1}}\frac{\partial V}{\partial p_\lambda^{(\nu)}} \right) \delta p_\lambda$

$\qquad + \displaystyle\sum_1^\mu \left(\frac{\partial V}{\partial p_\lambda''} - \frac{d}{dt}\frac{\partial V}{\partial p_\lambda'''} + \cdots + (-1)^{\nu-2}\frac{d^{\nu-2}}{dt^{\nu-2}}\frac{\partial V}{\partial p_\lambda^{(\nu)}} \right) \delta p_\lambda' + \cdots$

$\qquad + \displaystyle\sum_1^\mu \frac{\partial V}{\partial p_\lambda^{(\nu)}}\, \delta p_\lambda^{(\nu-1)}.$

Dass diese Gleichung (3) eine unmittelbar ersichtliche Identität liefert, folgt aus (2) und (3) des § 2, nach denen

$$\frac{\partial f'}{\partial p_\lambda'} - \frac{d}{dt}\frac{\partial f'}{\partial p_\lambda''} + \frac{d^2}{dt^2}\frac{\partial f'}{\partial p_\lambda'''} - \cdots = \left(\frac{d}{dt}\frac{\partial f}{\partial p_\lambda'} + \frac{\partial f}{\partial p_\lambda}\right)$$
$$- \frac{d}{dt}\left(\frac{d}{dt}\frac{\partial f}{\partial p_\lambda''} + \frac{\partial f}{\partial p_\lambda'}\right) + \frac{d^2}{dt^2}\left(\frac{d}{dt}\frac{\partial f}{\partial p_\lambda'''} - \frac{\partial f}{\partial p_\lambda''}\right) - \cdots = \frac{\partial f}{\partial p_\lambda},$$

$$\frac{\partial f'}{\partial p_\lambda''} - \frac{d}{dt}\frac{\partial f'}{\partial p_\lambda'''} + \cdots$$
$$= \left(\frac{d}{dt}\frac{\partial f}{\partial p_\lambda''} + \frac{\partial f}{\partial p_\lambda'}\right) - \frac{d}{dt}\left(\frac{d}{dt}\frac{\partial f}{\partial p_\lambda'''} + \frac{\partial f}{\partial p_\lambda''}\right) + \cdots = \frac{\partial f}{\partial p_\lambda'}$$

u. s. w. ist, so dass die Gleichung (3) wegen $V = f'$ in

$$\delta f = \sum_{1}^{\mu} \left(\frac{\partial f}{\partial p_\lambda} \delta p_\lambda + \frac{\partial f}{\partial p_\lambda'} \delta p_\lambda' + \cdots + \frac{\partial f}{\partial p_\lambda^{(\nu-1)}} \delta p_\lambda^{(\nu-1)} \right)$$

übergeht.

Es soll nun die bereits bekannte Umkehrung dieses Satzes, dass nämlich die Existenz der Identität (2) auch die hinreichende Bedingung dafür ist, dass V sich als ein nach t genommener Differentialquotient einer Function von $t, p_1, \ldots, p_\mu$ und deren Ableitungen darstellen lässt, mit Hülfe der Beziehungen (2) und (3) des § 2 begründet werden, so wie es für die weiteren Anwendungen dieses Satzes zweckmässig erscheint.

Wird nämlich die Gleichung (2) identisch befriedigt, so dass unter Annahme des Verschwindens der Variationen δp_λ, $\delta p_\lambda', \ldots, \delta p_\lambda^{(\nu-1)}$ für $t = t_0$ die Gleichung (3) besteht, oder wenn

$$(4) \quad \frac{\partial V}{\partial p_\lambda^{(\varrho)}} - \frac{d}{dt} \frac{\partial V}{\partial p_\lambda^{(\varrho+1)}} + \cdots + (-1)^{\nu-\varrho} \frac{d^{\nu-\varrho}}{dt^{\nu-\varrho}} \frac{\partial V}{\partial p_\lambda^{(\nu)}} = V_{\varrho\lambda}$$

gesetzt wird,

$$(5) \quad \delta \int_{t_0}^{t} V \, dt = \sum_{1}^{\mu} V_{1\lambda} \delta p_\lambda + \sum_{1}^{\mu} V_{2\lambda} \delta p_\lambda' + \cdots + \sum_{1}^{\mu} V_{\nu\lambda} \delta p_\lambda^{(\nu-1)}$$

ist, so werden vermöge (2) und (4) identisch erfüllt sein

$$(6) \quad \frac{\partial V}{\partial p_\lambda} - \frac{dV_{1\lambda}}{dt} = 0, \quad \frac{\partial V}{\partial p_\lambda'} - \frac{dV_{2\lambda}}{dt} = V_{1\lambda},$$

$$\frac{\partial V}{\partial p_\lambda''} - \frac{dV_{3\lambda}}{dt} = V_{2\lambda}, \quad \cdots \quad \frac{\partial V}{\partial p_\lambda^{(\nu-1)}} - \frac{dV_{\nu\lambda}}{dt} = V_{\nu-1,\lambda},$$

und zunächst aus der ersten dieser Gleichungen für λ_1 und λ_2 durch partielle Differentiation nach p_{λ_2} und p_{λ_1} sich die identischen Beziehungen ergeben

$$(7) \quad \frac{d}{dt}\left(\frac{\partial V_{1\lambda_1}}{\partial p_{\lambda_2}} - \frac{\partial V_{1\lambda_2}}{\partial p_{\lambda_1}} \right) = 0.$$

Ebenso folgt aus der ersten und zweiten der Gleichungen (6) mit Benutzung der angeführten Hülfsformeln

Ausdruck für die lebendige Kraft.

$$\frac{\partial^2 V}{\partial p_{\lambda_1} \partial p'_{\lambda_2}} - \frac{d}{dt}\frac{\partial V_{1\lambda_1}}{\partial p'_{\lambda_2}} - \frac{\partial V_{1\lambda_1}}{\partial p_{\lambda_2}} = 0$$

und

$$\frac{\partial^2 V}{\partial p'_{\lambda_2} \partial p_{\lambda_1}} - \frac{d}{dt}\frac{\partial V_{2\lambda_2}}{\partial p'_{\lambda_1}} - \frac{\partial V_{1\lambda_2}}{\partial p_{\lambda_1}} = 0$$

und daher vermöge (7)

(8) $$\frac{d^2}{dt^2}\left(\frac{\partial V_{1\lambda_1}}{\partial p'_{\lambda_2}} - \frac{\partial V_{2\lambda_2}}{\partial p'_{\lambda_1}}\right) = 0,$$

während sich aus der zweiten der Gleichungen (6)

$$\frac{\partial^2 V}{\partial p'_{\lambda_1} \partial p'_{\lambda_2}} - \frac{d}{dt}\frac{\partial V_{2\lambda_1}}{\partial p'_{\lambda_2}} - \frac{\partial V_{2\lambda_1}}{\partial p_{\lambda_2}} - \frac{\partial V_{1\lambda_1}}{\partial p'_{\lambda_2}} = 0,$$

$$\frac{\partial^2 V}{\partial p'_{\lambda_2} \partial p'_{\lambda_1}} - \frac{d}{dt}\frac{\partial V_{2\lambda_2}}{\partial p'_{\lambda_1}} - \frac{\partial V_{2\lambda_2}}{\partial p_{\lambda_1}} - \frac{\partial V_{1\lambda_2}}{\partial p'_{\lambda_1}} = 0$$

und somit nach (8)

(9) $$\frac{d^2}{dt^2}\left(\frac{\partial V_{2\lambda_1}}{\partial p'_{\lambda_2}} - \frac{\partial V_{2\lambda_2}}{\partial p'_{\lambda_1}}\right) = 0$$

ergiebt, und so, wie unmittelbar ersichtlich, allgemein

(10) $$\frac{d^{\alpha+\beta-1}}{dt^{\alpha+\beta-1}}\left(\frac{\partial V_{\alpha\lambda_1}}{\partial p_{\lambda_2}^{(\beta-1)}} - \frac{\partial V_{\beta\lambda_2}}{\partial p_{\lambda_1}^{(\alpha-1)}}\right) = 0,$$

worin auch $\alpha = \beta$ und $\lambda_1 = \lambda_2$ sein kann. Da nun α und β höchstens den Werth ν erreichen, also jedenfalls identisch

(11) $$\frac{d^{2\nu-1}}{dt^{2\nu-1}}\left(\frac{\partial V_{\alpha\lambda_1}}{\partial p_{\lambda_2}^{(\beta-1)}} - \frac{\partial V_{\beta\lambda_2}}{\partial p_{\lambda_1}^{(\alpha-1)}}\right) = 0 \quad \text{oder}$$

$$\frac{\partial V_{\alpha\lambda_1}}{\partial p_{\lambda_2}^{(\beta-1)}} - \frac{\partial V_{\beta\lambda_2}}{\partial p_{\lambda_1}^{(\alpha-1)}} = c_0 + c_1 t + \cdots + c_{2\nu-2} t^{2\nu-2}$$

ist, worin $c_0, c_1, \ldots, c_{2\nu-2}$ Constanten, so wird zunächst, wenn

(12) $$\frac{\partial V}{\partial p_\varkappa} = W^{(\varkappa)}$$

gesetzt wird, wie durch partielle Differentiation der Gleichung (2) nach $p_\varkappa$ vermöge der Beziehung (2) des § 2 ersichtlich, die identische Gleichung folgen

$$\frac{\partial W^{(\varkappa)}}{\partial p_\lambda} - \frac{d}{dt}\frac{\partial W^{(\varkappa)}}{\partial p_\lambda'} + \cdots + (-1)^\nu \frac{d^\nu}{dt^\nu}\frac{\partial W^{(\varkappa)}}{\partial p_\lambda^{(\nu)}} = 0,$$

und sich daher nach (3) und (4), wenn

$$\frac{\partial V_{\delta\bullet}}{\partial p_\varkappa} = W_{\delta\bullet}^{(\varkappa)}$$

gesetzt wird,

$$(13)\quad \delta\int_{t_0}^{t} W^{(\varkappa)}\,dt = \sum_1^\mu W_{1\lambda}^{(\varkappa)}\delta p_\lambda + \sum_1^\mu W_{2\lambda}^{(\varkappa)}\delta p_\lambda' + \cdots + \sum_1^\mu W_{\nu\lambda}^{(\varkappa)}\delta p_\lambda^{(\nu-1)}$$

ergeben. Da aber die Gleichung (11) die identische Beziehung liefert

$$\frac{\partial W_{\alpha\lambda_1}}{\partial p_{\lambda_2}^{(\beta-1)}} = \frac{\partial W_{\beta\lambda_2}}{\partial p_{\lambda_1}^{(\alpha-1)}},$$

so wird die Variation (13) die vollständige Variation einer Function $f_\varkappa$ von $t, p_1, p_2, \ldots, p_\mu$ und deren Ableitungen bis zur $\nu-1^{\text{ten}}$ Ordnung hin sein und daher $W^{(\varkappa)}$ der nach t genommene totale Differentialquotient einer ebensolchen Function $F_\varkappa$. Setzt man nun

$$\frac{\partial V}{\partial p_1} = \frac{dF_1}{dt},$$

also

$$V = \frac{d}{dt}\int F_1\,dp_1 + V^{(1)}(t, p_2, p_3, \ldots, p_\mu, p_1', \ldots, p_\mu', \ldots, p_1^{(\nu)}, \ldots, p_\mu^{(\nu)}),$$

so folgt durch partielle Differentiation nach p_2

$$\frac{\partial V}{\partial p_2} = \frac{d}{dt}\int\frac{\partial F_1}{\partial p_2}\,dp_1 + \frac{\partial V^{(1)}}{\partial p_2} = \frac{dF_2}{dt}$$

und somit

$$V^{(1)} = \frac{d}{dt}\left[\int\left(F_2 - \int\frac{\partial F_1}{\partial p_2}\,dp_1\right)dp_2\right] + V^{(2)}(t, p_3, \ldots, p_\mu, p_1', \ldots, p_\mu', \ldots, p_1^{(\nu)}, \ldots, p_\mu^{(\nu)}),$$

also

$$V = \frac{d}{dt}\left[\int F_1\,dp_1 + \int\left(F_2 - \int\frac{\partial F_1}{\partial p_2}\,dp_1\right)dp_2\right] + V^{(2)},$$

und fährt man so fort, so folgt

$$V = \frac{d\Phi}{dt} + V^{(\mu)}(p_1', \ldots, p_\mu', \ldots, p_1^{(\nu)}, \ldots, p_\mu^{(\nu)}),$$

worin Φ eine Function von $t, p_1, p_2, \ldots, p_\mu$ und deren Ableitungen bis zur $\nu-1^{\text{ten}}$ Ordnung hin darstellt.

Setzt man nun
$$V - \frac{d\Phi}{dt} = \overline{V},$$

so genügt $\overline{V}$, weil ausser der Gleichung (5), wenn
$$\frac{\partial \Phi}{\partial p_\lambda^{(\varrho)}} = \Phi_{\varrho+1\,\lambda}$$

gesetzt wird, die Beziehung besteht

$$\delta \int_{t_0}^{t} \frac{d\Phi}{dt} dt = \sum_1^\mu {}^\lambda \Phi_{1\lambda} \delta p_\lambda + \sum_1^\mu {}^\lambda \Phi_{2\lambda} \delta p_\lambda' + \cdots + \sum_1^\mu {}^\lambda \Phi_{\nu\lambda} \delta p_\lambda^{(\nu-1)},$$

wiederum vermöge der Beziehungen (2), (3) des § 2 der der Gleichung (5) analogen Variationsgleichung

$$\delta \int_{t_0}^{t} \overline{V} dt = \sum_1^\mu {}^\lambda \overline{V}_{2\lambda} \delta p_\lambda' + \sum_1^\mu {}^\lambda \overline{V}_{3\lambda} \delta p_\lambda'' + \cdots + \sum_1^\mu {}^\lambda \overline{V}_{\nu\lambda} \delta p_\lambda^{(\nu-1)},$$

da $\overline{V}$ die Grössen $p_1, p_2, \ldots, p_\mu$ nicht mehr enthält, und aus dieser würde sich, wie aus (5), ergeben

$$\overline{V} - \frac{d\Psi}{dt} = \overline{\overline{V}}(t, p_1'', \ldots, p_\mu'', \ldots, p_1^{(\nu)}, \ldots, p_\mu^{(\nu)}),$$

also
$$V = \frac{d\Phi}{dt} + \frac{d\Psi}{dt} + \overline{\overline{V}};$$

schliesst man so weiter, so stellt sich V als vollständiger nach t genommener Differentialquotient einer Function von t, $p_1, \ldots, p_\mu$ und deren Ableitungen bis zur $\nu-1^{\text{ten}}$ Ordnung hin dar, und wir erhalten den Satz:

Die identisch erfüllte Gleichung

$$\frac{\partial V}{\partial p_\lambda} - \frac{d}{dt}\frac{\partial V}{\partial p_\lambda'} + \frac{d^2}{dt^2}\frac{\partial V}{\partial p_\lambda''} - \cdots + (-1)^\nu \frac{d^\nu}{dt^\nu}\frac{\partial V}{\partial p_\lambda^{(\nu)}} = 0$$

ist die nothwendige und hinreichende Bedingung dafür, dass V durch den nach t genommenen Differentialquotienten einer Function von $t, p_1, \ldots, p_\mu$ und deren Ableitungen bis zur $\nu - 1^{ten}$ Ordnung hin dargestellt werden kann.

Von diesem eben bewiesenen Satze soll nun eine Anwendung auf den Beweis eines weiteren Hülfsatzes gemacht werden, der in der Mechanik, wie wir sehen werden, eine wesentliche Rolle spielt, und dessen Herleitung in einer Form gegeben werden soll, wie wir dieselbe den späteren Untersuchungen zu Grunde legen.

Hülfsatz 4. Es handelt sich um die Ermittlung der nothwendigen und hinreichenden Bedingungen dafür, dass μ Functionen $L_1, L_2, \ldots, L_\mu$ von $t, p_1, p_2, \ldots, p_\mu$ und deren Ableitungen existiren, welche durch ein und dieselbe Function M von $t, p_1, p_2, \ldots p_\mu$ und deren Ableitungen bis zur ν^{ten} Ordnung hin in der Form darstellbar sind

$$(14) \quad N_\varkappa = \frac{\partial M}{\partial p_\varkappa} - \frac{d}{dt}\frac{\partial M}{\partial p_\varkappa'} + \frac{d^2}{dt^2}\frac{\partial M}{\partial p_\varkappa''} - \cdots + (-1)^\nu \frac{d^\nu}{dt^\nu}\frac{\partial M}{\partial p_\varkappa^{(\nu)}}.$$

Um zunächst die nothwendigen Bedingungen für diese Darstellung zu finden, differentiire man (14) partiell nach $p_\lambda^{(2\nu)}$, woraus vermöge der Beziehungen (2) und (3) des § 2, die im Folgenden stets zur Anwendung kommen werden, sich

$$(15) \quad \frac{\partial N_\varkappa}{\partial p_\lambda^{(2\nu)}} = (-1)^\nu \frac{\partial^2 M}{\partial p_\varkappa^{(\nu)} \partial p_\lambda^{(\nu)}} = \frac{\partial N_\lambda}{\partial p_\varkappa^{(2\nu)}}$$

ergiebt, und genau ebenso die beiden Gleichungen

$$\frac{\partial N_\varkappa}{\partial p_\lambda^{(2\nu-1)}} = (-1)^{\nu-1}\frac{\partial^2 M}{\partial p_\varkappa^{(\nu-1)}\partial p_\lambda^{(\nu)}}$$
$$+ (-1)^\nu \left(\nu \frac{d}{dt}\frac{\partial^2 M}{\partial p_\varkappa^{(\nu)}\partial p_\lambda^{(\nu)}} + \frac{\partial^2 M}{\partial p_\varkappa^{(\nu)}\partial p_\lambda^{(\nu-1)}}\right),$$

$$\frac{\partial N_\lambda}{\partial p_\varkappa^{(2\nu-1)}} = (-1)^{\nu-1}\frac{\partial^2 M}{\partial p_\lambda^{(\nu-1)}\partial p_\varkappa^{(\nu)}}$$
$$+ (-1)^\nu \left(\nu \frac{d}{dt}\frac{\partial^2 M}{\partial p_\varkappa^{(\nu)}\partial p_\lambda^{(\nu)}} + \frac{\partial^2 M}{\partial p_\lambda^{(\nu)}\partial p_\varkappa^{(\nu-1)}}\right),$$

aus deren Verbindung vermöge (15)

Ausdruck für die lebendige Kraft.

$$\frac{\partial N_\varkappa}{\partial p_\lambda^{(2\nu-1)}} - 2\nu \frac{d}{dt}\frac{\partial N_\varkappa}{\partial p_\lambda^{(2\nu)}} = -\frac{\partial N_\lambda}{\partial p_\varkappa^{(2\nu-1)}}$$

folgt. Die partielle Differentiation von (14) nach $p_\lambda^{(2\nu-2)}$ resp. $p_\varkappa^{(2\nu-2)}$ liefert ebenso

$$\frac{\partial N_\varkappa}{\partial p_\lambda^{(2\nu-2)}} - (2\nu-1)_1 \frac{d}{dt}\frac{\partial N_\varkappa}{\partial p_\lambda^{(2\nu-1)}} + (2\nu)_2 \frac{d^2}{dt^2}\frac{\partial N_\varkappa}{\partial p_\lambda^{(2\nu)}} = \frac{\partial N_\lambda}{\partial p_\varkappa^{(2\nu-2)}},$$

und so allgemein

(16) $\dfrac{\partial N_\varkappa}{\partial p_\lambda^{(\varrho)}} - (\varrho+1)_1 \dfrac{d}{dt}\dfrac{\partial N_\varkappa}{\partial p_\lambda^{(\varrho+1)}} + (\varrho+2)_2 \dfrac{d^2}{dt^2}\dfrac{\partial N_\varkappa}{\partial p_\lambda^{(\varrho+2)}} - \cdots$
$\qquad\qquad + (-1)^{2\nu-\varrho}(2\nu)_{2\nu-\varrho}\dfrac{d^{2\nu-\varrho}}{dt^{2\nu-\varrho}}\dfrac{\partial N_\varkappa}{\partial p_\lambda^{(2\nu)}} = (-1)^\varrho \dfrac{\partial N_\lambda}{\partial p_\varkappa^{(\varrho)}},$

worin ϱ die Werthe $0, 1, 2, \ldots, 2\nu$, $\varkappa$ und λ die Werthe $1, 2, \ldots, \mu$ annehmen, während wenn M ausser t nur eine Variable p nebst ihren Ableitungen enthält, da $\varkappa = \lambda$ ist, die nothwendige Bedingung für N nach (16) in

(17) $(1-(-1)^\varrho)\dfrac{\partial N}{\partial p^{(\varrho)}} - (\varrho+1)_1 \dfrac{d}{dt}\dfrac{\partial N}{\partial p^{(\varrho+1)}} + (\varrho+2)_2 \dfrac{d^2}{dt^2}\dfrac{\partial N}{\partial p^{(\varrho+2)}} - \cdots$
$\qquad\qquad + (-1)^{2\nu-\varrho}(2\nu)_{2\nu-\varrho}\dfrac{d^{2\nu-\varrho}}{dt^{2\nu-\varrho}}\dfrac{\partial N}{\partial p^{(2\nu)}} = 0$

übergeht. Die $2\nu + 1$ Bedingungen (17) sind jedoch nicht von einander unabhängig; zunächst sieht man, dass die Gleichung (17) für $\varrho = 2\nu$ eine identische ist, dass ferner für $\varrho = 2\nu - 1$ sich

(18) $\qquad \dfrac{\partial N}{\partial p^{(2\nu-1)}} - \nu \dfrac{d}{dt}\dfrac{\partial N}{\partial p^{(2\nu)}} = 0$

ergiebt, worauf auch $\varrho = 2\nu - 2$ führt; die Annahme $\varrho = 2\nu - 3$ und $\varrho = 2\nu - 4$ liefert die beiden Beziehungen

$$2\frac{\partial N}{\partial p^{(2\nu-3)}} - (2\nu-2)_1 \frac{d}{dt}\frac{\partial N}{\partial p^{(2\nu-2)}} + (2\nu-1)_2 \frac{d^2}{dt^2}\frac{\partial N}{\partial p^{(2\nu-1)}}$$
$$- (2\nu)_3 \frac{d^3}{dt^3}\frac{\partial N}{\partial p^{(2\nu)}} = 0$$

$$-(2\nu-3)_1 \frac{d}{dt}\frac{\partial N}{\partial p^{(2\nu-3)}} + (2\nu-2)_2 \frac{d^2}{dt^2}\frac{\partial N}{\partial p^{(2\nu-2)}}$$
$$- (2\nu-1)_3 \frac{d^3}{dt^3}\frac{\partial N}{\partial p^{(2\nu-1)}} + (2\nu)_4 \frac{d^4}{dt^4}\frac{\partial N}{\partial p^{(2\nu)}} = 0,$$

Ausdruck für die lebendige Kraft.

und dass diese beiden Beziehungen vermöge (18) wiederum in nur eine übergehen, ist daraus ersichtlich, dass, wenn die zweite derselben durch $2\nu - 3$ dividirt und mit 2 multiplicirt zu der nach t differentiirten ersten hinzuaddirt wird, sich eine homogene lineare Gleichung in $\dfrac{d^3}{dt^3}\dfrac{\partial N}{\partial p^{(2\nu-1)}}$ und $\dfrac{d^4}{dt^4}\dfrac{\partial N}{\partial p^{(2\nu)}}$ ergeben würde, welche nothwendig die dreimal nach t differentiirte Gleichung (18) sein muss, und so folgt, wie unmittelbar einzusehen, da stets für zwei aufeinanderfolgende Werthe von ϱ die beiden ersten Posten von (17), von einem gemeinsamen numerischen Factor abgesehen, durch Differentiation nach t aus einander entstanden sind, dass die nothwendigen von N zu erfüllenden Bedingungsgleichungen aus (17) erhalten werden, wenn $\varrho = 1, 3, 5, \ldots, 2\nu - 1$ gesetzt wird.

Es mag noch bemerkt werden, dass, weil die Gleichung (17) für $\varrho = 1$ und $\varrho = 0$ die Beziehungen liefert

$$2\frac{\partial N}{\partial p'} - 2\frac{d}{dt}\frac{\partial N}{\partial p''} + 3\frac{d^2}{dt^2}\frac{\partial N}{\partial p'''} - 4\frac{d^3}{dt^3}\frac{\partial N}{\partial p''''} + \cdots$$
$$- 2\nu\frac{d^{2\nu-1}}{dt^{2\nu-1}}\frac{\partial N}{\partial p^{(2\nu)}} = 0,$$

$$\frac{d}{dt}\left\{\frac{\partial N}{\partial p'} - \frac{d}{dt}\frac{\partial N}{\partial p''} + \frac{d^2}{dt^2}\frac{\partial N}{\partial p'''} - \cdots - \frac{d^{2\nu-1}}{dt^{2\nu-1}}\frac{\partial N}{\partial p^{(2\nu)}}\right\} = 0,$$

die Klammer der zweiten Gleichung eine Constante sein wird, welche, da sie mit der ersten Gleichung verbunden eine Folge der übrigen für $\varrho = 3, 5, \ldots, 2\nu - 1$ sich ergebenden, in den Differentialquotienten homogenen linearen Gleichungen sein muss, den Werth Null haben wird, und dass somit allgemein die Beziehung gilt

(19) $\quad \dfrac{\partial N}{\partial p'} - \dfrac{d}{dt}\dfrac{\partial N}{\partial p''} + \dfrac{d^2}{dt^2}\dfrac{\partial N}{\partial p'''} - \cdots - \dfrac{d^{2\nu-1}}{dt^{2\nu-1}}\dfrac{\partial N}{\partial p^{(2\nu)}} = 0;$

es ist des Folgenden wegen nicht überflüssig zu bemerken, dass diese Beziehung auch unmittelbar aus der Gleichung (14) hergeleitet werden kann, wenn dieselbe nach $p', p'', \ldots, p^{(2\nu)}$ mit Anwendung der Formeln (2) und (3) des § 2 partiell differentiirt, und die angezeigte algebraische Summe gebildet wird.

Wir wollen nun aber zeigen, dass die durch die Gleichungen (16) und (17) ausgedrückten Bedingungen für N_x resp. N auch die hinreichenden dafür sind, dass eine Function M von $t, p_1, p_2, \ldots, p_\mu, p_1', \ldots, p_\mu', \ldots, p_1^{(\nu)}, \ldots, p_\mu^{(\nu)}$ existirt, durch welche sich N_x resp. N in der Form (14) darstellen lässt, und dieser Nachweis soll nach einer im Folgenden noch öfter zur Anwendung kommenden Methode durch den Hülfssatz 1. geführt werden.

Für $\mu = 1$, $\nu = 1$ ist aus der allein in diesem Falle geltenden identischen Bedingungsgleichung

(20) $$\frac{\partial N}{\partial p'} - \frac{d}{dt}\frac{\partial N}{\partial p''} = 0$$

unmittelbar ersichtlich, dass

$$\frac{\partial^2 N}{\partial p''^2} = 0, \quad \text{also} \quad N = p'' \varphi(t, p, p') + \psi(t, p, p')$$

sein muss, und dass, wenn

$$Q = \int N\, dp = p'' \int \varphi(t, p, p')\, dp + \int \psi(t, p, p')\, dp$$
$$= p'' \Phi(t, p, p') + \Psi(t, p, p')$$

gesetzt wird, vermöge (20) die Beziehung besteht

(21) $$\frac{\partial Q}{\partial p'} - \frac{d}{dt}\frac{\partial Q}{\partial p''} = \Omega(t, p') = \frac{\partial \omega(t, p')}{\partial p'},$$

die von p unabhängig ist. Dann wird aber unter der Annahme, dass an den Integralgrenzen t_0 und t_1 die Variationen δp und $\delta p'$ verschwinden, vermöge der Beziehung (21)

(22) $$\int_{t_0}^{t_1} N\, \delta p\, dt = \int_{t_0}^{t_1} \frac{\partial Q}{\partial p}\, \delta p\, dt = \delta \int_{t_0}^{t_1} Q\, dt - \int_{t_0}^{t_1} \Omega(t, p')\, \delta p'\, dt$$
$$= \delta \int_{t_0}^{t_1} (Q - \omega(t, p'))\, dt$$

sein, und wenn man nunmehr eine in p'' lineare Function f bestimmt, welche der nach t genommene Differentialquotient einer Function

$$F(t, p, p') = \int \Phi(t, p, p')\, dp' + \Phi_1(t, p)$$

ist, also

$$f = \frac{dF}{dt} = \frac{\partial F}{\partial t} + \frac{\partial F}{\partial p} p' + \Phi(t, p, p')\, p''$$

setzt, so wird die Subtraction der durch den ersten Hülfsatz bedingten Identität

$$\delta \int_{t_0}^{t_1} f\, dt = 0$$

von der Gleichung (22) die Beziehung

$$\int_{t_0}^{t_1} N \delta p\, dt = \delta \int_{t_0}^{t_1} (Q - \omega - f)\, dt = \delta \int_{t_0}^{t_1} M\, dt$$
$$= \int_{t_0}^{t_1} \left(\frac{\partial M}{\partial p} - \frac{d}{dt} \frac{\partial M}{\partial p'} \right) \delta p\, dt$$

ergeben, worin M nur von t, p, p' abhängt, und hiermit die Existenz einer nur von t, p, p' abhängigen Function M erwiesen sein, durch welche sich N in der Form ausdrückt

$$N = \frac{\partial M}{\partial p} - \frac{d}{dt} \frac{\partial M}{\partial p'}. *)$$

Ist $\mu = 1$, $\nu = 2$, bestehen also die beiden identisch zu erfüllenden Bedingungsgleichungen

---

*) Es wird nicht überflüssig sein, die einzelnen Beweise durch Beispiele zu erläutern.

Sei die der Gleichung (20) genügende Function

$$N = -p^2 - 6 p' p'',$$

so ergiebt sich

$$\varphi = -6 p', \quad \psi = -p^2, \quad Q = -6 p p' p'' - \frac{p^3}{3},$$
$$\frac{\partial Q}{\partial p'} - \frac{d}{dt} \frac{\partial Q}{\partial p''} = 6 p'^2, \quad \Omega = 6 p'^2, \quad \omega = 2 p'^3, \quad \Phi = -6 p p',$$
$$F = -3 p p'^2, \quad f = -3 p'^3 - 6 p p' p''$$

und somit

$$M = p'^3 - \frac{p^3}{3}.$$

(23) $\quad \dfrac{\partial N}{\partial p'} - \dfrac{d}{dt}\dfrac{\partial N}{\partial p''} + \dfrac{d^2}{dt^2}\dfrac{\partial N}{\partial p'''} - \dfrac{d^3}{dt^3}\dfrac{\partial N}{\partial p^{IV}} = 0,$

(24) $\quad \dfrac{\partial N}{\partial p'''} - 2\dfrac{d}{dt}\dfrac{\partial N}{\partial p^{IV}} = 0,$

so wird sich zunächst wieder

$\dfrac{\partial^2 N}{\partial p^{IV2}} = 0,$ also $N = p^{IV}\varphi(t, p, p', p'', p''') + \psi(t, p, p', p'', p''')$

ergeben, und durch Einsetzen dieses Werthes in (24)

$$\dfrac{\partial \varphi}{\partial p'''} = 0, \quad \dfrac{\partial \psi}{\partial p'''} = 2\left(\dfrac{\partial \varphi}{\partial t} + \dfrac{\partial \varphi}{\partial p}p' + \dfrac{\partial \varphi}{\partial p'}p'' + \dfrac{\partial \varphi}{\partial p''}p'''\right),$$

also

$$N = p^{IV}\cdot\varphi(t, p, p', p'') + \dfrac{\partial \varphi}{\partial p''}p'''^2$$
$$+ 2\left(\dfrac{\partial \varphi}{\partial t} + \dfrac{\partial \varphi}{\partial p}p' + \dfrac{\partial \varphi}{\partial p'}p''\right)p''' + \chi(t, p, p', p'')$$

folgen. Setzt man nunmehr wieder wie oben

(25) $Q = \int N\,dp = p^{IV}\int \varphi\,dp + p'''^2\int \dfrac{\partial \varphi}{\partial p''}\,dp$
$\quad + 2p'''\int\left(\dfrac{\partial \varphi}{\partial t} + \dfrac{\partial \varphi}{\partial p}p' + \dfrac{\partial \varphi}{\partial p'}p''\right)dp + \int \chi(t, p, p', p'')\,dp,$

so wird vermöge (23)

(26) $\dfrac{\partial Q}{\partial p'} - \dfrac{d}{dt}\dfrac{\partial Q}{\partial p''} + \dfrac{d^2}{dt^2}\dfrac{\partial Q}{\partial p'''} - \dfrac{d^3}{dt^3}\dfrac{\partial Q}{\partial p^{IV}} = \Omega(t, p', p'', p''', p^{IV}, p^V)$

von p unabhängig sein. Differentiirt man aber diese Gleichung partiell nach p^V und p^{IV}, so folgt wieder mit Hülfe der Formeln (2) und (3) des § 2 mit Berücksichtigung der Form (25) für Q, wie unmittelbar ersichtlich,

$$\dfrac{\partial \Omega}{\partial p^V} = 0, \quad \dfrac{\partial \Omega}{\partial p^{IV}} = 0,$$

so dass (26) von p, p^{IV} und p^V unabhängig die Form annimmt

(27) $\dfrac{\partial Q}{\partial p'} - \dfrac{d}{dt}\dfrac{\partial Q}{\partial p''} + \dfrac{d^2}{dt^2}\dfrac{\partial Q}{\partial p'''} - \dfrac{d^3}{dt^3}\dfrac{\partial Q}{\partial p^{IV}} = \Omega(t, p', p'', p'''),$

und es kommt nun darauf an, die charakteristische Eigenschaft der Function Ω zu entwickeln. Es ist aber leicht zu sehen, dass sich wiederum vermöge (2) und (3) des § 2

$$\frac{\partial \Omega}{\partial p''} = \frac{\partial^2 Q}{\partial p' \partial p''}$$
$$- \left[\frac{d}{dt} \frac{\partial^2 Q}{\partial p''^2} + \frac{\partial^2 Q}{\partial p'' \partial p'} \right] + \left[\frac{d^2}{dt^2} \frac{\partial^2 Q}{\partial p''' \partial p''} + 2 \frac{d}{dt} \frac{\partial^2 Q}{\partial p''' \partial p'} + \frac{\partial^2 Q}{\partial p''' \partial p} \right]$$
$$- \left[\frac{d^3}{dt^3} \frac{\partial^2 Q}{\partial p^{IV} \partial p''} + 3 \frac{d^2}{dt^2} \frac{\partial^2 Q}{\partial p^{IV} \partial p'} + 3 \frac{d}{dt} \frac{\partial^2 Q}{\partial p^{IV} \partial p} \right],$$

$$\frac{\partial \Omega}{\partial p'''} = \frac{\partial^2 Q}{\partial p' \partial p'''}$$
$$- \left[\frac{d}{dt} \frac{\partial^2 Q}{\partial p'' \partial p'''} + \frac{\partial^2 Q}{\partial p''^2} \right] + \left[\frac{d^2}{dt^2} \frac{\partial^2 Q}{\partial p'''^2} + 2 \frac{d}{dt} \frac{\partial^2 Q}{\partial p''' \partial p''} + \frac{\partial^2 Q}{\partial p''' \partial p'} \right]$$
$$- \left[\frac{d^3}{dt^3} \frac{\partial^2 Q}{\partial p^{IV} \partial p'''} + 3 \frac{d^2}{dt^2} \frac{\partial^2 Q}{\partial p^{IV} \partial p''} + 3 \frac{d}{dt} \frac{\partial^2 Q}{\partial p^{IV} \partial p'} + \frac{\partial^2 Q}{\partial p^{IV} \partial p} \right]$$

und somit

$$\frac{\partial \Omega}{\partial p''} - \frac{d}{dt} \frac{\partial \Omega}{\partial p'''} = 2 \frac{d^2}{dt^2} \frac{\partial^2 Q}{\partial p^{IV} \partial p''} - 2 \frac{d}{dt} \frac{\partial^2 Q}{\partial p^{IV} \partial p} + \frac{\partial^2 Q}{\partial p''' \partial p}$$
$$- \frac{d^3}{dt^3} \frac{\partial^2 Q}{\partial p'''^2} + \frac{d^4}{dt^4} \frac{\partial^2 Q}{\partial p^{IV} \partial p'''}$$

ergiebt, woraus mit Benutzung der in (25) für Q gefundenen Form

(28) $$\frac{\partial \Omega}{\partial p''} - \frac{d}{dt} \frac{\partial \Omega}{\partial p'''} = 0$$

folgt. Da aber genau wie oben die Gleichungen (25) und (27) die Beziehung liefern

(29) $$\int_{t_0}^{t_1} N \delta p \, dt = \delta \int_{t_0}^{t_1} Q \, dt - \int_{t_0}^{t_1} \Omega(t, p', p'', p''') \, \delta p' \, dt,$$

für eine Function Ω aber von t, p', p'', p''', welche der der Gleichung (20) analogen Beziehung (28) genügt, nach dem früher Bewiesenen eine Function K von t, p', p'' existirt, welche die Gleichung befriedigt

(30) $$\int_{t_0}^{t_1} \Omega(t, p', p'', p''') \, \delta p' \, dt = \delta \int_{t_0}^{t_1} K \, dt,$$

so liefert zunächst die Zusammenstellung von (29) und (30)

$$\text{(31)} \qquad \int_{t_0}^{t_1} N\delta p\,dt = \delta\int_{t_0}^{t_1}(Q-K)\,dt = \delta\int_{t_0}^{t_1} R\,dt,$$

worin nach (25) R die Form hat

$$\text{(32)} \quad R = p^{IV}\int\varphi\,dp + p'''^2\int\frac{\partial\varphi}{\partial p''}\,dp$$
$$+ 2p'''\int\left(\frac{\partial\varphi}{\partial t} + \frac{\partial\varphi}{\partial p}p' + \frac{\partial\varphi}{\partial p'}p''\right)dp + \omega(t,p,p',p'').$$

Setzt man nun

$$S = p'''\int\varphi\,dp + \Omega_1(t,p,p',p''),$$

so wird

$$\text{(33)} \quad \Psi = \frac{\partial S}{\partial t}$$
$$= p^{IV}\int\varphi\,dp + p'''\int\left(\frac{\partial\varphi}{\partial t} + \frac{\partial\varphi}{\partial p}p' + \frac{\partial\varphi}{\partial p'}p'' + \frac{\partial\varphi}{\partial p''}p'''\right)dp$$
$$+ \frac{\partial\Omega_1}{\partial t} + \frac{\partial\Omega_1}{\partial p}p' + \frac{\partial\Omega_1}{\partial p'}p'' + \frac{\partial\Omega_1}{\partial p''}p'''$$

sein, und bestimmt man Ω_1 derart, dass

$$\frac{\partial\Omega_1}{\partial p''} = \int\left(\frac{\partial\varphi}{\partial t} + \frac{\partial\varphi}{\partial p}p' + \frac{\partial\varphi}{\partial p'}p''\right)dp$$

ist, so wird, da Ψ der nach t genommene Differentialquotient von S ist,

$$\text{(34)} \qquad \delta\int_{t_0}^{t_1}\Psi\,dt = 0,$$

und es wird somit, wenn

$$R - \Psi = M$$

gesetzt wird, worin nach (32) und (33) M nur von t, p, p', p'' abhängt, die Differenz von (31) und (34) die Beziehung liefern

$$\int_{t_0}^{t_1} N\delta p\,dt = \delta\int_{t_0}^{t_1} M\,dt,$$

30 Ausdruck für die lebendige Kraft.

und sich daher die Existenz einer Function M von t, p, p', p'' ergeben, durch welche sich N in der Form darstellen lässt

$$N = \frac{\partial M}{\partial p} - \frac{d}{dt}\frac{\partial M}{\partial p'} + \frac{d^2}{dt^2}\frac{\partial M}{\partial p''}.\text{*})$$

Für $\mu = 1$, $\nu = 3$ reducirt sich die Frage wiederum auf die Bestimmung einer Function $\Omega(t, p', p'', p''', p^{IV}, p^V)$, welche den beiden für $\nu = 2$ aufgestellten und als nothwendig und hinreichend erwiesenen Bedingungen genügt, u. s. w.

Wir finden daher,

dass die nothwendigen und hinreichenden Bedingungen dafür, dass eine Function N von $t, p, p', \ldots, p^{(2\nu)}$ durch eine Function M von $t, p, p', \ldots, p^{(\nu)}$ in der Form darstellbar ist

$$(35) \quad N = \frac{\partial M}{\partial p} - \frac{d}{dt}\frac{\partial M}{\partial p'} + \frac{d^2}{dt^2}\frac{\partial M}{\partial p''} - \cdots + (-1)^\nu \frac{d^\nu}{dt^\nu}\frac{\partial M}{\partial p^{(\nu)}}$$

durch die identisch zu erfüllenden Gleichungen gegeben sind

$$(1-(-1)^\varrho)\frac{\partial N}{\partial p^{(\varrho)}} - (\varrho+1)_1\frac{d}{dt}\frac{\partial N}{\partial p^{(\varrho+1)}} + (\varrho+2)_2\frac{d^2}{dt^2}\frac{\partial N}{\partial p^{(\varrho+2)}} - \cdots$$
$$+ (-1)^{2\nu-\varrho}(2\nu)_{2\nu-\varrho}\frac{d^{2\nu-\varrho}}{dt^{2\nu-\varrho}}\frac{\partial N}{\partial p^{(2\nu)}} = 0$$
$$(\varrho = 1, 3, 5, \ldots, 2\nu-1).$$

---

*) Ist z. B. $N = -p + 4p''p''' + 2p'p^{IV}$, wodurch den beiden Gleichungen (23) und (24) Genüge geschieht, so ergeben sich

$$\varphi = 2p', \quad \psi = -p + 4p''p''', \quad \chi = -p,$$
$$Q = -\frac{p^2}{2} + 4pp''p''' + 2pp'p^{IV}, \quad \Omega = -4p'p''' - 2p''^2,$$
$$K = 2p'p''^2, \quad R = 2pp'p^{IV} + 4pp''p''' - \frac{p^2}{2} - 2p'p''^2, \quad \Omega_1 = pp''^2 - 2p'^2p'',$$
$$S = 2pp'p''' + pp''^2 - 2p'^2p'', \quad \Psi = 2pp'p^{IV} + 4pp''p''' - 3p'p''^2$$

und somit
$$M = R - \Psi = -\frac{p^2}{2} + p'p''^2,$$

wonach in der That die Identität besteht:

$$-p + 4p''p''' + 2p'p^{IV} = \frac{\partial M}{\partial p} - \frac{d}{dt}\frac{\partial M}{\partial p'} + \frac{d^2}{dt^2}\frac{\partial M}{\partial p''}$$
$$= -p - \frac{d}{dt}(p''^2) + \frac{d^2}{dt^2}(2p'p'').$$

Man sieht aber auch sogleich, dass es unendlich viele solcher Functionen M giebt, da, wenn M_1 der nach t genommene Differentialquotient einer *beliebigen* Function von $t, p, p', \ldots, p^{(\nu-1)}$ ist, nach Hülfsatz 3. die identische Beziehung besteht

$$(36) \quad 0 = \frac{\partial M_1}{\partial p} - \frac{d}{dt}\frac{\partial M_1}{\partial p'} + \frac{d^2}{dt^2}\frac{\partial M_1}{\partial p''} - \cdots + (-1)^\nu \frac{d^\nu}{dt^\nu}\frac{\partial M_1}{\partial p^{(\nu)}},$$

und somit aus (35) und (36), wenn

$$M - M_1 = L$$

gesetzt wird,

$$N = \frac{\partial L}{\partial p} - \frac{d}{dt}\frac{\partial L}{\partial p'} + \frac{d^2}{dt^2}\frac{\partial L}{\partial p''} - \cdots + (-1)^\nu \frac{d^\nu}{dt^\nu}\frac{\partial L}{\partial p^{(\nu)}}$$

folgt. Damit sind aber auch *alle* Functionen M ermittelt, welche (35) befriedigen, da, wenn M_2 irgend eine solche bedeutet, aus (35) und der zu M_2 gehörigen durch Subtraction die identische Gleichung

$$\frac{\partial (M - M_2)}{\partial p} - \frac{d}{dt}\frac{\partial (M - M_2)}{\partial p'} + \cdots + (-1)^\nu \frac{d^\nu}{dt^\nu}\frac{\partial (M - M_2)}{\partial p^{(\nu)}} = 0$$

sich ergeben würde, welche nach Hülfsatz 3. verlangt, dass $M - M_2$ der nach t genommene Differentialquotient einer Function von $t, p, p', \ldots, p^{(\nu-1)}$ ist; es folgt somit,

dass, wenn N den oben angegebenen Bedingungen genügt, unendlich viele Auflösungen M der Gleichung (35) *genügen, die sich aber sämmtlich nur um nach t genommene Differentialquotienten von Functionen von $t, p, p', \ldots, p^{(\nu-1)}$ unterscheiden.*

Um für den Fall, dass $\mu > 1$ ist, und die Functionen $N_1, N_2, \ldots, N_\mu$ den Gleichungen (16) genügen, den Existenzbeweis einer Function M zu führen, durch welche sich die Grössen N in der durch (14) angegebenen Form ausdrücken lassen, wollen wir uns wieder zur Erläuterung des anzuwendenden, dem vorher gebrauchten völlig analogen Princips auf den Fall $\mu = 2, \nu = 1$ beschränken, für welchen die Bedingungsgleichungen (16) die Form annehmen

$$\text{(37)} \quad \frac{d}{dt}\frac{\partial N_1}{\partial p_1'} - \frac{d^2}{dt^2}\frac{\partial N_1}{\partial p_1''} = 0,$$

$$\text{(38)} \quad \frac{d}{dt}\frac{\partial N_2}{\partial p_2'} - \frac{d^2}{dt^2}\frac{\partial N_2}{\partial p_2''} = 0,$$

$$\text{(39)} \quad \frac{\partial N_1}{\partial p_1'} - \frac{d}{dt}\frac{\partial N_1}{\partial p_1''} = 0,$$

$$\text{(40)} \quad \frac{\partial N_2}{\partial p_2'} - \frac{d}{dt}\frac{\partial N_2}{\partial p_2''} = 0,$$

$$\text{(41)} \quad \frac{\partial N_1}{\partial p_2} - \frac{d}{dt}\frac{\partial N_1}{\partial p_2'} + \frac{d^2}{dt^2}\frac{\partial N_1}{\partial p_2''} = \frac{\partial N_2}{\partial p_1},$$

$$\text{(42)} \quad \frac{\partial N_2}{\partial p_1} - \frac{d}{dt}\frac{\partial N_2}{\partial p_1'} + \frac{d^2}{dt^2}\frac{\partial N_2}{\partial p_1''} = \frac{\partial N_1}{\partial p_2},$$

$$\text{(43)} \quad \frac{\partial N_1}{\partial p_2'} - 2\frac{d}{dt}\frac{\partial N_1}{\partial p_2''} = -\frac{\partial N_2}{\partial p_1'},$$

$$\text{(44)} \quad \frac{\partial N_2}{\partial p_1'} - 2\frac{d}{dt}\frac{\partial N_2}{\partial p_1''} = -\frac{\partial N_1}{\partial p_2'},$$

$$\text{(45)} \quad \frac{\partial N_1}{\partial p_2''} = \frac{\partial N_2}{\partial p_1''},$$

von denen, wie sogleich ersichtlich, nur die Gleichungen (39), (40), (41), (43) und (45) als von einander unabhängig zu berücksichtigen sind. Zunächst ist nun wieder unmittelbar aus den Gleichungen (39), (40) und (43), (44) zu ersehen, dass die Functionen N_1 und N_2 lineare Functionen von p_1'' und p_2'' sein müssen und somit vermöge der Gleichung (45) die Form haben werden

$$\text{(46)} \quad N_1 = p_1'' \varphi_{11}(t, p_1, p_2, p_1', p_2') + p_2'' \varphi_{12}(t, p_1, p_2, p_1', p_2') + \chi_1(t, p_1, p_2, p_1', p_2'),$$

$$\text{(47)} \quad N_2 = p_1'' \varphi_{12}(t, p_1, p_2, p_1', p_2') + p_2'' \varphi_{22}(t, p_1, p_2, p_1', p_2') + \chi_2(t, p_1, p_2, p_1', p_2'),$$

worin die Functionen φ_{11}, φ_{12}, φ_{22}, χ_1 und χ_2 vermöge der Gleichungen (39) und (40) den Bedingungen unterliegen

$$\text{(48)} \quad \frac{\partial \varphi_{12}}{\partial p_1'} = \frac{\partial \varphi_{11}}{\partial p_2'},$$

$$\text{(49)} \quad \frac{\partial \varphi_{12}}{\partial p_2'} = \frac{\partial \varphi_{22}}{\partial p_1'},$$

$$\text{(50)} \qquad \frac{\partial \chi_1}{\partial p_1'} = \frac{\partial \varphi_{11}}{\partial t} + \frac{\partial \varphi_{11}}{\partial p_1} p_1' + \frac{\partial \varphi_{11}}{\partial p_2} p_2',$$

$$\text{(51)} \qquad \frac{\partial \chi_2}{\partial p_2'} = \frac{\partial \varphi_{22}}{\partial t} + \frac{\partial \varphi_{22}}{\partial p_1} p_1' + \frac{\partial \varphi_{22}}{\partial p_2} p_2',$$

während aus (41) und (42)

$$\text{(52)} \qquad \frac{\partial \varphi_{11}}{\partial p_2} - \frac{\partial^2 \chi_1}{\partial p_2' \partial p_1'} + \frac{\partial^2 \varphi_{12}}{\partial t \partial p_1'} + p_1' \frac{\partial^2 \varphi_{12}}{\partial p_1 \partial p_1'} + p_2' \frac{\partial^2 \varphi_{12}}{\partial p_2 \partial p_1'} = 0,$$

$$\text{(53)} \qquad 2 \frac{\partial \varphi_{12}}{\partial p_2} - \frac{\partial^2 \chi_1}{\partial p_2'^2} + \frac{\partial^2 \varphi_{12}}{\partial t \partial p_2'} + p_1' \frac{\partial^2 \varphi_{12}}{\partial p_1 \partial p_2'} + p_2' \frac{\partial^2 \varphi_{12}}{\partial p_2 \partial p_2'} = \frac{\partial \varphi_{22}}{\partial p_1},$$

$$\text{(54)} \qquad \frac{\partial \chi_1}{\partial p_2} - \frac{\partial^2 \chi_1}{\partial p_2' \partial t} - \frac{\partial^2 \chi_1}{\partial p_2' \partial p_1} p_1' - \frac{\partial^2 \chi_1}{\partial p_2' \partial p_2} p_2' + \frac{\partial^2 \varphi_{12}}{\partial t^2}$$
$$+ \frac{\partial^2 \varphi_{12}}{\partial t \partial p_1} p_1' + \frac{\partial^2 \varphi_{12}}{\partial t \partial p_2} p_2'$$
$$+ p_1' \left(\frac{\partial^2 \varphi_{12}}{\partial p_1 \partial t} + \frac{\partial^2 \varphi_{12}}{\partial p_1^2} p_1' + \frac{\partial^2 \varphi_{12}}{\partial p_1 \partial p_2} p_2' \right)$$
$$+ p_2' \left(\frac{\partial^2 \varphi_{12}}{\partial p_2 \partial t} + \frac{\partial^2 \varphi_{12}}{\partial p_2 \partial p_1} p_1' + \frac{\partial^2 \varphi_{12}}{\partial p_2^2} p_2' \right) = \frac{\partial \chi_2}{\partial p_1},$$

nebst der durch Vertauschung der Indices 1 und 2 aus diesen hervorgehenden, und endlich aus (43) und (44)

$$\text{(55)} \qquad \frac{\partial \chi_1}{\partial p_2'} - 2 \left(\frac{\partial \varphi_{12}}{\partial t} + \frac{\partial \varphi_{12}}{\partial p_1} p_1' + \frac{\partial \varphi_{12}}{\partial p_2} p_2' \right) = - \frac{\partial \chi_2}{\partial p_1'},$$

folgen.

Setzt man nun analog der früheren Methode

$$\text{(56)} \qquad N_1 = \frac{\partial Q}{\partial p_1}, \qquad N_2 = \frac{\partial Q}{\partial p_2} + f,$$

worin vermöge (46)

$$\text{(57)} \qquad Q = p_1'' \int \varphi_{11} \, dp_1 + p_2'' \int \varphi_{12} \, dp_1 + \int \chi_1 \, dp_1$$

ist, so wird

$$-f = -N_2 + \frac{\partial Q}{\partial p_2} = -p_1'' \left[\varphi_{12} - \int \frac{\partial \varphi_{11}}{\partial p_2} \, dp_1 \right]$$
$$- p_2'' \left[\varphi_{22} - \int \frac{\partial \varphi_{12}}{\partial p_2} \, dp_1 \right] - \chi_2 + \int \frac{\partial \chi_1}{\partial p_2} \, dp_1,$$

und wegen

$$\frac{\partial Q}{\partial p_2'} - \frac{d}{dt} \frac{\partial Q}{\partial p_2''}$$
$$= - p_1' \varphi_{12} - p_2' \int \frac{\partial \varphi_{12}}{\partial p_2} \, dp_1 + \int \frac{\partial \chi_1}{\partial p_2'} \, dp_1 - \int \frac{\partial \varphi_{12}}{\partial t} \, dp_1,$$

wie leicht zu sehen, nach (52) und (53)

$$-f - \frac{d}{dt}\left[\frac{\partial Q}{\partial p_2'} - \frac{d}{dt}\frac{\partial Q}{\partial p_2''}\right]$$
$$= -\chi_2 + \int \frac{\partial \chi_1}{\partial p_2}\,dp_1 + p_1'\left[\frac{\partial \varphi_{12}}{\partial t} + \frac{\partial \varphi_{12}}{\partial p_1}p_1' + \frac{\partial \varphi_{12}}{\partial p_2}p_2'\right]$$
$$+ p_2'\left[\int \frac{\partial^2 \varphi_{12}}{\partial p_2 \partial t}\,dp_1 + p_1'\frac{\partial \varphi_{12}}{\partial p_1} + p_2'\int \frac{\partial^2 \varphi_{12}}{\partial p_2^2}\,dp_1\right]$$
$$- \int \frac{\partial^2 \chi_1}{\partial p_2' \partial t}\,dp_1 - p_1'\frac{\partial \chi_1}{\partial p_2'} - p_2'\int \frac{\partial^2 \chi_1}{\partial p_2' \partial p_2}\,dp_1$$
$$+ \int \frac{\partial^2 \varphi_{12}}{\partial t^2}\,dp_1 + \frac{\partial \varphi_{12}}{\partial t}p_1' + p_2'\int \frac{\partial^2 \varphi_{12}}{\partial t \partial p_2}\,dp_1,$$

und man erkennt unmittelbar, dass die rechte, also auch die linke Seite dieser Gleichung von p_1 und p_2' unabhängig ist; nimmt man nämlich den partiellen Differentialquotienten der rechten Seite nach p_1, so wird dieser vermöge der Gleichung (54) identisch Null, während der nach p_2' genommene Differentialquotient zufolge der Gleichungen (51) und (53) verschwindet, und man erhält somit

(58) $\quad f + \dfrac{d}{dt}\left[\dfrac{\partial Q}{\partial p_2'} - \dfrac{d}{dt}\dfrac{\partial Q}{\partial p_2''}\right] = \omega(t, p_2, p_1').$

Ebenso einfach ergiebt sich, dass

$$\frac{\partial Q}{\partial p_1'} - \frac{d}{dt}\frac{\partial Q}{\partial p_1''} = p_1''\int \frac{\partial \varphi_{11}}{\partial p_1'}\,dp_1 + p_2''\int \frac{\partial \varphi_{12}}{\partial p_1'}\,dp_1 + \int \frac{\partial \chi_1}{\partial p_1'}\,dp_1$$
$$- \int \left(\frac{\partial \varphi_{11}}{\partial t} + \frac{\partial \varphi_{11}}{\partial p_1}p_1' + \frac{\partial \varphi_{11}}{\partial p_2}p_2' + \frac{\partial \varphi_{11}}{\partial p_1'}p_1'' + \frac{\partial \varphi_{11}}{\partial p_2'}p_2''\right)dp_1$$

oder nach (48)

$$\frac{\partial Q}{\partial p_1'} - \frac{d}{dt}\frac{\partial Q}{\partial p_1''} = \int \left(\frac{\partial \chi_1}{\partial p_1'} - p_2'\frac{\partial \varphi_{11}}{\partial p_2} - \frac{\partial \varphi_{11}}{\partial t}\right)dp_1 - p_1'\varphi_{11}$$

ist, woraus folgt, dass dieser Ausdruck nach p_1 differentiirt vermöge (50), und nach p_2' differentiirt vermöge (48) und (52) verschwindet und somit

(59) $\quad \dfrac{\partial Q}{\partial p_1'} - \dfrac{d}{dt}\dfrac{\partial Q}{\partial p_1''} = \omega_1(t, p_2, p_1')$

von t abgesehen nur von p_2 und p_1' abhängt.

Bildet man nun unter der Festsetzung, dass die Variationen δp_1, δp_2, $\delta p_1'$, $\delta p_2'$ für $t=t_0$ und $t=t_1$ verschwinden, das Integral

$$\int_{t_0}^{t_1}(N_1\delta p_1+N_2\delta p_2)\,dt=\int_{t_0}^{t_1}\Big(\frac{\partial Q}{\partial p_1}\delta p_1+\frac{\partial Q}{\partial p_2}\delta p_2+f\delta p_2\Big)dt$$

$$=\delta\int_{t_0}^{t_1}Q\,dt+\int_{t_0}^{t_1}\Big(f\delta p_2-\frac{\partial Q}{\partial p_1'}\delta p_1'-\frac{\partial Q}{\partial p_2'}\delta p_2'-\frac{\partial Q}{\partial p_1''}\delta p_1''-\frac{\partial Q}{\partial p_2''}\delta p_2''\Big)dt$$

$$=\delta\int_{t_0}^{t_1}Q\,dt+\int_{t_0}^{t_1}\Big(f\delta p_2-\Big[\frac{\partial Q}{\partial p_2'}-\frac{d}{dt}\frac{\partial Q}{\partial p_2''}\Big]\delta p_2'\Big)dt$$

$$-\int_{t_0}^{t_1}\Big(\frac{\partial Q}{\partial p_1'}-\frac{d}{dt}\frac{\partial Q}{\partial p_1''}\Big)\delta p_1'\,dt,$$

so geht dasselbe nach (58) und (59) in

$$\int_{t_0}^{t_1}(N_1\delta p_1+N_2\delta p_2)\,dt=\delta\int_{t_0}^{t_1}Q\,dt-\int_{t_0}^{t_1}\frac{d}{dt}\Big[\Big(\frac{\partial Q}{\partial p_2'}-\frac{d}{dt}\frac{\partial Q}{\partial p_2''}\Big)\delta p_2\Big]dt$$

$$+\int_{t_0}^{t_1}\omega(t,p_2,p_1')\delta p_2\,dt-\int_{t_0}^{t_1}\omega_1(t,p_2,p_1')\delta p_1'\,dt$$

oder vermöge der festgesetzten Grenzbedingungen in

(60) $\quad\int_{t_0}^{t_1}(N_1\delta p_1+N_2\delta p_2)\,dt=\delta\int_{t_0}^{t_1}Q\,dt+\int_{t_0}^{t_1}(\omega\,\delta p_2-\omega_1\,\delta p_1')\,dt$

über. Nun ist aber nach (58)

$$\frac{\partial\omega}{\partial p_1'}=\frac{\partial f}{\partial p_1}+\frac{d}{dt}\Big(\frac{\partial^2 Q}{\partial p_2'\partial p_1'}-\frac{d}{dt}\frac{\partial^2 Q}{\partial p_2''\partial p_1'}-2\frac{\partial^2 Q}{\partial p_2''\partial p_1}\Big)+\frac{\partial^2 Q}{\partial p_2'\partial p_1}$$

und nach (59)

$$\frac{\partial\omega_1}{\partial p_2}=\frac{\partial^2 Q}{\partial p_1'\partial p_2}-\frac{d}{dt}\frac{\partial^2 Q}{\partial p_1''\partial p_2},$$

ferner nach (56) und (43)

$$\frac{\partial f}{\partial p_1'}=\frac{\partial N_2}{\partial p_1'}-\frac{\partial^2 Q}{\partial p_2\partial p_1'}=2\frac{d}{dt}\frac{\partial N_1}{\partial p_2''}-\frac{\partial N_1}{\partial p_2'}-\frac{\partial^2 Q}{\partial p_2\partial p_1'}$$

$$=2\frac{d}{dt}\frac{\partial^2 Q}{\partial p_1\partial p_2''}-\frac{\partial^2 Q}{\partial p_2'\partial p_1}-\frac{\partial^2 Q}{\partial p_2\partial p_1'},$$

woraus
$$\frac{\partial \omega}{\partial p_1'} + \frac{\partial \omega_1}{\partial p_2} = -\frac{d}{dt}\left(\frac{d}{dt}\frac{\partial^2 Q}{\partial p_2''\partial p_1'} - \frac{\partial^2 Q}{\partial p_1'\partial p_2'} + \frac{\partial^2 Q}{\partial p_1''\partial p_2}\right)$$
folgt.

Da aber nach (57)
$$\frac{d}{dt}\frac{\partial^2 Q}{\partial p_2''\partial p_1'} - \frac{\partial^2 Q}{\partial p_1'\partial p_2'} + \frac{\partial^2 Q}{\partial p_1''\partial p_2}$$
$$= \frac{d}{dt}\int\frac{\partial \varphi_{12}}{\partial p_1'}dp_1 - p_1''\int\frac{\partial^2 \varphi_{11}}{\partial p_1'\partial p_2'}dp_1 - p_2''\int\frac{\partial^2 \varphi_{12}}{\partial p_1'\partial p_2'}dp_1$$
$$-\int\frac{\partial^2 \chi_1}{\partial p_1'\partial p_2'}dp_1 + \int\frac{\partial \varphi_{11}}{\partial p_2}dp_1$$
vermöge (48) und (52) identisch verschwindet, so folgt
$$\frac{\partial \omega}{\partial p_1'} = \frac{\partial(-\omega_1)}{\partial p_2}$$
und daher
$$\int_{t_0}^{t_1}(\omega\, dp_2 - \omega_1\, \delta p_1')\, dt = \delta\int_{t_0}^{t_1}\Omega(t, p_2, p_1')\, dt;$$
es geht somit die Gleichung (60), wenn
$$Q + \Omega = R$$
gesetzt wird, in

(61) $$\int_{t_0}^{t_1}(N_1\delta p_1 + N_2\delta p_2)\, dt = \delta\int_{t_0}^{t_1}R\, dt$$
über, worin

(62) $R = p_1''\int\varphi_{11}\, dp_1 + p_2''\int\varphi_{12}\, dp_1 + \int\chi_1\, dp_1 + \Omega(t, p_2, p_1')$

ist. Bestimmt man nun eine Function $F(t, p_1, p_2, p_1', p_2')$, für welche
$$\frac{\partial F}{\partial p_1'} = \int\varphi_{11}\, dp_1 \quad \text{und} \quad \frac{\partial F}{\partial p_2'} = \int\varphi_{12}\, dp_1$$
ist, was vermöge der Beziehung (48) möglich ist, und setzt

(63) $f_1 = \frac{dF}{dt} = \frac{\partial F}{\partial t} + \frac{\partial F}{\partial p_1}p_1' + \frac{\partial F}{\partial p_2}p_2' + p_1''\int\varphi_{11}\, dp_1 + p_2''\int\varphi_{12}\, dp_1,$

so ist vermöge des Hülfsatzes 3.

(64) $$\delta\int_{t_0}^{t_1}f_1\, dt = 0,$$

und die Differenz von (61) und (64) liefert

$$(65) \quad \int_{t_0}^{t_1}(N_1\delta p_1 + N_2\delta p_2)dt = \delta\int_{t_0}^{t_1}(R-f_1)\,dt = \delta\int_{t_0}^{t_1}M\,dt,$$

worin M vermöge (62) und (63) nur von t, p_1, p_2, p_1', p_2' abhängt und nach (65) die Eigenschaft hat, dass

$$N_1 = \frac{\partial M}{\partial p_1} - \frac{d}{dt}\frac{\partial M}{\partial p_1'}, \quad N_2 = \frac{\partial M}{\partial p_2} - \frac{d}{dt}\frac{\partial M}{\partial p_2'}$$

ist; die unendlich vielen verschiedenen Werthe von M unterscheiden sich wieder nur um Functionen, welche nach t genommene vollständige Differentialquotienten beliebiger Functionen von t, p_1 und p_2 sind.

Es bleibt somit das Princip des Beweises auch für den allgemeinen Satz bestehen,

dass die nothwendigen und hinreichenden Bedingungen dafür, dass μ Functionen $N_1, N_2, \ldots, N_\mu$ von $t, p_1, p_2, \ldots, p_\mu$ und deren Ableitungen bis zur $2\nu^{ten}$ Ordnung hin durch eine Function M von $t, p_1, p_2, \ldots, p_\mu$ und deren Ableitungen bis zur ν^{ten} Ordnung in der Form darstellbar sind

$$N_\varkappa = \frac{\partial M}{\partial p_\varkappa} - \frac{d}{dt}\frac{\partial M}{\partial p_\varkappa'} + \frac{d^2}{dt^2}\frac{\partial M}{\partial p_\varkappa''} - \cdots + (-1)^\nu \frac{d^\nu}{dt^\nu}\frac{\partial M}{\partial p_\varkappa^{(\nu)}},$$
$$(\varkappa = 1, 2, \ldots, \mu)$$

durch die identisch zu erfüllenden Gleichungen gegeben sind

$$\frac{\partial N_\varkappa}{\partial p_\lambda^{(\varrho)}} - (\varrho+1)_1 \frac{d}{dt}\frac{\partial N_\varkappa}{\partial p_\lambda^{(\varrho+1)}} + (\varrho+2)_2 \frac{d^2}{dt^2}\frac{\partial N_\varkappa}{\partial p_\lambda^{(\varrho+2)}} - \cdots$$
$$+ (-1)^{2\nu-\varrho}(2\nu)_{2\nu-\varrho}\frac{d^{2\nu-\varrho}}{dt^{2\nu-\varrho}}\frac{\partial N_\varkappa}{\partial p_\lambda^{(2\nu)}} = (-1)^\varrho \frac{d N_\lambda}{\partial p_\varkappa^{(\varrho)}},$$

worin ϱ die Werthe $0, 1, 2, \ldots, 2\nu$, $\varkappa$ und λ die Werthe $1, 2, \ldots, \mu$ annehmen,[*)]

[*)] Sei z. B.
$$N_1 = 6p_2{}^3 p_1' p_1'' - p_2'' + 2p_1 p_2'{}^2 + 9p_2{}^2 p_1' p_1'{}^2,$$
$$N_2 = -p_1'' - 2p_1{}^2 p_2'' - 3p_2{}^2 p_1'{}^3 - 4p_1 p_1' p_2',$$
welche den Gleichungen (37) bis (45) identisch genügen, so ist
$$\varphi_{11} = 6p_2{}^3 p_1', \quad \varphi_{12} = -1, \quad \varphi_{22} = -2p_1{}^2,$$
$$\chi_1 = 2p_1 p_2'{}^2 + 9p_2{}^2 p_2' p_1'{}^2, \quad \chi_2 = -3p_2{}^2 p_1'{}^3 - 4p_1 p_1' p_2',$$
und somit

38 Ausdruck für die lebendige Kraft.

und es ist durch diese Methode zugleich der Weg gegeben, um den analytischen Ausdruck von M herzustellen.

Diese später ganz allgemein zu verwerthenden Hülfssätze sollen nun zunächst zur Specialisirung des Ausdruckes für das Maass der Kraft benutzt werden.

Stellen wir ähnlich, wie es oben für die Mechanik wägbarer Massen geschehen, für einen beliebigen Werth von ν die Forderung, dass das durch den Ausdruck

$$X = -\frac{\partial T}{\partial x} + \frac{d}{dt}\frac{\partial T}{\partial x'} - \cdots + (-1)^{\nu-1}\frac{d^\nu}{dt^\nu}\frac{\partial T}{\partial x^{(\nu)}},$$

worin T eine willkürliche Function von $t, x, x', \ldots, x^{(\nu)}$ bedeutet, dargestellte Maass der Kraft von $x, x', \ldots, x^{(\nu)}$ unabhängig sein soll, so werde zunächst bemerkt, dass für jede Function T nach dem Hülfssatze 4. X der identisch zu erfüllenden Bedingung unterworfen ist

(66) $(1-(-1)^\varrho)\dfrac{\partial X}{\partial x^{(\varrho)}} - (\varrho+1)_1 \dfrac{d}{dt}\dfrac{\partial X}{\partial x^{(\varrho+1)}} + (\varrho+2)_2 \dfrac{d^2}{dt^2}\dfrac{\partial X}{\partial x^{(\varrho+2)}} - \cdots$

$+ (-1)^{2\nu-\varrho}(2\nu)_{2\nu-\varrho}\dfrac{d^{2\nu-\varrho}}{dt^{2\nu-\varrho}}\dfrac{\partial X}{\partial x^{(2\nu)}} = 0 \qquad (\varrho = 1, 3, \ldots, 2\nu-1).$

Sei nun ν eine ungrade Zahl und X von $x, x', \ldots, x^{(\nu)}$ unabhängig, so gehen die Gleichungen (66) für $\varrho = 1, 3, 5, \ldots \nu$, $\nu+2, \nu+4, \ldots, 2\nu-3, 2\nu-1$ in

$$Q = p_1'' \cdot 6 p_2{}^3 p_1 p_1' - p_2''' \cdot p_1 + p_1{}^2 p_2'{}^2 + 9 p_1 p_2{}^2 p_2' p_1'{}^2,$$
$$f = -p_1''(1 + 18 p_1 p_2{}^2 p_1') - 2 p_1{}^2 p_2'' - 3 p_2 p_1'{}^3 - 4 p_1 p_1' p_2' - 18 p_1 p_2 p_2' p_1'{}^2,$$

woraus

$$\omega = 6 p_2{}^2 p_1'{}^3, \quad \omega_1 = -6 p_2{}^3 p_1'{}^2, \quad \Omega = 2 p_2{}^3 p_1'{}^3$$

folgt; da ferner

$$F = 3 p_1 p_2{}^3 p_1'{}^2 - p_1 p_2',$$

also

$$f_1 = 3 p_1'{}^3 p_2{}^3 + 9 p_1 p_2{}^2 p_2' p_1'{}^2 + 6 p_1 p_2{}^3 p_1' p_1'' - p_1 p_2'' - p_1' p_2',$$
$$R = p_1'' \cdot 6 p_2{}^3 p_1' p_1 - p_2''' \cdot p_1 + p_1{}^2 p_2'{}^2 + 9 p_1 p_2{}^2 p_2' p_1'{}^2 + 2 p_2{}^3 p_1'{}^3,$$

so ergiebt sich M in der Form

$$M = p_1{}^2 p_2'{}^2 - p_1'{}^3 p_2{}^3 + p_1' p_2',$$

wofür in der That

$$N_1 = \frac{\partial M}{\partial p_1} - \frac{d}{dt}\frac{\partial M}{\partial p_1'}, \quad N_2 = \frac{\partial M}{\partial p_2} - \frac{d}{dt}\frac{\partial M}{\partial p_2'}$$

ist.

Ausdruck für die lebendige Kraft.

$$(67)\begin{cases}(1+\nu)_\nu \dfrac{d^\nu}{dt^\nu}\dfrac{\partial X}{\partial x^{(\nu+1)}}-(2+\nu)_{\nu+1}\dfrac{d^{\nu+1}}{dt^{\nu+1}}\dfrac{\partial X}{\partial x^{(\nu+2)}}+\cdots\\
\qquad\qquad\qquad\qquad +(2\nu)_{2\nu-1}\dfrac{d^{2\nu-1}}{dt^{2\nu-1}}\dfrac{\partial X}{\partial x^{(2\nu)}}=0\\
(1+\nu)_{\nu-2}\dfrac{d^{\nu-2}}{dt^{\nu-2}}\dfrac{\partial X}{\partial x^{(\nu+1)}}-(2+\nu)_{\nu-1}\dfrac{d^{\nu-1}}{dt^{\nu-1}}\dfrac{\partial X}{\partial x^{(\nu+2)}}+\cdots\\
\qquad\qquad\qquad\qquad +(2\nu)_{2\nu-3}\dfrac{d^{2\nu-3}}{dt^{2\nu-3}}\dfrac{\partial X}{\partial x^{(2\nu)}}=0\\
\cdots\cdots\cdots\cdots\cdots\cdots\cdots\cdots\cdots\\
(1+\nu)_1\dfrac{d}{dt}\dfrac{\partial X}{\partial x^{(\nu+1)}}-(2+\nu)_2\dfrac{d^2}{dt^2}\dfrac{\partial X}{\partial x^{(\nu+2)}}+\cdots\\
\qquad\qquad\qquad\qquad +(2\nu)_\nu\dfrac{d^\nu}{dt^\nu}\dfrac{\partial X}{dx^{(2\nu)}}=0\\
2\dfrac{\partial X}{\partial x^{(\nu+2)}}-(\nu+3)_1\dfrac{d}{dt}\dfrac{\partial X}{\partial x^{(\nu+3)}}+\cdots-(2\nu)_{\nu-2}\dfrac{d^{\nu-2}}{dt^{\nu-2}}\dfrac{\partial X}{\partial x^{(2\nu)}}=0\\
2\dfrac{\partial X}{\partial x^{(\nu+4)}}-(\nu+5)_1\dfrac{d}{dt}\dfrac{\partial X}{\partial x^{(\nu+5)}}+\cdots-(2\nu)_{\nu-4}\dfrac{d^{\nu-4}}{dt^{\nu-4}}\dfrac{\partial X}{\partial x^{(2\nu)}}=0\\
\cdots\cdots\cdots\cdots\cdots\cdots\cdots\cdots\cdots\\
2\dfrac{\partial X}{\partial x^{(2\nu-3)}}-(2\nu-2)_1\dfrac{d}{dt}\dfrac{\partial X}{\partial x^{(2\nu-2)}}+(2\nu-1)_2\dfrac{d^2}{dt^2}\dfrac{\partial X}{\partial x^{(2\nu-1)}}\\
\qquad\qquad\qquad\qquad -(2\nu)_3\dfrac{d^3}{dt^3}\dfrac{\partial X}{\partial x^{(2\nu)}}=0\\
2\dfrac{\partial X}{\partial x^{(2\nu-1)}}-(2\nu)_1\dfrac{d}{dt}\dfrac{\partial X}{\partial x^{(2\nu)}}=0\end{cases}$$

über, und man erhält durch $0, 2, 4, \ldots, \nu-1, \nu+1, \nu+3, \ldots, 2\nu-2$-malige Differentiation der aufeinanderfolgenden Gleichungen nach t ν lineare homogene Gleichungen in den ν Grössen

$$\frac{d^{2\nu-1}}{dt^{2\nu-1}}\frac{\partial X}{\partial x^{(2\nu)}},\ \frac{d^{2\nu-2}}{dt^{2\nu-2}}\frac{\partial X}{\partial x^{(2\nu-1)}},\ \ldots,\ \frac{d^\nu}{dt^\nu}\frac{\partial X}{\partial x^{(\nu+1)}}$$

mit einer von Null verschiedenen Determinante, und somit identisch

$$\frac{d^{2\nu-1}}{dt^{2\nu-1}}\frac{\partial X}{\partial x^{(2\nu)}}=0,\ \frac{d^{2\nu-2}}{dt^{2\nu-2}}\frac{\partial X}{\partial x^{(2\nu-1)}}=0,\ \ldots,\ \frac{d^\nu}{dt^\nu}\frac{\partial X}{\partial x^{(\nu+1)}}=0,$$

woraus, wie unmittelbar ersichtlich, wenn X auch die Variable t nicht explicite enthalten soll, folgt, dass die Grössen

$$\frac{\partial X}{\partial x^{(2\nu)}},\ \frac{\partial X}{\partial x^{(2\nu-1)}},\ \ldots,\ \frac{\partial X}{\partial x^{(\nu+1)}}$$

Constanten sind, und daher X nothwendig die Form hat

$$X = A_0 x^{(2\nu)} + A_1' x^{(2\nu-1)} + \cdots + A_{\nu-1} x^{(\nu+1)} + A_\nu,$$

da X nicht explicite von $t, x, x', \ldots, x^{(\nu)}$ abhängen sollte. Da aber zufolge der letzten $\frac{\nu-1}{2}$ Gleichungen von (67) sich

$$A_1 = A_3 = \cdots = A_{\nu-4} = A_{\nu-2} = 0$$

ergiebt, so finden wir, indem genau dieselben Schlüsse für gradzahlige ν gelten,

als nothwendige und hinreichende Bedingung dafür, dass der Ausdruck

$$X = -\frac{\partial T}{\partial x} + \frac{d}{dt}\frac{\partial T}{\partial x'} - \cdots + (-1)^{\nu-1}\frac{d^\nu}{dt^\nu}\frac{\partial T}{\partial x^{(\nu)}}$$

für das Maass der Kraft, welche auf einen längs der X-Axe sich bewegenden Punkt ausgeübt wird, von $t, x, x', x'', \ldots, x^{(\nu)}$ unabhängig ist, die Form

$$X = A_0 x^{(2\nu)} + A_2 x^{(2\nu-2)} + A_4 x^{(2\nu-4)} + \cdots + A_{\nu-1} x^{\nu+1}$$

für ungrade ν

und

$$X = A_0 x^{(2\nu)} + A_2 x^{(2\nu-2)} + A_4 x^{(2\nu-4)} + \cdots + A_{\nu-2} x^{\nu+2}$$

für grade ν,

zu denen für T entsprechend

$$T = -\tfrac{1}{2}\Big\{(-1)^\nu A_0 x^{(\nu)2} + (-1)^{\nu-1} A_2 x^{(\nu-1)2} + (-1)^{\nu-2} A_4 x^{(\nu-2)2} + \cdots \\ + (-1)^{\frac{\nu+1}{2}} A_{\nu-1} x^{\left(\frac{\nu+1}{2}\right)^2}\Big\}$$

und

$$T = -\tfrac{1}{2}\Big\{(-1)^\nu A_0 x^{(\nu)2} + (-1)^{\nu-1} A_2 x^{(\nu-1)2} + (-1)^{\nu-2} A_4 x^{(\nu-2)2} + \cdots \\ + (-1)^{\frac{\nu}{2}+1} A_{\nu-2} x^{\left(\frac{\nu}{2}+1\right)^2}\Big\}$$

gewählt werden kann.

Wir werden die Function T, wenn sie in den letzten beiden Formen zu Grunde gelegt wird, *die lebendige Kraft* des sich bewegenden Punktes nennen.

§ 4.
Die erste Form der erweiterten Lagrange'schen Gleichungen.

Nachdem das Maass der Kraft in der vorher festgestellten Form gefunden worden, liefert das durch die Gleichung (1) des § 1. dargestellte d'Alembert'sche Princip die Beziehung

$$(1)\ \sum_1^n {}^i \left\{\left(-\frac{\partial T}{\partial x_i} + \frac{d}{dt}\frac{\partial T}{\partial x_i'} - \cdots + (-1)^{\nu-1}\frac{d^\nu}{dt^\nu}\frac{\partial T}{\partial x_i^{(\nu)}}\right)\delta x_i \right.$$
$$+ \left(-\frac{\partial T}{\partial y_i} + \frac{d}{dt}\frac{\partial T}{\partial y_i'} - \cdots + (-1)^{\nu-1}\frac{d^\nu}{dt^\nu}\frac{\partial T}{\partial y_i^{(\nu)}}\right)\delta y_i$$
$$\left. + \left(-\frac{\partial T}{\partial z_i} + \frac{d}{dt}\frac{\partial T}{\partial z_i'} - \cdots + (-1)^{\nu-1}\frac{d^\nu}{dt^\nu}\frac{\partial T}{\partial z_i^{(\nu)}}\right)\delta z_i\right\}$$
$$= \sum_1^n {}^i (X_i \delta x_i + Y_i \delta y_i + Z_i \delta z_i),$$

worin X_i, Y_i, Z_i die sollicitirenden Kräfte des Systems bedeuten, und nimmt man an, die Beschränkung der Freiheit des Systems sei durch m in den virtuellen Verschiebungen lineare homogene Gleichungen von der Form gegeben

$$(2)\ \begin{cases} \sum_1^n {}^i (f_{1i}\delta x_i + \varphi_{1i}\delta y_i + \psi_{1i}\delta z_i) = 0, \\ \sum_1^n {}^i (f_{2i}\delta x_i + \varphi_{2i}\delta y_i + \psi_{2i}\delta z_i) = 0, \ldots \\ \sum_1^n {}^i (f_{mi}\delta x_i + \varphi_{mi}\delta y_i + \psi_{mi}\delta z_i) = 0, \end{cases}$$

in denen die Functionen f_{ki}, φ_{ki}, ψ_{ki} von der Zeit und den Coordinaten, aber nicht von den Ableitungen derselben abhängen sollen, und deren *Integrabilität oder Nicht-Integrabilität*

Erste Form der erweiterten Lagrange'schen Gleichungen.

die holonomen oder nicht holonomen Systeme charakterisirt, so wird die Multiplication der Gleichungen (2) mit den Grössen $\lambda_1, \lambda_2, \ldots, \lambda_m$ und Addition zu (1) aus bekannten Gründen die von den Variationen freien *Lagrange'schen Bewegungsgleichungen der ersten Form* liefern:

$$(3)\begin{cases} -\dfrac{\partial T}{\partial x_i} + \dfrac{d}{dt}\dfrac{\partial T}{\partial x_i'} - \cdots + (-1)^{\nu-1}\dfrac{d^\nu}{dt^\nu}\dfrac{\partial T}{\partial x_i^{(\nu)}} \\ \qquad = X_i + \lambda_1 f_{1i} + \lambda_2 f_{2i} + \cdots + \lambda_m f_{mi} \\ -\dfrac{\partial T}{\partial y_i} + \dfrac{d}{dt}\dfrac{\partial T}{\partial y_i'} - \cdots + (-1)^{\nu-1}\dfrac{d^\nu}{dt^\nu}\dfrac{\partial T}{\partial y_i^{(\nu)}} \\ \qquad = Y_i + \lambda_1 \varphi_{1i} + \lambda_2 \varphi_{2i} + \cdots + \lambda_m \varphi_{mi} \\ -\dfrac{\partial T}{\partial z_i} + \dfrac{d}{dt}\dfrac{\partial T}{\partial z_i'} - \cdots + (-1)^{\nu-1}\dfrac{d^\nu}{dt^\nu}\dfrac{\partial T}{\partial z_i^{(\nu)}} \\ \qquad = Z_i + \lambda_1 \psi_{1i} + \lambda_2 \psi_{2i} + \cdots + \lambda_m \psi_{mi} \\ (i = 1, 2, \ldots, n). \end{cases}$$

Wir werden nun sagen, *ein Kräftesystem besitzt eine Kräftefunction ν^{ter} Ordnung, wenn eine Function U von t, den Coordinaten x_i, y_i, z_i und deren nach der Zeit genommenen Ableitungen bis zur ν^{ten} Ordnung hin existirt, für welche X_i, Y_i, Z_i durch die Ausdrücke definirt sind*

$$X_i = \frac{\partial U}{\partial x_i} - \frac{d}{dt}\frac{\partial U}{\partial x_i'} + \cdots + (-1)^\nu \frac{d^\nu}{dt^\nu}\frac{\partial U}{\partial x_i^{(\nu)}}$$

$$Y_i = \frac{\partial U}{\partial y_i} - \frac{d}{dt}\frac{\partial U}{\partial y_i'} + \cdots + (-1)^\nu \frac{d^\nu}{dt^\nu}\frac{\partial U}{\partial y_i^{(\nu)}}$$

$$Z_i = \frac{\partial U}{\partial z_i} - \frac{d}{dt}\frac{\partial U}{\partial z_i'} + \cdots + (-1)^\nu \frac{d^\nu}{dt^\nu}\frac{\partial U}{\partial z_i^{(\nu)}},$$

und werden diese Kräfte *als innere Kräfte* bezeichnen. Die nothwendigen und hinreichenden Bedingungen für X_i, Y_i, Z_i als Functionen der Zeit, der Coordinaten und deren Ableitungen bis zur $2\nu^{\text{ten}}$ Ordnung hin sind, wenn x_i, y_i, z_i durch $p_1, p_2, \ldots, p_{3n}$, X_i, Y_i, Z_i durch $N_1, N_2, \ldots, N_{3n}$ bezeichnet werden, nach Hülfssatz 4. durch die identisch zu befriedigenden Gleichungen dargestellt

Erste Form der erweiterten Lagrange'schen Gleichungen.

$$\frac{\partial N_\varkappa}{\partial p_\lambda^{(\varrho)}} - (\varrho+1)_1 \frac{d}{dt}\frac{\partial N_\varkappa}{\partial p_\lambda^{(\varrho+1)}} + (\varrho+2)_2 \frac{d^2}{dt^2}\frac{\partial N_\varkappa}{\partial p_\lambda^{(\varrho+2)}} - \cdots$$

$$+ (-1)^{2\nu-\varrho}(2\nu)_{2\nu-\varrho}\frac{d^{2\nu-\varrho}}{dt^{2\nu-\varrho}}\frac{\partial N_\varkappa}{\partial p_\lambda^{(2\nu)}} = (-1)^\varrho \frac{\partial N_\lambda}{\partial p_\varkappa^{(\varrho)}},$$

worin $\varkappa, \lambda$ die Werthe $1, 2, \ldots, 3n$, und ϱ die Werthe $1, 2, \ldots, 2\nu$ annehmen. Ist also die zwischen zwei Punkten wirkende Kraft R eine Function der Entfernung r derselben und der nach der Zeit genommenen Ableitungen bis zur $2\nu^{\text{ten}}$ Ordnung hin, so erhalten wir unter der Annahme der Zerlegbarkeit der Kraft nach den drei Componenten mit Benutzung der Formel (10) des § 2. den nachstehenden Satz:

Wirken zwischen den n Punkten eines Systems Kräfte $R_{\lambda\mu}$, welche von der Entfernung $r_{\lambda\mu}$ des λ^{ten} von dem μ^{ten} Punkte und den nach der Zeit genommenen Ableitungen derselben bis zur $2\nu^{\text{ten}}$ Ordnung hin abhängen und ferner den Gleichungen

$$(1-(-1)^\varrho)\frac{\partial R_{\lambda\mu}}{\partial r_{\lambda\mu}^{(\varrho)}} - (\varrho+1)_1 \frac{d}{dt}\frac{\partial R_{\lambda\mu}}{\partial r_{\lambda\mu}^{(\varrho+1)}} + (\varrho+2)_2 \frac{d^2}{dt^2}\frac{\partial R_{\lambda\mu}}{\partial r_{\lambda\mu}^{(\varrho+2)}} - \cdots$$

$$+ (-1)^{2\nu-\varrho}(2\nu)_{2\nu-\varrho}\frac{d^{2\nu-\varrho}}{dt^{2\nu-\varrho}}\frac{\partial R_{\lambda\mu}}{\partial r_{\lambda\mu}^{(2\nu)}} = 0 \quad (\varrho = 1, 3, \ldots, 2\nu-1)$$

identisch genügen, so besitzt das Kräftesystem eine Kräftefunction ν^{ter} Ordnung, und zwar wird dieselbe, wenn $W_{\lambda\mu}$ eine Function von $r_{\lambda\mu}$ und den nach t genommenen Ableitungen dieser Grösse bis zur ν^{ten} Ordnung hin bedeutet, welche der Gleichung

$$R_{\lambda\mu} = \frac{\partial W_{\lambda\mu}}{\partial r_{\lambda\mu}} - \frac{d}{dt}\frac{\partial W_{\lambda\mu}}{\partial r'_{\lambda\mu}} + \cdots + (-1)^\nu \frac{d^\nu}{dt^\nu}\frac{\partial W_{\lambda\mu}}{\partial r_{\lambda\mu}^{(\nu)}}.$$

genügt, durch

$$W_{12} + W_{13} + \cdots + W_{1n} + W_{23} + \cdots + W_{2n} + \cdots + W_{n-1\,n}$$

dargestellt.

So ist die zwischen zwei electrischen Massenpunkten wirkende Kraft des Weber'schen Gesetzes durch

$$R = -\frac{mm_1}{r^2} + \frac{mm_1}{r^2}\frac{r'^2}{k^2} - \frac{2mm_1}{k^2 r}r''$$

gegeben und hat daher, weil die Bedingung

$$\frac{\partial R}{\partial r'} - \frac{d}{dt}\frac{\partial R}{\partial r''} = 0$$

identisch erfüllt wird, eine Kräftefunction und zwar

$$W = \frac{mm_1}{r}\left(1 + \frac{r'^2}{k^2}\right),$$

so dass

$$R = \frac{\partial W}{\partial r} - \frac{d}{dt}\frac{\partial W}{\partial r'}$$

ist.

Bestehen somit die Kräfte des Systems, dessen Bewegung durch die Gleichungen (1) oder (3) definirt ist, aus innern und äussern Kräften, und bezeichnen wir die nach den Axen gerichteten Componenten der äussern Kräfte mit Q_i, R_i, S_i, so werden diese Bewegungsgleichungen, wenn

(4) $$-T - U = H$$

gesetzt wird, die Form annehmen

(5) $$\sum_1^n \left\{ \left(\frac{\partial H}{\partial x_i} - \frac{d}{dt}\frac{\partial H}{\partial x_i'} + \cdots + (-1)^\nu \frac{d^\nu}{dt^\nu}\frac{\partial H}{\partial x_i^{(\nu)}} - Q_i\right)\delta x_i \right.$$
$$+ \left(\frac{\partial H}{\partial y_i} - \frac{d}{dt}\frac{\partial H}{\partial y_i'} + \cdots + (-1)^\nu \frac{d^\nu}{dt^\nu}\frac{\partial H}{\partial y_i^{(\nu)}} - R_i\right)\delta y_i$$
$$\left. + \left(\frac{\partial H}{\partial z_i} - \frac{d}{dt}\frac{\partial H}{\partial z_i'} + \cdots + (-1)^\nu \frac{d^\nu}{dt^\nu}\frac{\partial H}{\partial z_i^{(\nu)}} - S_i\right)\delta z_i \right\} = 0$$

oder

(6) $$\begin{cases} \frac{\partial H}{\partial x_i} - \frac{d}{dt}\frac{\partial H}{\partial x_i'} + \cdots + (-1)^\nu \frac{d^\nu}{dt^\nu}\frac{\partial H}{\partial x_i^{(\nu)}} = Q_i + \lambda_1 f_{1i} + \cdots + \lambda_m f_{mi} \\ \frac{\partial H}{\partial y_i} - \frac{d}{dt}\frac{\partial H}{\partial y_i'} + \cdots + (-1)^\nu \frac{d^\nu}{dt^\nu}\frac{\partial H}{\partial y_i^{(\nu)}} = R_i + \lambda_1 \varphi_{1i} + \cdots + \lambda_m \varphi_{mi} \\ \frac{\partial H}{\partial z_i} - \frac{d}{dt}\frac{\partial H}{\partial z_i'} + \cdots + (-1)^\nu \frac{d^\nu}{dt^\nu}\frac{\partial H}{\partial z_i^{(\nu)}} = S_i + \lambda_1 \psi_{1i} + \cdots + \lambda_m \psi_{mi}, \end{cases}$$

worin die durch die Gleichung (4) definirte Function H von $t, x_i, y_i, z_i, x_i', y_i', z_i', \ldots, x_i^{(\nu)}, y_i^{(\nu)}, z_i^{(\nu)}$ *das kinetische Potential ν^{ter} Ordnung* genannt werden soll.

Die Gleichungen (6) stellen ein System von $3n$ totalen Differentialgleichungen $2\nu^{\text{ter}}$ Ordnung dar, wobei wir die äussern Kräfte entweder als reine Functionen der Zeit oder auch als Functionen der Zeit, der Coordinaten und deren Ableitungen voraussetzen, die jedoch die $2\nu^{\text{te}}$ Ordnung nicht übersteigen sollen. Ist nun das System ein holonomes, sind also die Gleichungen (2) in Bezug auf die Coordinaten vollständige Variationen der Gleichungen

(7) $\quad F_1(t, x_1, \ldots, x_n, y_1, \ldots, y_n, z_1, \ldots, z_n) = 0, \ldots$
$\quad\quad F_m(t, x_1, \ldots, x_n, y_1, \ldots, y_n, z_1, \ldots, z_n) = 0,$

so werden sich aus den $3n + m$ Gleichungen (6) und (7) die $3n + m$ Grössen

$$x_1, \ldots, x_n, y_1, \ldots, y_n, z_1, \ldots, z_n, \lambda_1, \ldots, \lambda_m$$

durch Integration der Differentialgleichungen als Functionen der Zeit t und $6\nu n$ willkürlichen Constanten ergeben. Ist das System jedoch ein nicht holonomes, aber so beschaffen, dass in den Bedingungsgleichungen (2) die Zeit t nicht explicite vorkommt, so kann man die virtuellen Verrückungen auch durch die wirklichen ersetzen und erhält somit ausser den durch die Lagrange'schen Gleichungen gegebenen $3n$ Differentialgleichungen (6) noch m Differentialgleichungen von der Form

(8) $\quad \begin{cases} \sum_{1}^{n} (f_{1i} x_i' + \varphi_{1i} y_i' + \psi_{1i} z_i') = 0, \\ \sum_{1}^{n} (f_{2i} x_i' + \varphi_{2i} y_i' + \psi_{2i} z_i') = 0, \ldots \\ \sum_{1}^{n} (f_{mi} x_i' + \varphi_{mi} y_i' + \psi_{mi} z_i') = 0, \end{cases}$

so dass sich wiederum die Coordinaten durch die Zeit vermittels der Integration der $3n + m$ Differentialgleichungen (6) und (8) ergeben; kommt jedoch t in den Bedingungsgleichungen des nicht holonomen Systems vor, dann ist die Behandlung des Problems in jedem einzelnen Falle den Bedingungen der Aufgabe anzupassen.

Zweite Form der erweiterten Lagrange'schen Gleichungen.

Wird ein Punkt vom Anfangspunkte als Centrum nach dem Weber'schen Gesetze angezogen, so werden somit nach (6), wenn W die Weber'sche Kräftefunction, und die lebendige Kraft

$$T = \frac{m}{2}(x'^2 + y'^2 + z'^2)$$

gesetzt wird, die Differentialgleichungen der Bewegung durch die Gleichungen

$$m\frac{d^2x}{dt^2} = \frac{\partial W}{\partial x} - \frac{d}{dt}\frac{\partial W}{\partial x'},$$

$$m\frac{d^2y}{dt^2} = \frac{\partial W}{\partial y} - \frac{d}{dt}\frac{\partial W}{\partial y'},$$

$$m\frac{d^2z}{dt^2} = \frac{\partial W}{\partial z} - \frac{d}{dt}\frac{\partial W}{\partial z'}$$

dargestellt sein.

§ 5.

Die zweite Form der erweiterten Lagrange'schen Gleichungen.

Ist das System ein holonomes, sind also die $3n$ Coordinaten x_i, y_i, z_i gegebene Functionen von μ von einander unabhängigen Grössen $p_1, p_2, \ldots, p_\mu$, welche die freien Coordinaten genannt werden sollen, so wird das für diesen Fall auch in die Form (3) des § 1. gesetzte d'Alembert'sche Princip die μ Lagrange-schen Bewegungsgleichungen der zweiten Form liefern

$$(1) \quad -\frac{\partial T}{\partial p_s} + \frac{d}{dt}\frac{\partial T}{\partial p'_s} + \cdots + (-1)^{\nu-1}\frac{d^\nu}{dt^\nu}\frac{\partial T}{\partial p_s^{(\nu)}}$$

$$= \sum_{1}^{n} {}_i\left(X_i\frac{\partial x_i}{\partial p_s} + Y_i\frac{\partial y_i}{\partial p_s} + Z_i\frac{\partial z_i}{\partial p_s}\right) \quad (s = 1, 2, \ldots, \mu),$$

oder wiederum durch Trennung der innern und äussern Kräfte

$$(2) \quad \frac{\partial H}{\partial p_s} - \frac{d}{dt}\frac{\partial H}{\partial p'_s} + \cdots + (-1)^\nu \frac{d^\nu}{dt^\nu}\frac{\partial H}{\partial p_s^{(\nu)}} = P_s \quad (s = 1, 2, \ldots, \mu),$$

wenn

$$(3) \quad \sum_{1}^{n} {}_i\left(Q_i\frac{\partial x_i}{\partial p_s} + R_i\frac{\partial y_i}{\partial p_s} + S_i\frac{\partial z_i}{\partial p_s}\right) = P_s$$

gesetzt wird — Gleichungen, welche sich auch aus (5) des § 4. vermöge des Hülfsatzes 2. unmittelbar ergeben, und deren Integration die freien Coordinaten $p_1, p_2, \ldots, p_\mu$ als Functionen von t und $2\nu\mu$ willkürlichen Constanten liefert.

Wir werden im Folgenden die Bewegungsgleichungen in den Formen (6) des § 4. oder in der obenstehenden Form (2) zu Grunde legen, ohne die Trennung von H in die beiden Summanden $-T$ und $-U$ vorauszusetzen aus Gründen, auf die erst später näher eingegangen werden soll.

§ 6.
Das erweiterte Hamilton'sche Princip.

Bildet man das Integral

$$\int_{t_0}^{t_1} \left(H - \sum_1^\mu P_\lambda p_\lambda \right) dt$$

und nimmt an, dass die äussern Kräfte P_λ während der beliebig aber bestimmt festgesetzten Zeit von t_0 bis t_1 als Functionen der Zeit, aber unabhängig von den Coordinaten gegeben seien, dass ferner H für alle in Betracht kommenden Werthe der Coordinaten und deren Ableitungen während dieser Zeitperiode selbst sowohl wie seine sämmtlichen nach eben diesen Grössen genommenen partiellen Differentialquotienten bis zur $\nu + 1^{\text{ten}}$ Ordnung hin endlich sind, so wird unter der Annahme, dass alle $\delta p_s, \delta p_s', \ldots, \delta p_s^{(\nu-1)}$ für $t = t_0$ und $t = t_1$ verschwinden,

$$(1) \quad \delta \int_{t_0}^{t_1} \left(H - \sum_1^\mu P_\lambda p_\lambda \right) dt$$

$$= \int_{t_0}^{t_1} \sum_1^\mu \left(\frac{\partial H}{\partial p_s} - \frac{d}{dt} \frac{\partial H}{\partial p_s'} + \cdots + (-1)^\nu \frac{d^\nu}{dt^\nu} \frac{\partial H}{\partial p_s^{(\nu)}} - P_s \right) \delta p_s \, dt$$

sein, und da die Variationen δp_s von einander unabhängig sind, so folgt, dass die Beziehung

$$(2) \qquad \delta \int_{t_0}^{t_1} \left(H - \sum_1^\mu P_\lambda p_\lambda \right) dt = 0$$

die Gleichungen (2) des § 5. nach sich zieht und umgekehrt,

dass somit das durch die Gleichung (2) dargestellte Hamilton'sche Princip der zweiten Form der Lagrange'schen Gleichungen äquivalent ist,

worin vermöge der über die Variationen für t_0 und t_1 gemachten Annahme, wenn die Grössen p durch Integration der Bewegungsgleichungen als Functionen der Zeit und die Integrationsconstanten in denselben durch die Anfangs- und Endcoordinaten und deren Ableitungen von der ersten bis zur $\nu - 1^{ten}$ Ordnung hin ausgedrückt sind, solche unendlich benachbarte Functionen der Zeit mit diesen verglichen werden sollen, welche mit ihren $\nu - 1$ ersten Ableitungen für t_0 und t_1 dieselben Werthe annehmen, wobei die Durchgangszeit des Systems von seiner Anfangslage in seine Endlage gegeben und für alle verglichenen Systeme dieselbe ist.

Sind die äusseren Kräfte sämmtlich Null, geht somit das Hamilton'sche Princip in

$$(3) \qquad \delta \int_{t_0}^{t_1} H\, dt = 0$$

über, und sagt also aus, *dass der für gleiche Zeitelemente berechnete Mittelwerth des kinetischen Potentials bei der normalen Bewegung zwischen einer gegebenen Anfangs- und Endlage — definirt durch dieselben Werthe der Coordinaten und ihrer $\nu - 1$ ersten Ableitungen — ein Grenzwerth ist*, so ersieht man wiederum unmittelbar aus der Beziehung

$$\begin{aligned}
\delta \int_{t_0}^{t_1} H\, dt = \int_{t_0}^{t_1} \sum_1^n \Bigg\{ &\left(\frac{\partial H}{\partial x_i} - \frac{d}{dt} \frac{\partial H}{\partial x_i'} + \cdots + (-1)^\nu \frac{d^\nu}{dt^\nu} \frac{\partial H}{\partial x_i^{(\nu)}} \right) \delta x_i \\
+ &\left(\frac{\partial H}{\partial y_i} - \frac{d}{dt} \frac{\partial H}{\partial y_i'} + \cdots + (-1)^\nu \frac{d^\nu}{dt^\nu} \frac{\partial H}{\partial y_i^{(\nu)}} \right) \delta y_i \\
+ &\left(\frac{\partial H}{\partial z_i} - \frac{d}{dt} \frac{\partial H}{\partial z_i'} + \cdots + (-1)^\nu \frac{d^\nu}{dt^\nu} \frac{\partial H}{\partial z_i^{(\nu)}} \right) \delta z_i \Bigg\} dt
\end{aligned}$$

die Identität des Hamilton'schen Princips (3) mit dem d'Alembert'schen Princip, also auch mit der ersten Form der Lagrange'schen Gleichungen, während, wenn die äussern Kräfte nicht verschwinden, aber wiederum reine Functionen der Zeit sind, diese Identität das Hamilton'sche Princip in der Form erfordert

$$\delta \int_{t_0}^{t_1} \left[H - \sum_{1}^{n} {}_i (x_i Q_i + y_i R_i + z_i S_i) \right] dt = 0;$$

dasselbe bleibt also gültig für holonome und nicht holonome Systeme, wobei aber zunächst, wie meist in den folgenden Untersuchungen, angenommen wird, dass in die Bedingungsgleichungen des Problems nicht auch die nach der Zeit genommenen Ableitungen der Coordinaten eintreten. Ist jedoch letzteres der Fall, lauten also die Bedingungsgleichungen

(4) $F_1(t, x_i, y_i, z_i, x_i', y_i', z_i', \ldots, x_i^{(\nu)}, y_i^{(\nu)}, z_i^{(\nu)}) = 0, \ldots$
$F_m(t, x_i, y_i, z_i, x_i', y_i', z_i', \ldots, x_i^{(\nu)}, y_i^{(\nu)}, z_i^{(\nu)}) = 0$

— in welchem Falle wir das System auch noch ein *holonomes* nennen wollen —, so werden die Variationen der Coordinaten und deren Ableitungen für jedes t den m Bedingungsgleichungen unterworfen sein

(5) $\sum_{1}^{n} {}_i \Big\{ \dfrac{\partial F_r}{\partial x_i} \delta x_i + \dfrac{\partial F_r}{\partial y_i} \delta y_i + \dfrac{\partial F_r}{\partial z_i} \delta z_i$
$\qquad + \dfrac{\partial F_r}{\partial x_i'} \delta x_i' + \dfrac{\partial F_r}{\partial y_i'} \delta y_i' + \dfrac{\partial F_r}{\partial z_i'} \delta z_i' + \cdots$
$\qquad + \dfrac{\partial F_r}{\partial x_i^{(\nu)}} \delta x_i^{(\nu)} + \dfrac{\partial F_r}{\partial y_i^{(\nu)}} \delta y_i^{(\nu)} + \dfrac{\partial F_r}{\partial z_i^{(\nu)}} \delta z_i^{(\nu)} \Big\} = 0,$
$(r = 1, 2, \ldots, m)$

aus denen, da diese Beziehungen für den gesammten Verlauf der Bewegung während des für das Hamilton'sche Princip angenommenen Zeitintervalls $t_1 - t_0$ erfüllt sein sollen, unter der für das Bestehen des Hamilton'schen Princips gemachten Annahme, dass die Variationen der Coordinaten und deren Ableitungen bis zur $\nu - 1^{\text{ten}}$ Ordnung an den Grenzen t_0 und t_1 verschwinden, sich

$$\int_{t_0}^{t_1} \sum_1^n {}_i \left\{ \left(\frac{\partial F_r}{\partial x_i} - \frac{d}{dt} \frac{\partial F_r}{\partial x_i'} + \cdots + (-1)^\nu \frac{d^\nu}{dt^\nu} \frac{\partial F_r}{\partial x_i^{(\nu)}} \right) \delta x_i + \cdots \right.$$
$$\left. + \left(\frac{\partial F_r}{\partial z_i} - \frac{d}{dt} \frac{\partial F_r}{\partial z_i'} + \cdots + (-1)^\nu \frac{d^\nu}{dt^\nu} \frac{\partial F_r}{\partial z_i^{(\nu)}} \right) \delta z_i \right\} dt = 0$$

ergiebt. Es werden somit für die Variationen der Coordinaten selbst die in diesen linear homogenen Beziehungen bestehen

$$(6) \sum_1^n {}_i \left\{ \left(\frac{\partial F_r}{\partial x_i} - \frac{d}{dt} \frac{\partial F_r}{\partial x_i'} + \cdots + (-1)^\nu \frac{d^\nu}{dt^\nu} \frac{\partial F_r}{\partial x_i^{(\nu)}} \right) \delta x_i \right.$$
$$+ \left(\frac{\partial F_r}{\partial y_i} - \frac{d}{dt} \frac{\partial F_r}{\partial y_i'} + \cdots + (-1)^\nu \frac{d^\nu}{dt^\nu} \frac{\partial F_r}{\partial y_i^{(\nu)}} \right) \delta y_i$$
$$\left. + \left(\frac{\partial F_r}{\partial z_i} - \frac{d}{dt} \frac{\partial F_r}{\partial z_i'} + \cdots + (-1)^\nu \frac{d^\nu}{dt^\nu} \frac{\partial F_r}{\partial z_i^{(\nu)}} \right) \delta z_i \right\} = 0,$$
$$(r = 1, 2, \ldots, m)$$

und wenn man wieder diese m Bedingungsgleichungen mit Multiplikatoren $\lambda_1, \ldots, \lambda_m$ behaftet und zu dem durch die Gleichung (5) des § 4. ausgedrückten d'Alembert'schen Princip hinzuaddirt, die $3n$ Differentialgleichungen

$$(7) \begin{cases} \dfrac{\partial H}{\partial x_i} - \dfrac{d}{dt} \dfrac{\partial H}{\partial x_i'} + \cdots + (-1)^\nu \dfrac{d^\nu}{dt^\nu} \dfrac{\partial H}{\partial x_i^{(\nu)}} \\ \quad = Q_i + \displaystyle\sum_1^m {}_r \lambda_r \left(\dfrac{\partial F_r}{\partial x_i} - \dfrac{d}{dt} \dfrac{\partial F_r}{\partial x_i'} + \cdots + (-1)^\nu \dfrac{d^\nu}{dt^\nu} \dfrac{\partial F_r}{\partial x_i^{(\nu)}} \right) \\ \dfrac{\partial H}{\partial y_i} - \dfrac{d}{dt} \dfrac{\partial H}{\partial y_i'} + \cdots + (-1)^\nu \dfrac{d^\nu}{dt^\nu} \dfrac{\partial H}{\partial y_i^{(\nu)}} \\ \quad = R_i + \displaystyle\sum_1^m {}_r \lambda_r \left(\dfrac{\partial F_r}{\partial y_i} - \dfrac{d}{dt} \dfrac{\partial F_r}{\partial y_i'} + \cdots + (-1)^\nu \dfrac{d^\nu}{\partial t^\nu} \dfrac{\partial F_r}{\partial y_i^{(\nu)}} \right) \\ \dfrac{\partial H}{\partial z_i} - \dfrac{d}{dt} \dfrac{\partial H}{\partial z_i'} + \cdots + (-1)^\nu \dfrac{d^\nu}{dt^\nu} \dfrac{\partial H}{\partial z_i^{(\nu)}} \\ \quad = S_i + \displaystyle\sum_1^m {}_r \lambda_r \left(\dfrac{\partial F_r}{\partial z_i} - \dfrac{d}{dt} \dfrac{\partial F_r}{\partial z_i'} + \cdots + (-1)^\nu \dfrac{d^\nu}{dt^\nu} \dfrac{\partial F_r}{\partial z_i^{(\nu)}} \right) \end{cases}$$

sich ergeben, welche mit den Differentialgleichungen (4) ein simultanes System von $3n + m$ Differentialgleichungen in den $3n + m$ Functionen x_i, y_i, z_i, λ_r liefern*).

Ist jedoch das System der auch die Ableitungen der Coordinaten enthaltenden Bedingungsgleichungen ein *nicht holonomes*, haben diese also die Form

(8) $$\sum_{1}^{n} {}_i \sum_{0}^{\nu} {}_\lambda \left(f_{1i}^{(\lambda)} \delta x_i^{(\lambda)} + \varphi_{1i}^{(\lambda)} \delta y_i^{(\lambda)} + \psi_{1i}^{(\lambda)} \delta z_i^{(\lambda)} \right) = 0, \ldots$$

$$\sum_{1}^{n} {}_i \sum_{0}^{\nu} {}_\lambda \left(f_{mi}^{(\lambda)} \delta x_i^{(\lambda)} + \varphi_{mi}^{(\lambda)} \delta y_i^{(\lambda)} + \psi_{mi}^{(\lambda)} \delta z_i^{(\lambda)} \right) = 0,$$

so wird sich zunächst wieder durch Integration zwischen den Grenzen t_0 und t_1, durch Reduction auf die Variationen δx_i, δy_i, δz_i, mit Hülfe von m Lagrange'schen Multiplicatoren $\lambda_1, \ldots, \lambda_m$ und Addition zum d'Alembert'schen Princip das System von Differentialgleichungen ergeben:

---

*) Sei also z. B. eine Bedingungsgleichung zwischen zwei Coordinaten x, y und deren ersten Ableitungen vorgelegt von der Form
(α) $\qquad 2y'(x^2 - x - 1) - xy(2x - 1) = 0,$
so dafs die Beziehung zwischen den Variationen lautet
$$(2y'(2x-1) - 2x'y)\delta x - x'(2x-1)\delta y - y(2x-1)\delta x' + 2(x^2 - x - 1)\delta y' = 0,$$
so wird diese durch Integration zwischen den Grenzen t_0 und t_1 und unter der Annahme des Verschwindens der Variation der Coordinaten x und y an den Grenzen t_0 und t_1 in
$$\int_{t_0}^{t_1} (3y'(2x-1)\delta x + x'(-6x+3)\delta y)\,dt = 0$$
übergehen und somit zwischen den Variationen der Coordinaten die Beziehung liefern
$$y'(2x-1)\delta x - x'(2x-1)\delta y = 0$$
oder vermöge (α)
(β) $\qquad y(2x-1)\delta x - 2(x^2 - x - 1)\delta y = 0;$
bemerkt man aber, dass das allgemeine Integral der Differentialgleichung (α) durch
(γ) $\qquad x^2 - x - 1 = cy^2$
dargestellt ist, aus welcher sich die Beziehung zwischen den Variationen
(δ) $\qquad (2x-1)\delta x = 2cy\delta y$
ergiebt, so führt die Elimination von c zwischen (γ) und (δ) wiederum auf die Beziehung (β).

$$(9)\begin{cases}
\dfrac{\partial H}{\partial x_i} - \dfrac{d}{dt}\dfrac{\partial H}{\partial x_i'} + \cdots + (-1)^\nu \dfrac{d^\nu}{dt^\nu}\dfrac{\partial H}{\partial x_i^{(\nu)}} \\
\qquad = Q_i + \sum_1^m \lambda_r \left(f_{ri}^{(0)} - \dfrac{df_{ri}^{(1)}}{dt} + \dfrac{d^2 f_{ri}^{(2)}}{dt^2} - \cdots + (-1)^\nu \dfrac{d^\nu f_{ri}^{(\nu)}}{dt^\nu} \right) \\
\dfrac{\partial H}{\partial y_i} - \dfrac{d}{dt}\dfrac{\partial H}{\partial y_i'} + \cdots + (-1)^\nu \dfrac{d^\nu}{dt^\nu}\dfrac{\partial H}{\partial y_i^{(\nu)}} \\
\qquad = R_i + \sum_1^m \lambda_r \left(\varphi_{ri}^{(0)} - \dfrac{d\varphi_{ri}^{(1)}}{dt} + \dfrac{d^2 \varphi_{ri}^{(2)}}{dt^2} - \cdots + (-1)^\nu \dfrac{d^\nu \varphi_{ri}^{(\nu)}}{dt^\nu} \right) \\
\dfrac{\partial H}{\partial z_i} - \dfrac{d}{dt}\dfrac{\partial H}{\partial z_i'} + \cdots + (-1)^\nu \dfrac{d^\nu}{dt^\nu}\dfrac{\partial H}{\partial z_i^{(\nu)}} \\
\qquad = S_i + \sum_1^m \lambda_r \left(\psi_{ri}^{(0)} - \dfrac{d\psi_{ri}^{(1)}}{dt} + \dfrac{d^2 \psi_{ri}^{(2)}}{dt^2} - \cdots + (-1)^\nu \dfrac{d^\nu \psi_{ri}^{(\nu)}}{dt^\nu} \right).
\end{cases}$$

Enthalten nun die Bedingungsgleichungen (8) wieder t nicht explicite, so liefern sie m Differentialgleichungen zwischen den Coordinaten, welche mit den $3n$ Differentialgleichungen (9) zusammen ein simultanes Differentialgleichungssystem zur Bestimmung von x_i, y_i, z_i, λ_1, ..., λ_m als Functionen der Zeit bilden; für den Fall jedoch, daſs die Gleichungen (8) nicht von t frei sind, müssen die Methoden zur Behandlung des Problems wieder den Bedingungen der Aufgabe angepasst werden.

Man kann aber auch das erweiterte Hamilton'sche Princip noch in eine allgemeinere Form bringen. Ersetzt man nämlich in der Function H die Gröſsen $p_s^{(k)}$ durch p_{sk} und fasst somit H als eine Function von

$t, p_1, p_2, \ldots, p_\mu, p_{11}, p_{21}, \ldots, p_{\mu 1}, \ldots, p_{1\nu}, p_{2\nu}, \ldots, p_{\mu\nu}$

auf, so wird die Variation

$$\delta \int_{t_0}^{t_1} \left\{ H - \sum_1^\mu \left[P_\lambda p_\lambda + (p_{\lambda 1} - p_\lambda')\dfrac{\partial H}{\partial p_{\lambda 1}} \right.\right.$$
$$\left.\left. + (p_{\lambda 2} - p_\lambda'')\dfrac{\partial H}{\partial p_{\lambda 2}} + \cdots + (p_{\lambda \nu} - p_\lambda^{(\nu)})\dfrac{\partial H}{\partial p_{\lambda \nu}} \right] \right\} dt$$

$$= \int_{t_0}^{t_1} \sum_1^\mu \left\{ \left[\frac{\partial H}{\partial p_s} - P_s - \sum_1^\mu (p_{\lambda 1} - p_\lambda') \frac{\partial^2 H}{\partial p_{\lambda 1}' \partial p_s} \right. \right.$$

$$\left. - \sum_1^\mu (p_{\lambda 2} - p_\lambda'') \frac{\partial^2 H}{\partial p_{\lambda 2} \partial p_s} - \cdots - \sum_1^\mu (p_{\lambda \nu} - p_\lambda^{(\nu)}) \frac{\partial^2 H}{\partial p_{\lambda \nu} \partial p_s} \right] \delta p_s$$

$$+ \frac{\partial H}{\partial p_{s1}} \delta p_s' + \frac{\partial H}{\partial p_{s2}} \delta p_s'' + \cdots + \frac{\partial H}{\partial p_{s\nu}} \delta p_s^{(\nu)}$$

$$- \left[\sum_1^\mu \left\{ (p_{\lambda 1} - p_\lambda') \frac{\partial^2 H}{\partial p_{\lambda 1} \partial p_{s1}} + (p_{\lambda 2} - p_\lambda'') \frac{\partial^2 H}{\partial p_{\lambda 2} \partial p_{s1}} + \cdots \right. \right.$$

$$\left. \left. + (p_{\lambda \nu} - p_\lambda^{(\nu)}) \frac{\partial^2 H}{\partial p_{\lambda \nu} \partial p_{s1}} \right\} \right] \delta p_{s1}$$

$$- \cdots \cdots \cdots \cdots \cdots \cdots \cdots \cdots \cdots \cdots$$

$$- \left[\sum_1^\mu \left\{ (p_{\lambda 1} - p_\lambda') \frac{\partial^2 H}{\partial p_{\lambda 1} \partial p_{s\nu}} + (p_{\lambda 2} - p_\lambda'') \frac{\partial^2 H}{\partial p_{\lambda 2} \partial p_{s\nu}} + \cdots \right. \right.$$

$$\left. \left. \left. + (p_{\lambda \nu} - p_\lambda^{(\nu)}) \frac{\partial^2 H}{\partial p_{\lambda \nu} \partial p_{s\nu}} \right\} \right] \delta p_{s\nu} \right\} dt,$$

und es folgt somit unter der Festsetzung, dafs nur die Variationen

$$\delta p_s, \ \delta p_s', \ \ldots \ \delta p_s^{(\nu-1)}$$

für $t = t_0$ und $t = t_1$ verschwinden sollen, die Aequivalenz der Gleichung

$$(10) \quad \delta \int_{t_0}^{t_1} \left\{ H - \sum_1^\mu \left[P_\lambda p_\lambda + (p_{\lambda 1} - p_\lambda') \frac{\partial H}{\partial p_{\lambda 1}} \right. \right.$$

$$\left. \left. + (p_{\lambda 2} - p_\lambda'') \frac{\partial H}{\partial p_{\lambda 2}} + \cdots + (p_{\lambda \nu} - p_\lambda^{(\nu)}) \frac{\partial H}{\partial p_{\lambda \nu}} \right] \right\} dt = 0$$

mit den Beziehungen

$$(11) \quad \frac{\partial H}{\partial p_s} - \frac{d}{dt} \frac{\partial H}{\partial p_{s1}} + \cdots + (-1)^\nu \frac{d^\nu}{dt^\nu} \frac{\partial H}{\partial p_{s\nu}} - P_s$$

$$- \sum_1^\mu (p_{\lambda 1} - p_\lambda') \frac{\partial^2 H}{\partial p_{\lambda 1} \partial p_s} - \cdots - \sum_1^\mu (p_{\lambda \nu} - p_\lambda^{(\nu)}) \frac{\partial^2 H}{\partial p_{\lambda \nu} \partial p_s} = 0,$$

$$(12)\begin{cases}\sum_{1}^{\mu}{}_{\lambda}\left\{(p_{\lambda 1}-p_{\lambda}')\frac{\partial^2 H}{\partial p_{\lambda 1}\partial p_{s1}}+(p_{\lambda 2}-p_{\lambda}'')\frac{\partial^2 H}{\partial p_{\lambda 2}\partial p_{s1}}+\cdots\right.\\\left.\qquad\qquad+(p_{\lambda \nu}-p_{\lambda}^{(\nu)})\frac{\partial^2 H}{\partial p_{\lambda \nu}\partial p_{s1}}\right\}=0,\\\cdots\cdots\cdots\cdots\cdots\cdots\cdots\cdots\cdots\cdots\cdots\cdots\\\sum_{1}^{\mu}{}_{\lambda}\left\{(p_{\lambda 1}-p_{\lambda}')\frac{\partial^2 H}{\partial p_{\lambda 1}\partial p_{s\nu}}+(p_{\lambda 2}-p_{\lambda}'')\frac{\partial^2 H}{\partial p_{\lambda 2}\partial p_{s\nu}}+\cdots\right.\\\left.\qquad\qquad+(p_{\lambda \nu}-p_{\lambda}^{(\nu)})\frac{\partial^2 H}{\partial p_{\lambda \nu}\partial p_{s\nu}}\right\}=0\end{cases}$$

für $s = 1, 2, \ldots, \mu$. Ist nun die Determinante der zweiten Differentialquotienten

$$\frac{\partial^2 H}{\partial p_{\alpha\beta}\partial p_{\gamma\delta}},$$

worin α und γ die Werthe $1, 2, \ldots, \mu$, β und δ die Werthe $1, 2, \ldots, \nu$ annehmen, nicht identisch Null, so wird sich aus den Gleichungen (12)

$$p_{\lambda r} = p_{\lambda}^{(r)}$$

ergeben für alle Werthe von λ und r aus der Reihe der Zahlen $1, 2 \ldots, \mu$ bez. $1, 2, \ldots \nu$, und es werden somit die Gleichungen (11) wieder in die Lagrange'schen Gleichungen übergehen, also *unter den angegebenen Bedingungen auch das verallgemeinerte Hamilton'sche Princip* (10) *der zweiten Form der Lagrange'schen Gleichungen äquivalent sein.*

§ 7.

Das erweiterte Princip der Erhaltung der lebendigen Kraft.

Gehen wir wiederum von der Gleichung

$$\frac{\partial H}{\partial p_s} - \frac{d}{dt}\frac{\partial H}{\partial p_s'} + \cdots + (-1)^\nu \frac{d^\nu}{dt^\nu}\frac{\partial H}{\partial p_s^{(\nu)}} = P_s$$

aus, so wird sich, wenn diese mit p_s' multiplicirt und die Summation über s von 1 bis μ ausgeführt wird,

Das erweiterte Princip der Erhaltung der lebendigen Kraft.

$$(1) \quad \sum_1^\mu p_s' \frac{\partial H}{\partial p_s} - \sum_1^\mu p_s' \frac{d}{dt}\frac{\partial H}{\partial p_s'} + \cdots$$
$$+ (-1)^\nu \sum_1^\mu p_s' \frac{d^\nu}{dt^\nu} \frac{\partial H}{\partial p_s^{(\nu)}} = \sum_1^\mu P_s p_s'$$

ergeben; *nehmen wir nun an, dass t in H nicht explicite vorkommt*, dass also

$$(2) \quad \frac{dH}{dt} = \sum_1^\mu p_s' \frac{\partial H}{\partial p_s} + \sum_1^\mu p_s'' \frac{\partial H}{\partial p_s'} + \cdots + \sum_1^\mu p_s^{(\nu+1)} \frac{\partial H}{\partial p_s^{(\nu)}},$$

so folgt durch Substitution des Ausdrucks für $\sum_1^\mu p_s' \frac{\partial H}{\partial p_s}$ aus (1) in (2)

$$\frac{dH}{dt} - \sum_1^\mu \left\{ p_s' \frac{d}{dt}\frac{\partial H}{\partial p_s'} + p_s'' \frac{\partial H}{\partial p_s'}\right\} + \sum_1^\mu \left\{ p_s' \frac{d^2}{dt^2}\frac{\partial H}{\partial p_s''} - p_s''' \frac{\partial H}{\partial p_s''}\right\} + \cdots$$
$$+ (-1)^\nu \sum_1^\mu \left\{ p_s' \frac{d^\nu}{dt^\nu}\frac{\partial H}{\partial p_s^{(\nu)}} - (-1)^\nu p_s^{(\nu+1)} \frac{\partial H}{\partial p_s^{(\nu)}}\right\}$$
$$= \sum_1^\mu P_s p_s'$$

oder

$$\frac{dH}{dt} - \frac{d}{dt}\sum_1^\mu p_s' \frac{\partial H}{\partial p_s'} + \frac{d}{dt}\sum_1^\mu \left\{ p_s' \frac{d}{dt}\frac{\partial H}{\partial p_s''} - p_s'' \frac{\partial H}{\partial p_s''}\right\} - \cdots$$
$$+ (-1)^\nu \frac{d}{dt}\sum_1^\mu \left\{ p_s' \frac{d^{\nu-1}}{dt^{\nu-1}}\frac{\partial H}{\partial p_s^{(\nu)}} - p_s'' \frac{d^{\nu-2}}{dt^{\nu-2}}\frac{\partial H}{\partial p_s^{(\nu)}} + \cdots \right.$$
$$\left. - (-1)^\nu p_s^{(\nu)} \frac{\partial H}{\partial p_s^{(\nu)}}\right\} = \sum_1^\mu P_s p_s',$$

und endlich durch Integration nach t

$$H - \sum_1^\mu p_s' \frac{\partial H}{\partial p_s'} + \sum_1^\mu \left\{ p_s' \frac{d}{dt}\frac{\partial H}{\partial p_s''} - p_s'' \frac{\partial H}{\partial p_s''}\right\} - \cdots$$
$$+ (-1)^\nu \sum_1^\mu \left\{ p_s' \frac{d^{\nu-1}}{dt^{\nu-1}}\frac{\partial H}{\partial p_s^{(\nu)}} - p_s'' \frac{d^{\nu-2}}{dt^{\nu-2}}\frac{\partial H}{\partial p_s^{(\nu)}} + \cdots \right.$$
$$\left. - (-1)^\nu p_s^{(\nu)} \frac{\partial H}{\partial p_s^{(\nu)}}\right\} = \sum_1^\mu \int P_s p_s' \, dt + h,$$

56 Das erweiterte Princip der Erhaltung der lebendigen Kraft.

worin h eine Constante bedeutet, oder

$$
\begin{aligned}
(3)\quad H &- \sum_{1}^{\mu} p_s' \left(\frac{\partial H}{\partial p_s'} - \frac{d}{dt} \frac{\partial H}{\partial p_s''} + \cdots + (-1)^{\nu-1} \frac{d^{\nu-1}}{dt^{\nu-1}} \frac{\partial H}{\partial p_s^{(\nu)}} \right) \\
&- \sum_{1}^{\mu} p_s'' \left(\frac{\partial H}{\partial p_s''} - \frac{d}{dt} \frac{\partial H}{\partial p_s'''} + \cdots + (-1)^{\nu-2} \frac{d^{\nu-2}}{dt^{\nu-2}} \frac{\partial H}{\partial p_s^{(\nu)}} \right) \\
&- \cdots \cdots \cdots \cdots \cdots \cdots \cdots \cdots \cdots \\
&- \sum_{1}^{\mu} p_s^{(\nu)} \frac{\partial H}{\partial p_s^{(\nu)}} = \sum_{1}^{\mu} \int P_s p_s' \, dt + h,
\end{aligned}
$$

worin *das Princip von der Erhaltung der lebendigen Kraft ausgesprochen ist.*

Setzt man

$$
\begin{aligned}
(4)\quad H &- \sum_{1}^{\mu} p_s' \left(\frac{\partial H}{\partial p_s'} - \frac{d}{dt} \frac{\partial H}{\partial p_s''} + \cdots + (-1)^{\nu-1} \frac{d^{\nu-1}}{dt^{\nu-1}} \frac{\partial H}{\partial p_s^{(\nu)}} \right) \\
&- \sum_{1}^{\mu} p_s'' \left(\frac{\partial H}{\partial p_s''} - \frac{d}{dt} \frac{\partial H}{\partial p_s'''} + \cdots + (-1)^{\nu-2} \frac{d^{\nu-2}}{dt^{\nu-2}} \frac{\partial H}{\partial p_s^{(\nu)}} \right) \\
&- \cdots \cdots \cdots \cdots \cdots \cdots \cdots \cdots \cdots \\
&- \sum_{1}^{\mu} p_s^{(\nu)} \frac{\partial H}{\partial p_s^{(\nu)}} = E,
\end{aligned}
$$

worin E, durch die Coordinaten und deren nach der Zeit genommenen Ableitungen bis zur $2\nu - 1^{\text{ten}}$ Ordnung hin ausgedrückt, der Energievorrath des Systems genannt werden soll, so folgt aus (3), dass

$$\frac{dE}{dt} = \sum_{1}^{\mu} P_s p_s',$$

und somit der Energievorrath des Systems fortwährend in dem Maasse abnimmt oder wächst, als die Kräfte P_s negative oder positive Arbeit leisten, dass daher, wenn die äussern Kräfte Null sind,

$$E = h$$

d. h. *die Energie constant ist.*

Hängt H nur von den Coordinaten und deren ersten Ableitungen ab, so geht die Gleichung (3) in

$$H - \sum_1^\mu p_s' \frac{\partial H}{\partial p_s'} = \sum_1^\mu \int P_s p_s' \, dt + h$$

über, und ist H eine ganze Function m^{ten} Grades der p_s' und lautet nach homogenen Functionen, deren Grad durch den Index angegeben ist, geordnet

$$H = H_0 + H_1 + H_2 + \cdots + H_m,$$

so erhält man

$$H_0 - H_2 - 2H_3 - 3H_4 - \cdots - (m-1)H_m = \sum_1^\mu \int P_s p_s' \, dt + h,$$

und es wird daher das Princip von der Erhaltung der lebendigen Kraft, wenn alle äussern Kräfte P_s Null sind, die Form annehmen

$$H_0 - H_2 - 2H_3 - 3H_4 - \cdots - (m-1)H_m = h.$$

Ist

$$H = -T - U,$$

und die von den Coordinaten und deren ersten Ableitungen abhängige Kräftefunction U nur vom zweiten Grade in diesen Ableitungen, ausserdem die lebendige Kraft T eine homogene Function zweiten Grades der ersten Ableitungen — was stets der Fall ist, wenn die Zwangsbedingungen von der Zeit unabhängig sind — so wird, wenn U in der Form

$$U = U_0 + U_1 + U_2$$

dargestellt wird, das Energieprincip somit durch die Gleichung

$$T - U_0 + U_2 = h$$

ausgedrückt sein, und daher für die Weber'sche Kräftefunction, welche der gestellten Bedingung genügt, in

$$T - W_0 + W_2 = h$$

übergehen, worin

$$W_0 = \frac{mm_1}{r}, \qquad W_2 = \frac{mm_1}{k^2 r} r'^2$$

ist.

Unter der Annahme, dass H die Zeit nicht explicite enthält, war das Princip von der Erhaltung der lebendigen Kraft aus den Lagrange'schen Bewegungsgleichungen der zweiten Form hergeleitet worden, ersteres ist also die nothwendige Folge dieser Gleichungen für holonome Systeme.

Um den Satz von der Erhaltung der Energie auch für nicht holonome Systeme in den rechtwinkligen Coordinaten aufzustellen, multipliciren wir, wiederum unter der Voraussetzung, dass H die Zeit t nicht explicite enthält, die Gleichungen (6) des § 4. mit x_i', y_i', z_i' und addiren alle diese Gleichungen, so werden unter der Annahme, dass auch die Functionen f_{ki}, φ_{ki}, ψ_{ki} die Zeit nicht explicite enthalten, die wirklichen Verrückungen auch virtuelle sein, die Gleichungen (2) des § 4. also befriedigt werden, wenn statt δx_i, δy_i, δz_i die Incremente dx_i, dy_i, dz_i gesetzt werden, und sich daher die Beziehung ergeben

$$\sum_1^n x_i' \left(\frac{\partial H}{\partial x_i} - \frac{d}{dt} \frac{\partial H}{\partial x_i'} + \cdots + (-1)^\nu \frac{d^\nu}{dt^\nu} \frac{\partial H}{\partial x_i^{(\nu)}} \right)$$

$$+ \sum_1^n y_i' \left(\frac{\partial H}{\partial y_i} - \frac{d}{dt} \frac{\partial H}{\partial y_i'} + \cdots + (-1)^\nu \frac{d^\nu}{dt^\nu} \frac{\partial H}{\partial y_i^{(\nu)}} \right)$$

$$+ \sum_1^n z_i' \left(\frac{\partial H}{\partial z_i} - \frac{d}{dt} \frac{\partial H}{\partial z_i'} + \cdots + (-1)^\nu \frac{d^\nu}{dt^\nu} \frac{\partial H}{\partial z_i^{(\nu)}} \right)$$

$$= \sum_1^n (x_i' Q_i + y_i' R_i + z_i' S_i),$$

und somit analog der oben für (1) vollzogenen Transformation wenn

$$H - \sum_1^n x_i' \left(\frac{\partial H}{\partial x_i'} - \frac{d}{dt} \frac{\partial H}{\partial x_i''} + \cdots \right)$$

$$- \sum_1^n y_i' \left(\frac{\partial H}{\partial y_i'} - \frac{d}{dt} \frac{\partial H}{\partial y_i''} + \cdots \right)$$

$$-\sum_{1}^{n}{}_{i}\, z_{i}' \left(\frac{\partial H}{\partial z_{i}'} - \frac{d}{dt}\frac{\partial H}{\partial z_{i}''} + \cdots\right)$$

$$-\sum_{1}^{n}{}_{i}\, x_{i}'' \left(\frac{\partial H}{\partial x_{i}''} - \frac{d}{dt}\frac{\partial H}{\partial x_{i}'''} + \cdots\right)$$

$$- \cdots \cdots \cdots \cdots \cdots$$

$$-\sum_{1}^{n}{}_{i}\, x_{i}^{(\nu)} \frac{\partial H}{\partial x_{i}^{(\nu)}} - \sum_{1}^{n}{}_{i}\, y_{i}^{(\nu)} \frac{\partial H}{\partial y_{i}^{(\nu)}} - \sum_{1}^{n}{}_{i}\, z_{i}^{(\nu)} \frac{\partial H}{\partial z_{i}^{(\nu)}} = E$$

gesetzt wird, worin E wieder den oben bezeichneten Energievorrath bedeutet,

$$\frac{dE}{dt} = \sum_{1}^{n}{}_{i}\, (x_{i}' Q_{i} + y_{i}' R_{i} + z_{i}' S_{i}').$$

Ist H wieder in seine beiden Bestandtheile zerlegt, also
$$H = -T - U$$
gesetzt, so soll

$$-T + \sum_{1}^{\mu}{}_{s}\, p_{s}' \left(\frac{\partial T}{\partial p_{s}'} - \frac{d}{dt}\frac{\partial T}{\partial p_{s}''} + \cdots\right) + \sum_{1}^{\mu}{}_{s}\, p_{s}'' \left(\frac{\partial T}{\partial p_{s}''} - \cdots\right) + \cdots$$
$$+ \sum_{1}^{\mu}{}_{s}\, p_{s}^{(\nu)} \frac{\partial T}{\partial p_{s}^{(\nu)}} = E_{a}$$

die *actuelle Energie* und

$$-U + \sum_{1}^{\mu}{}_{s}\, p_{s}' \left(\frac{\partial U}{\partial p_{s}'} - \frac{d}{dt}\frac{\partial U}{\partial p_{s}''} + \cdots\right) + \sum_{1}^{\mu}{}_{s}\, p_{s}'' \left(\frac{\partial U}{\partial p_{s}''} - \cdots\right) + \cdots$$
$$+ \sum_{1}^{\mu}{}_{s}\, p_{s}^{(\nu)} \frac{\partial U}{\partial p_{s}^{(\nu)}} = E_{p}$$

die *potentielle Energie* genannt werden, und es wird somit, wenn äussere Kräfte nicht vorhanden sind,
$$E_{a} + E_{p} = E = h,$$

also *die Summe der actuellen und potentiellen Energie constant sein.*

Hat das Kräftesystem eine Kräftefunction, also das Problem ein kinetisches Potential, so wissen wir aus dem Hülfsatz 4, dass unendlich viele kinetische Potentiale existiren, die sich aber alle um Functionen unterscheiden, welche vollständige nach t genommene Differentialquotienten einer Function der Coordinaten und der Ableitungen derselben bis zur $\nu-1^{\text{ten}}$ Ordnung hin sind. Bezeichnet man nun die zu zwei solchen Werthen H_1 und H_2 des kinetischen Potentials gehörigen Energiewerthe mit E_1 und E_2, so dass nach (4)

$$E_1 = H_1 - \sum_1^\mu p_s' \left(\frac{\partial H_1}{\partial p_s'} - \frac{d}{dt}\frac{\partial H_1}{\partial p_s''} + \cdots\right)$$

$$- \sum_1^\mu p_s'' \left(\frac{\partial H_1}{\partial p_s''} - \cdots\right) - \cdots - \sum_1^\mu p_s^{(\nu)} \frac{\partial H_1}{\partial p_s^{(\nu)}},$$

$$E_2 = H_2 - \sum_1^\mu p_s' \left(\frac{\partial H_2}{\partial p_s'} - \frac{d}{dt}\frac{\partial H_2}{\partial p_s''} + \cdots\right)$$

$$- \sum_1^\mu p_s'' \left(\frac{\partial H_2}{\partial p_s''} - \cdots\right) - \cdots - \sum_1^\mu p_s^{(\nu)} \frac{\partial H_2}{\partial p_s^{(\nu)}}$$

ist, so folgt, wenn
$$H_1 - H_2 = K$$

gesetzt wird, durch Subtraction dieser beiden Gleichungen

$$E_1 - E_2 = K - \sum_1^\mu p_s' \left(\frac{\partial K}{\partial p_s'} - \frac{d}{dt}\frac{\partial K}{\partial p_s''} + \cdots\right)$$

$$- \sum_1^\mu p_s'' \left(\frac{\partial K}{\partial p_s''} - \cdots\right) - \cdots - \sum_1^\mu p_s^{(\nu)} \frac{\partial K}{\partial p_s^{(\nu)}},$$

und somit, da H_1 und H_2 also auch K für die Gültigkeit des Energieprincips die Zeit t nicht explicite enthalten durften,

$$\frac{d(E_1-E_2)}{dt} = \sum_1^\mu \frac{\partial K}{\partial p_s} p_s' + \sum_1^\mu \frac{\partial K}{\partial p_s'} p_s'' + \cdots + \sum_1^\mu \frac{\partial K}{\partial p_s^{(\nu)}} p_s^{(\nu+1)}$$

$$-\sum_1^\mu p_s'' \left(\frac{\partial K}{\partial p_s'} - \frac{d}{dt}\frac{\partial K}{\partial p_s''} + \cdots\right)$$

$$-\sum_1^\mu p_s' \left(\frac{d}{dt}\frac{\partial K}{\partial p_s'} - \frac{d^2}{dt^2}\frac{\partial K}{\partial p_s''} + \cdots\right)$$

$$- \;\cdot\;\cdot\;\cdot\;\cdot\;\cdot\;\cdot\;\cdot\;\cdot\;\cdot\;\cdot\;\cdot\;\cdot$$

$$= \sum_1^\mu p_s' \left(\frac{\partial K}{\partial p_s} - \frac{d}{dt}\frac{\partial K}{\partial p_s'} + \frac{d^2}{dt^2}\frac{\partial K}{\partial p_s''} - \cdots \right.$$
$$\left. + (-1)^\nu \frac{d^\nu}{dt^\nu}\frac{\partial K}{\partial p_s^{(\nu)}}\right);$$

da aber K ein vollständiger Differentialquotient einer Function von t, den Coordinaten und deren Ableitungen bis zur $\nu-1^{ten}$ Ordnung hin sein musste, so wird nach Hülfsatz 3. die Klammer der rechten Seite für jeden Werth von s identisch verschwinden und somit

$$\frac{d(E_1-E_2)}{dt} = 0 \quad \text{oder} \quad E_1 - E_2 = c$$

sein, worin c eine Constante bedeutet, wie auch schon unmittelbar aus dem Energieprincip gefolgert werden konnte.

Es unterscheiden sich also alle demselben Probleme angehörigen kinetischen Potentiale um vollständige Differentialquotienten einer Function der Zeit, der Coordinaten und deren Ableitungen bis zur $\nu-1^{ten}$ Ordnung, und wenn die kinetischen Potentiale von der Zeit frei sind, die unendlich vielen zugehörigen Energiewerthe, als Functionen der Coordinaten und deren Ableitungen aufgefasst, um Constanten.

Während, wie aus (4) ersichtlich, der Energievorrath des Systems eindeutig bestimmt ist, wenn das kinetische Potential H als Function von $p_1, \ldots, p_\mu, p_1', \ldots, p_\mu', \ldots, p_1^{(\nu)}, \ldots, p_\mu^{(\nu)}$ gegeben ist, und zwar als Function der Coordinaten und deren Ableitungen bis zur $2\nu-1^{ten}$ Ordnung, wird umgekehrt, wenn E gegeben ist, das kinetische Potential die Lösung einer partiellen Differentialgleichung und ausserdem der Bedingung unterworfen sein, die Ableitungen der Coordinaten nur bis zur ν^{ten} Ordnung hin zu enthalten; daraus ist aber schon zu ersehen, dass der Energievorrath eines Systems nicht als eine beliebige Function der Coordinaten und deren Ableitungen gegeben werden kann, sondern bestimmten, nach dem Früheren leicht aufzustellenden Bedingungen wird genügen müssen.

Setzt man nämlich

$$\frac{\partial H}{\partial p_s} - \frac{d}{dt}\frac{\partial H}{\partial p_s'} + \frac{d^2}{dt^2}\frac{\partial H}{\partial p_s''} - \cdots + (-1)^\nu \frac{d^\nu}{dt^\nu}\frac{\partial H}{\partial p_s^{(\nu)}} = K_s,$$

so folgt mit Hülfe der auf die Gleichung (1) angewandten Transformation

(5) $$\sum_1^\mu K_s p_s' = \frac{dE}{dt},$$

und man wird somit aus den in dem Hülfsatze 4. entwickelten nothwendigen und hinreichenden Bedingungen für die Grössen N_k, wenn sie in der dort angegebenen Art durch eine Grösse M darstellbar sein sollen, indem man N_k mit K_s und M mit H vertauscht, die nothwendigen und hinreichenden Bedingungen für K_s, und aus diesen und (5) durch Elimination von K_s die für E folgenden identisch zu erfüllenden Bedingungen herleiten können. Nehmen wir z. B. nur eine Variable p und zunächst $\nu = 1$ an, so lautet die allein bestehende Bedingungsgleichung

$$\frac{\partial K}{\partial p'} - \frac{d}{dt}\frac{\partial K}{\partial p''} = 0,$$

und es liefert die Elimination von K zwischen dieser Gleichung und (5) mit Benutzung der Formeln des Hülfsatzes 1. eine Identität; *es unterliegt somit der nur von einer Coordinate und deren erster Ableitung abhängende Ausdruck des Energievorrathes gar keiner Bedingung*, ausser im Laufe der Bewegung stets endlich zu sein, und ferner, da

$$\frac{\partial E}{\partial p'} = -p'\frac{\partial^2 H}{\partial p'^2}$$

ist, unter der Annahme, dass die Werthe $\frac{\partial H}{\partial p'}$ und $\frac{\partial^2 H}{\partial p'^2}$ für die in Frage kommenden Werthe stets endlich bleiben,

$$\left(\frac{\partial E}{\partial p'}\right)_{p'=0} = 0$$

zu machen; und *ebenso darf für $\nu = 1$ und eine beliebige Anzahl von Variabeln E als eine nur durch dieselben Einschränkungen bedingte, im Uebrigen willkürliche Function von $p_1, \ldots, p_\mu$, $p'_1, \ldots, p'_\mu$ gegeben sein.* In diesem Falle wird die Bestimmung des kinetischen Potentials H vermöge (4) auf die lineare partielle Differentialgleichung führen

$$p_1'\frac{\partial H}{\partial p_1'} + p_2'\frac{\partial H}{\partial p_2'} + \cdots + p_\mu'\frac{\partial H}{\partial p_\mu'} = H - E,$$

deren allgemeines Integral für das kinetische Potential den Werth liefert

$$H = -p_1'\int\frac{(E)}{p_1'^2}\,dp_1' + p_1'\varphi\left(\frac{p_2'}{p_1'}, \frac{p_3'}{p_1'}, \ldots, \frac{p_\mu'}{p_1'}\right),$$

worin (E) den gegebenen Ausdruck für die Energie bedeutet, wenn in denselben

$$p_2' = \alpha_2 p_1', \quad p_3' = \alpha_3 p_1', \ldots, p_\mu' = \alpha_\mu p_1'$$

gesetzt wird, und nach der Integration wieder für die Grössen α die Quotienten der p' zu substituiren sind, während φ eine willkürliche Function bedeutet, und die in dem Ausdrucke für H vorkommende Quadratur in Folge der gemachten Annahme endlich ist. Mit Rücksicht auf die Eindeutigkeit, Endlichkeit und Stetigkeit des kinetischen Potentials kann H in die Form gesetzt werden

$$H = -p_1'\int\frac{(E)}{p_1'^2}\,dp_1 + A_1 p_1' + A_2 p_2' + \cdots + A_\mu p_\mu',$$

worin $A_1, \ldots, A_\mu$ beliebige Functionen der $p_1, \ldots, p_\mu$ sind, und *es bestimmt somit der Energievorrath eines Systems für $\nu = 1$ dessen kinetisches Potential im Allgemeinen bis auf eine in den ersten Ableitungen der Coordinaten lineare Function*, worauf wir noch später zurückkommen werden.

64 Das erweiterte Princip der Erhaltung der lebendigen Kraft.

Für $\mu = 1$ und $\nu = 2$ lauten nach dem Hülfsatz 4. die für K nothwendigen und hinreichenden Bedingungen

$$\frac{\partial K}{\partial p'} - \frac{d}{dt}\frac{\partial K}{\partial p''} + \frac{d^2}{dt^2}\frac{\partial K}{\partial p'''} - \frac{d^3}{dt^3}\frac{\partial K}{\partial p^{IV}} = 0,$$

$$\frac{\partial K}{\partial p'''} - 2\frac{d}{dt}\frac{\partial K}{\partial p^{IV}} = 0,$$

und es liefert, wie leicht zu sehen, die Elimination von K zwischen (5) und diesen beiden Gleichungen nur die eine für den von p und p' abhängenden Energievorrath E nothwendige und hinreichende, identisch zu befriedigende Bedingungsgleichung

$$p'\frac{\partial E}{\partial p''} + 2p''\frac{\partial E}{\partial p'''} - p'\frac{d}{dt}\frac{\partial E}{\partial p'''} = 0,$$

da die Substitution von K in die erste der beiden Gleichungen vermöge der eben für E gefundenen Bedingung auf eine Identität führt, oder wenn

$$E = p'^2 E_1$$

gesetzt wird,

$$\frac{\partial E_1}{\partial p''} - \frac{d}{dt}\frac{\partial E_1}{\partial p'''} = 0,$$

und ähnlich folgen für jeden Werth von ν aus den für die Existenz eines kinetischen Potentials aufgestellten nothwendigen und hinreichenden Bedingungen für K, welches die Ableitungen der Coordinaten bis zur $2\nu^{\text{ten}}$ Ordnung hin enthält, die Bedingungen, denen der Energievorrath unterliegt, dessen Ableitungen in den Coordinaten sich nur bis zur $2\nu - 1^{\text{ten}}$ Ordnung hin erheben.

Um endlich noch das Energieprincip für den Fall zu untersuchen, dass die Zeit t in dem kinetischen Potential H und in den Bedingungsgleichungen nicht explicite vorkommt, die letzteren aber die Coordinaten und deren Ableitungen bis zur μ^{ten} Ordnung hin enthalten, also in der Form gegeben sind

$$F_1(x_i, y_i, z_i, x_i', y_i', z_i', \ldots, x_i^{(\mu)}, y_i^{(\mu)}, z_i^{(\mu)}) = 0, \ldots$$
$$F_m(x_i, y_i, z_i, x_i', y_i', z_i', \ldots, x_i^{(\mu)}, y_i^{(\mu)}, z_i^{(\mu)}) = 0,$$

gehe man von den oben hergeleiteten Bewegungsgleichungen

$$\frac{\partial H}{\partial x_i} - \frac{d}{dt}\frac{\partial H}{\partial x_i'} + \cdots + (-1)^\nu \frac{d^\nu}{dt^\nu}\frac{\partial H}{\partial x_i^{(\nu)}}$$

$$= Q_i + \sum_{1}^{m} \lambda_r \left(\frac{\partial F_r}{\partial x_i} - \frac{d}{dt}\frac{\partial F_r}{\partial x_i'} + \cdots + (-1)^\mu \frac{d^\mu}{dt^\mu}\frac{\partial F_r}{\partial x_i^{(\mu)}} \right),$$

$$\frac{\partial H}{\partial y_i} - \frac{d}{dt}\frac{\partial H}{\partial y_i'} + \cdots + (-1)^\nu \frac{d^\nu}{dt^\nu}\frac{\partial H}{\partial y_i^{(\nu)}}$$

$$= R_i + \sum_{1}^{m} \lambda_r \left(\frac{\partial F_r}{\partial y_i} - \frac{d}{dt}\frac{\partial F_r}{\partial y_i'} + \cdots + (-1)^\mu \frac{d^\mu}{dt^\mu}\frac{\partial F_r}{\partial y_i^{(\mu)}} \right),$$

$$\frac{\partial H}{\partial z_i} - \frac{d}{dt}\frac{\partial H}{\partial z_i'} + \cdots + (-1)^\nu \frac{d^\nu}{dt^\nu}\frac{\partial H}{\partial z_i^{(\nu)}}$$

$$= S_i + \sum_{1}^{m} \lambda_r \left(\frac{\partial F_r}{\partial z_i} - \frac{d}{dt}\frac{\partial F_r}{\partial z_i'} + \cdots + (-1)^\mu \frac{d^\mu}{dt^\mu}\frac{\partial F_r}{\partial z_i^{(\mu)}} \right)$$

aus, multiplicire dieselben mit x_i', y_i', z_i' und nehme die Summe nach i von 1 bis n. Da nun die Coefficienten der λ genau die Form der linken Seiten der Bewegungsgleichungen haben, so wird sich der früheren Entwicklung gemäss, wenn mit Rücksicht darauf, dass $F_k = 0$ ist,

$$-\sum_{1}^{n}{}^i x_i' \left(\frac{\partial F_k}{\partial x_i'} - \frac{d}{dt}\frac{\partial F_k}{\partial x_i''} + \cdots + (-1)^{\mu-1} \frac{d^{\mu-1}}{dt^{\mu-1}} \frac{\partial F_k}{\partial x_i^{(\mu)}} \right) - \cdots$$

$$-\sum_{1}^{n}{}^i z_i' \left(\frac{\partial F_k}{\partial z_i'} - \cdots + (-1)^{\mu-1} \frac{d^{\mu-1}}{dt^{\mu-1}} \frac{\partial F_k}{\partial z_i^{(\mu)}} \right)$$

$$-\sum_{1}^{n}{}^i x_i'' \left(\frac{\partial F_k}{\partial x_i''} - \frac{d}{dt}\frac{\partial F_k}{\partial x_i'''} + \cdots \right) - \cdots$$

$$-\sum_{1}^{n}{}^i z_i'' \left(\frac{\partial F_k}{\partial z_i''} - \frac{d}{dt}\frac{\partial F_k}{\partial z_i'''} + \cdots \right)$$

$$- \quad \cdots \quad \cdots \quad \cdots \quad \cdots \quad \cdots$$

$$-\sum_{1}^{n}{}^i x_i^{(\mu)} \frac{\partial F_k}{\partial x_i^{(\mu)}} - \sum_{1}^{n}{}^i y_i^{(\mu)} \frac{\partial F_k}{\partial y_i^{(\mu)}} - \sum_{1}^{n}{}^i z_i^{(\mu)} \frac{\partial F_k}{\partial z_i^{(\mu)}} = \mathfrak{E}_k$$

gesetzt wird, die Beziehung ergeben

$$\frac{dE}{dt} = \sum_{1}^{n}{}^{i} (Q_i x_i' + R_i y_i' + S_i z_i') + \lambda_1 \frac{d\mathfrak{E}_1}{dt} + \cdots + \lambda_m \frac{d\mathfrak{E}_m}{dt}$$

oder, wenn die äussern Kräfte Null sind,

$$\frac{dE}{dt} = \lambda_1 \frac{d\mathfrak{E}_1}{dt} + \cdots + \lambda_m \frac{d\mathfrak{E}_m}{dt}.$$

Da nun unabhängig von den Werthen der λ sich $E = h$ ergeben wird, wenn

$$\frac{d\mathfrak{E}_1}{dt} = 0, \quad \frac{d\mathfrak{E}_2}{dt} = 0, \ldots, \frac{d\mathfrak{E}_m}{dt} = 0$$

sind, so folgt,

dass wenn die von t freien Bedingungsgleichungen von den Coordinaten und deren Ableitungen bis zu einer beliebigen Ordnung hin abhängen, das Princip von der Erhaltung der lebendigen Kraft bestehen bleibt, wenn die oben definirten Grössen $\mathfrak{E}_1, \mathfrak{E}_2, \ldots, \mathfrak{E}_m$ vermöge der Bedingungsgleichungen und deren nach t genommenen Differentialquotienten in Constanten übergehen.

So wird für $\mu = 1$ die Reihe der Bedingungsgleichungen

$$F_1(x_i, y_i, z_i, x_i', y_i', z_i') = 0, \ldots, F_m(x_i, y_i, z_i, x_i', y_i', z_i') = 0$$

für das Bestehen des Energieprincips verlangen, dass diese Gleichungen die Ausdrücke

$$\sum_{1}^{n}{}^{i} \left\{ x_i' \frac{\partial F_k}{\partial x_i'} + y_i' \frac{\partial F_k}{\partial y_i'} + z_i' \frac{\partial F_k}{\partial z_i'} \right\}$$

zu Constanten machen, was z. B. der Fall sein wird, wenn die Bedingungsgleichungen in Bezug auf x_i', y_i', z_i' homogene Functionen darstellen.

Sind die von t freien Bedingungsgleichungen als lineare homogene Gleichungen in den Variationen der Coordinaten und deren Ableitungen, also für das nicht holonome System in der Form gegeben

$$\sum_{1}^{n}{}^i \{f_{ki}\delta x_i + \varphi_{ki}\delta y_i + \psi_{ki}\delta z_i + f_{ki}^{(1)}\delta x_i' + \varphi_{ki}^{(1)}\delta y_i' + \psi_{ki}^{(1)}\delta z_i' + \cdots$$
$$+ f_{ki}^{(\mu)}\delta x_i^{(\mu)} + \varphi_{ki}^{(\mu)}\delta y_i^{(\mu)} + \psi_{ki}^{(\mu)}\delta z_i^{(\mu)}\} = 0,$$
$$(k = 1, 2, \ldots, m)$$

worin die Cofficienten der Variationen gegebene Functionen der Coordinaten und deren Ableitungen bis zur μ^{ten} Ordnung hin bedeuten, so werden wieder die wirklichen Veränderungen auch virtuelle sein, und daher diese Bedingungen in die Differentialgleichungen übergehen

$$\sum_{1}^{n}{}^i \{x_i' f_{ki} + y_i' \varphi_{ki} + z_i' \psi_{ki} + x_i'' f_{ki}^{(1)} + y_i'' \varphi_{ki}^{(1)} + z_i'' \psi_{ki}^{(1)} + \cdots$$
$$+ x_i^{(\mu+1)} f_{ki}^{(\mu)} + y_i^{(\mu+1)} \varphi_{ki}^{(\mu)} + z_i^{(\mu+1)} \psi_{ki}^{(\mu)}\} = 0,$$
$$(k = 1, 2, \ldots, m)$$

welche jetzt an die Stelle der früheren Bedingungsgleichungen $F_k = 0$ treten werden.

§ 8.

Das erweiterte Gauss'sche Princip vom kleinsten Zwange.

Bildet man den Ausdruck

$$(1) \quad M = \sum_{1}^{n}{}^i \left\{ A_i \left(\frac{\partial H}{\partial x_i} - \frac{d}{dt}\frac{\partial H}{\partial x_i'} + \cdots + (-1)^\nu \frac{d^\nu}{dt^\nu}\frac{\partial H}{\partial x_i^{(\nu)}} - Q_i \right)^2 \right.$$
$$+ B_i \left(\frac{\partial H}{\partial y_i} - \frac{d}{dt}\frac{\partial H}{\partial y_i'} + \cdots + (-1)^\nu \frac{d^\nu}{dt^\nu}\frac{\partial H}{\partial y_i^{(\nu)}} - R_i \right)^2$$
$$\left. + C_i \left(\frac{\partial H}{\partial z_i} - \frac{d}{dt}\frac{\partial H}{\partial z_i'} + \cdots + (-1)^\nu \frac{d^\nu}{dt^\nu}\frac{\partial H}{\partial z_i^{(\nu)}} - S_i \right)^2 \right\},$$

worin A_i, B_i, C_i zunächst noch willkürliche Functionen von t, den Coordinaten und deren Ableitungen bis zur $2\nu - 1^{\text{ten}}$ Ordnung hin sein sollen, während die Q_i, R_i, S_i in gegebener Weise von eben diesen Grössen abhängen, und sucht man das Minimum von M, wenn man diese Grösse als Function der

$x_i^{(2\nu)}, y_i^{(2\nu)}, z_i^{(2\nu)}$ betrachtet mit Beibehaltung der Werthe x_i, y_i, z_i, $x_i', y_i', z_i', \ldots, x_i^{(2\nu-1)}, y_i^{(2\nu-1)}, z_i^{(2\nu-1)}$, so wird sich als nothwendige Bedingung

$$(2)\ \tfrac{1}{2}\delta M = \sum_1^n \sum_1^n i \Bigg\{ (-1)^\nu A_i \Big(\frac{\partial H}{\partial x_i} - \frac{d}{dt}\frac{\partial H}{\partial x_i'} + \cdots + (-1)^\nu \frac{d^\nu}{dt^\nu}\frac{\partial H}{\partial x_i^{(\nu)}} - Q_i\Big)$$
$$\Big(\frac{\partial^2 H}{\partial x_i^{(\nu)} \partial x_r^{(\nu)}} \delta x_r^{(2\nu)} + \frac{\partial^2 H}{\partial x_i^{(\nu)} \partial y_r^{(\nu)}} \delta y_r^{(2\nu)} + \frac{\partial^2 H}{\partial x_i^{(\nu)} \partial z_r^{(\nu)}} \delta z_r^{(2\nu)}\Big)$$
$$+(-1)^\nu B_i \Big(\frac{\partial H}{\partial y_i} - \frac{d}{dt}\frac{\partial H}{\partial y_i'} + \cdots + (-1)^\nu \frac{d^\nu}{dt^\nu}\frac{\partial H}{\partial y_i^{(\nu)}} - R_i\Big)$$
$$\Big(\frac{\partial^2 H}{\partial y_i^{(\nu)} \partial x_r^{(\nu)}} \delta x_r^{(2\nu)} + \frac{\partial^2 H}{\partial y_i^{(\nu)} \partial y_r^{(\nu)}} \delta y_r^{(2\nu)} + \frac{\partial^2 H}{\partial y_i^{(\nu)} \partial z_r^{(\nu)}} \delta z_r^{(2\nu)}\Big)$$
$$+(-1)^\nu C_i \Big(\frac{\partial H}{\partial z_i} - \frac{d}{dt}\frac{\partial H}{\partial z_i'} + \cdots + (-1)^\nu \frac{d^\nu}{dt^\nu}\frac{\partial H}{\partial z_i^{(\nu)}} - S_i\Big)$$
$$\Big(\frac{\partial^2 H}{\partial z_i^{(\nu)} \partial x_r^{(\nu)}} \delta x_r^{(2\nu)} + \frac{\partial^2 H}{\partial z_i^{(\nu)} \partial y_r^{(\nu)}} \delta y_r^{(2\nu)} + \frac{\partial^2 H}{\partial z_i^{(\nu)} \partial z_r^{(\nu)}} \delta z_r^{(2\nu)}\Big) \Bigg\} = 0$$

ergeben, da $x_r^{(2\nu)}, y_r^{(2\nu)}, z_r^{(2\nu)}$ nur in den Posten

$$\frac{d^\nu}{dt^\nu}\frac{\partial H}{\partial x_i^{(\nu)}},\quad \frac{d^\nu}{dt^\nu}\frac{\partial H}{\partial y_i^{(\nu)}},\quad \frac{d^\nu}{dt^\nu}\frac{\partial H}{\partial z_i^{(\nu)}}$$

und zwar mit den Coefficienten

$$\frac{\partial^2 H}{\partial x_i^{(\nu)} \partial x_r^{(\nu)}},\quad \frac{\partial^2 H}{\partial x_i^{(\nu)} \partial y_r^{(\nu)}},\quad \frac{\partial^2 H}{\partial x_i^{(\nu)} \partial z_r^{(\nu)}},\quad \frac{\partial^2 H}{\partial y_i^{(\nu)} \partial x_r^{(\nu)}},\ldots,\frac{\partial^2 H}{\partial z_i^{(\nu)} \partial x_r^{(\nu)}},\ldots$$

behaftet vorkommen.

Soll nun diese Gleichung in die Bewegungsgleichung (5) des § 4. übergehen, so muss, wenn i von r verschieden ist,

$$(3)\qquad \frac{\partial^2 H}{\partial x_i^{(\nu)} \partial x_r^{(\nu)}} = \frac{\partial^2 H}{\partial y_i^{(\nu)} \partial y_r^{(\nu)}} = \frac{\partial^2 H}{\partial z_i^{(\nu)} \partial z_r^{(\nu)}} = 0,$$

ferner für gleiche oder ungleiche i und r

$$(4)\qquad \frac{\partial^2 H}{\partial x_i^{(\nu)} \partial y_r^{(\nu)}} = \frac{\partial^2 H}{\partial x_i^{(\nu)} \partial z_r^{(\nu)}} = \frac{\partial^2 H}{\partial y_i^{(\nu)} \partial z_r^{(\nu)}} = 0$$

und endlich

$$A_i = (-1)^\nu \cdot \frac{1}{\frac{\partial^2 H}{\partial x_i^{(\nu)^2}}}, \quad B_i = (-1)^\nu \cdot \frac{1}{\frac{\partial^2 H}{\partial y_i^{(\nu)^2}}}, \quad C_i = (-1)^\nu \cdot \frac{1}{\frac{\partial^2 H}{\partial z_i^{(\nu)^2}}}$$

sein, und es wird dann für ein Minimum des Ausdruckes

$$(5) \quad M = \sum_1^n \left\{ \left(\frac{\partial H}{\partial x_i} - \frac{d}{dt}\frac{\partial H}{\partial x_i'} + \cdots + (-1)^\nu \frac{d^\nu}{dt^\nu}\frac{\partial H}{\partial x_i^{(\nu)}} - Q_i \right)^2 \frac{(-1)^\nu}{\frac{\partial^2 H}{\partial x_i^{(\nu)^2}}} \right.$$
$$+ \left(\frac{\partial H}{\partial y_i} - \frac{d}{dt}\frac{\partial H}{\partial y_i'} + \cdots + (-1)^\nu \frac{d^\nu}{dt^\nu}\frac{\partial H}{\partial y_i^{(\nu)}} - R_i \right)^2 \frac{(-1)^\nu}{\frac{\partial^2 H}{\partial y_i^{(\nu)^2}}}$$
$$\left. + \left(\frac{\partial H}{\partial z_i} - \frac{d}{dt}\frac{\partial H}{\partial z_i'} + \cdots + (-1)^\nu \frac{d^\nu}{dt^\nu}\frac{\partial H}{\partial z_i^{(\nu)}} - S_i \right)^2 \frac{(-1)^\nu}{\frac{\partial^2 H}{\partial z_i^{(\nu)^2}}} \right\}$$

die Beziehung bestehen müssen

$$\frac{1}{2}\delta M = \sum_1^n \left\{ \left(\frac{\partial H}{\partial x_i} - \frac{d}{dt}\frac{\partial H}{\partial x_i'} + \cdots - Q_i \right) \delta x_i^{(2\nu)} \right.$$
$$+ \left(\frac{\partial H}{\partial y_i} - \frac{d}{dt}\frac{\partial H}{\partial y_i'} + \cdots - R_i \right) \delta y_i^{(2\nu)}$$
$$\left. + \left(\frac{\partial H}{\partial z_i} - \frac{d}{dt}\frac{\partial H}{\partial z_i'} + \cdots - S_i \right) \delta z_i^{(2\nu)} \right\} = 0,$$

welche mit den oben bezeichneten Bewegungsgleichungen übereinstimmt, da unter Beibehaltung der Werthe x_i, y_i, z_i und deren Ableitungen bis zur $2\nu - 1^{\text{ten}}$ Ordnung hin die Variationen $\delta x_i^{(2\nu)}$, $\delta y_i^{(2\nu)}$, $\delta z_i^{(2\nu)}$ ebenfalls den Bedingungsgleichungen (2) des § 4. Genüge leisten und somit als virtuelle Verschiebungen betrachtet werden dürfen. Um aber zu sehen, ob der Ausdruck M in der That ein Maximum oder Minimum erleidet, bilde man unter der Annahme der Gleichungen (3) und (4)

$$\frac{1}{2}\delta^2 M = \sum_1^n \Biggl\{ \left(\frac{\partial H}{\partial x_i} - \frac{d}{dt}\frac{\partial H}{\partial x_i'} + \cdots - Q_i \right) \delta^2 x_i^{(2\nu)}$$
$$+ \left(\frac{\partial H}{\partial y_i} - \frac{d}{dt}\frac{\partial H}{\partial y_i'} + \cdots - R_i \right) \delta^2 y_i^{(2\nu)}$$
$$+ \left(\frac{\partial H}{\partial z_i} - \frac{d}{dt}\frac{\partial H}{\partial z_i'} + \cdots - S_i \right) \delta^2 z_i^{(2\nu)} \Biggr\}$$
$$+ \sum_1^n \Biggl\{ (-1)^\nu \frac{\partial^2 H}{\partial x_i^{(\nu)2}} (\delta x_i^{(2\nu)})^2 + (-1)^\nu \frac{\partial^2 H}{\partial y_i^{(\nu)2}} (\delta y_i^{(2\nu)})^2$$
$$+ (-1)^\nu \frac{\partial^2 H}{\partial z_i^{(\nu)2}} (\delta z_i^{(2\nu)})^2 \Biggr\},$$

und es ergiebt sich somit, dass, wenn für $\delta M = 0$, also während des Verlaufes der Bewegung

(α) $\qquad (-1)^\nu \frac{\partial^2 H}{\partial x_i^{(\nu)2}}, \quad (-1)^\nu \frac{\partial^2 H}{\partial y_i^{(\nu)2}}, \quad (-1)^\nu \frac{\partial^2 H}{\partial z_i^{(\nu)2}}$

stets positive Grössen sind, dann $\delta^2 M > 0$ und M positiv, und wenn diese Grössen negativ sind, $\delta^2 M < 0$, aber M negativ ist, daher der absolute Werth von M stets ein Minimum erleidet. Es folgt somit,

dass der absolute Werth des Ausdruckes M der Gleichung (5) *unter allen Werthen von $x_i^{(2\nu)}$, $y_i^{(2\nu)}$, $z_i^{(2\nu)}$ mit Beibehaltung der Werthe x_i, y_i, z_i, x_i', y_i', z_i', ..., $x_i^{(2\nu-1)}$, $y_i^{(2\nu-1)}$, $z_i^{(2\nu-1)}$ für diejenigen einen Minimumswerth annimmt, welche die Lagrange'schen Bewegungsgleichungen befriedigen, wenn die Differentialquotienten des kinetischen Potentials den Bedingungen* (3) *und* (4) *genügen — was der Fall sein würde, wenn dasselbe eine ganze Function von $x_i^{(\nu)}$, $y_i^{(\nu)}$, $z_i^{(\nu)}$ ist, in welcher nur Potenzen der einzelnen Grössen, nicht Producte verschiedener vorkommen — und die Grössen (α) während des Verlaufes der Bewegung stets dasselbe und ein gemeinsames Vorzeichen behalten; unter diesen Bedingungen besteht also die Aequivalenz des Princips vom kleinsten Zwange mit dem erweiterten d'Alembert'schen Princip, also auch mit den Lagrange'schen Bewegungsgleichungen der ersten Form.*

Für $\nu = 1$ wird, wenn in dem kinetischen Potential die actuelle von der potentiellen Energie getrennt ist,

$$H = -\tfrac{1}{2} \sum_{1}^{n} {}_i m_i(x_i'^2 + y_i'^2 + z_i'^2) - U,$$

worin U nur von den Coordinaten abhängt, es sind also die Bedingungen (3) und (4) befriedigt, und die Grössen (α) nehmen sämmtlich den Werth m_i an, so dass in der Mechanik wägbarer Massen der positive Ausdruck

$$M = \sum_{1}^{n} {}_i \frac{1}{m_i} \left\{ \left(m_i x_i'' - \frac{\partial U}{\partial x_i} - Q_i\right)^2 + \left(m_i y_i'' - \frac{\partial U}{\partial y_i} - R_i\right)^2 + \left(m_i z_i'' - \frac{\partial U}{\partial z_i} - S_i\right)^2 \right\}$$

ein Minimum annimmt für diejenigen Werthe von x_i'', y_i'', z_i'', welche durch das d'Alembert'sche Princip

$$\sum_{1}^{n} {}_i \left\{ \left(m_i x_i'' - \frac{\partial U}{\partial x_i} - Q_i\right) \delta x_i + \left(m_i y_i'' - \frac{\partial U}{\partial y_i} - R_i\right) \delta y_i + \left(m_i z_i'' - \frac{\partial U}{\partial z_i} - S_i\right) \delta z_i \right\} = 0$$

definirt werden, wenn für alle verglichenen Werthsysteme die Werthe von x_i, y_i, z_i, x_i', y_i', z_i' beibehalten werden.

Ist das kinetische Potential wieder als Function der μ freien Coordinaten $p_1, p_2, \ldots, p_\mu$ gegeben, und bildet man

$$M = \sum_{1}^{\mu} \left\{ \frac{\partial H}{\partial p_s} - \frac{d}{dt} \frac{\partial H}{\partial p_s'} + \cdots + (-1)^\nu \frac{d^\nu}{dt^\nu} \frac{\partial H}{\partial p_s^{(\nu)}} - P_s \right\}^2,$$

so ist unmittelbar ersichtlich, dass die Lagrange'schen Bewegungsgleichungen der zweiten Form der positiven Grösse M den Werth Null ertheilen.

Ist das von dem Anfangspunkt als Centrum auf einen beweglichen Punkt ausgeübte kinetische Potential

$$H = -T + W(r, r', r'', \ldots, r^{(\nu)}),$$

72 Das erweiterte Gauss'sche Princip vom kleinsten Zwange.

worin die lebendige Kraft T ganz allgemein nach § 3.

für ungerade ν durch
$$T = -\tfrac{1}{2}\left\{(-1)^{\nu} A_0 x^{(\nu)2} + (-1)^{\nu-1} A_2 x^{(\nu-1)2} + \cdots \right.$$
$$\left. + (-1)^{\frac{\nu+1}{2}} A_{\nu-1} x^{\left(\frac{\nu-1}{2}\right)^2}\right\} + \cdots,$$

für gerade ν durch
$$T = -\tfrac{1}{2}\left\{(-1)^{\nu} A_0 x^{(\nu)2} + (-1)^{\nu-1} A_2 x^{(\nu-1)2} + \cdots \right.$$
$$\left. + (-1)^{\frac{\nu}{2}+1} A_{\nu-2} x^{\left(\frac{\nu}{2}+1\right)^2}\right\} + \cdots$$

definirt ist, so wird nach (2) des § 2.

$$\frac{\partial H}{\partial x^{(\nu)}} = (-1)^{\nu} A_0 x^{(\nu)} + \frac{\partial W}{\partial r^{(\nu)}} \frac{x}{r},$$

$$\frac{\partial H}{\partial y^{(\nu)}} = (-1)^{\nu} A_0 y^{(\nu)} + \frac{\partial W}{\partial r^{(\nu)}} \frac{y}{r},$$

$$\frac{\partial H}{\partial z^{(\nu)}} = (-1)^{\nu} A_0 z^{(\nu)} + \frac{\partial W}{\partial r^{(\nu)}} \frac{z}{r},$$

und somit

$$\frac{\partial^2 H}{\partial x^{(\nu)} \partial y^{(\nu)}} = \frac{\partial^2 W}{\partial r^{(\nu)2}} \frac{xy}{r^2}, \qquad \frac{\partial^2 H}{\partial x^{(\nu)} \partial z^{(\nu)}} = \frac{\partial^2 W}{\partial r^{(\nu)2}} \frac{xz}{r^2},$$

$$\frac{\partial^2 H}{\partial y^{(\nu)} \partial z^{(\nu)}} = \frac{\partial^2 W}{\partial r^{(\nu)2}} \frac{yz}{r^2}.$$

Sollen nun die durch die Gleichungen (4) ausgedrückten Bedingungen erfüllt werden, so muss $\frac{\partial^2 W}{\partial r^{(\nu)2}} = 0$, also

$$W = \varphi_0(r, r', r'', \ldots, r^{(\nu-1)}) + \varphi_1(r, r', r'', \ldots, r^{(\nu-1)}) r^{(\nu)}$$

sein, und da die Grössen (α) dann den constanten Werth A_0 annehmen, *so wird in diesem Falle das Gauss'sche Princip des kleinsten Zwanges bestehen für*

$$M = \frac{1}{A_0} \left\{ \left(\frac{\partial H}{\partial x} - \frac{d}{dt}\frac{\partial H}{\partial x'} + \cdots + (-1)^\nu \frac{d^\nu}{dt^\nu} \frac{\partial H}{\partial x^{(\nu)}}\right)^2 \right.$$
$$+ \left(\frac{\partial H}{\partial y} - \frac{d}{dt}\frac{\partial H}{\partial y'} + \cdots + (-1)^\nu \frac{d^\nu}{dt^\nu} \frac{\partial H}{\partial y^{(\nu)}}\right)^2$$
$$\left. + \left(\frac{\partial H}{\partial z} - \frac{d}{dt}\frac{\partial H}{\partial z'} + \cdots + (-1)^\nu \frac{d^\nu}{dt^\nu} \frac{\partial H}{\partial z^{(\nu)}}\right)^2 \right\}$$

für den freien oder Zwangsbedingungen unterworfenen Punkt.

Da das kinetische Potential des Weber'schen Gesetzes in Bezug auf r' vom zweiten Grade ist, *so existirt das erweiterte Gauss'sche Princip des kleinsten Zwanges unter den oben aufgestellten Bedingungen für das Weber'sche Gesetz nicht, wenn der angezogene Punkt Zwangsbedingungen unterworfen ist.*

§ 9.
Das erweiterte Princip der kleinsten Wirkung.

Unter der Annahme, dass das kinetische Potential H auch die Zeit t explicite enthalten darf, liefert, wenn Anfangs- und Endwerthe der Coordinaten sowie deren Ableitungen bis zur $\nu-1^{\text{ten}}$ Ordnung hin und ausserdem auch die Durchgangszeit der verglichenen Bewegungen variiren können, eine bekannte Formel der Variationsrechnung die Beziehung

$$1) \quad \delta \int_{t_0}^{t} H\, dt = \int_{t_0}^{t} \sum_{1}^{\mu} \left\{ \left(\frac{\partial H}{\partial p_s} - \frac{d}{dt}\frac{\partial H}{\partial p_s'} + \cdots + (-1)^\nu \frac{d^\nu}{dt^\nu}\frac{\partial H}{\partial p_s^{(\nu)}}\right) (\delta p_s - p_s' \delta t) \right\} dt + [H \delta t]_{t_0}^{t}$$
$$+ \sum_{1}^{\mu} \left[\left(\frac{\partial H}{\partial p_s'} - \frac{d}{dt}\frac{\partial H}{\partial p_s''} + \cdots + (-1)^{\nu-1} \frac{d^{\nu-1}}{dt^{\nu-1}}\frac{\partial H}{\partial p_s^{(\nu)}}\right)(\delta p_s - p_s' \delta t)\right]_{t_0}^{t}$$
$$+ \sum_{1}^{\mu} \left[\left(\frac{\partial H}{\partial p_s''} - \frac{d}{dt}\frac{\partial H}{\partial p_s'''} + \cdots + (-1)^{\nu-2} \frac{d^{\nu-2}}{dt^{\nu-2}}\frac{\partial H}{\partial p_s^{(\nu)}}\right)(\delta p_s' - p_s'' \delta t)\right]_{t_0}^{t} + \cdots$$
$$+ \sum_{1}^{\mu} \left[\frac{\partial H}{\partial p_s^{(\nu)}} (\delta p_s^{(\nu-1)} - p_s^{(\nu)} \delta t)\right]_{t_0}^{t},$$

und man erhält aus dieser wieder, wenn man die Variationen der Coordinaten und deren Ableitungen bis zur $\nu-1^{\text{ten}}$ Ordnung hin verschwinden lässt und $\delta t = \delta t_0 = 0$ setzt, also für die verglichenen Bewegungen wieder dieselbe Durchgangszeit annimmt, für den Fall, dass die Lagrange'schen Gleichungen

$$\frac{\partial H}{\partial p_s} - \frac{d}{dt}\frac{\partial H}{\partial p_s'} + \cdots + (-1)^\nu \frac{d^\nu}{dt^\nu}\frac{\partial H}{\partial p_s^{(\nu)}} = P_s$$

erfüllt sind,

$$\delta \int_{t_0}^{t_1} H\, dt = \int_{t_0}^{t_1} \sum_1^\mu P_s \delta p_s\, dt$$

und unter der Annahme, dass die äussern Kräfte P_s nur Functionen der Zeit, nicht der Coordinaten sind, die frühere Form des Hamilton'schen Princips

$$\delta \int_{t_0}^{t_1} \left(H - \sum_1^\mu P_s p_s\right) dt = 0.$$

Setzt man die Gleichung (1) mit Benutzung des Ausdruckes (4) des § 7. für den Energievorrath E in die Form

$$(2)\ \delta \int_{t_0}^{t} H\, dt = \int_{t_0}^{t} \sum_1^\mu \left\{\left(\frac{\partial H}{\partial p_s} - \frac{d}{dt}\frac{\partial H}{\partial p_s'} + \cdots + (-1)^\nu \frac{d^\nu}{dt^\nu}\frac{\partial H}{\partial p_s^{(\nu)}}\right)\right.$$
$$\left.(\delta p_s - p_s' \delta t)\right\} dt + [E\, \delta t]_{t_0}^{t}$$
$$+ \sum_1^\mu \left[\left(\frac{\partial H}{\partial p_s'} - \frac{d}{dt}\frac{\partial H}{\partial p_s''} + \cdots\right) \delta p_s\right]_{t_0}^{t}$$
$$+ \sum_1^\mu \left[\left(\frac{\partial H}{\partial p_s''} - \frac{d}{dt}\frac{\partial H}{\partial p_s'''} + \cdots\right) \delta p_s'\right]_{t_0}^{t} + \cdots + \sum_1^\mu \left[\frac{\partial H}{\partial p_s^{(\nu)}} \delta p_s^{(\nu-1)}\right]_{t_0}^{t},$$

so werden für die Functionen $p_1, p_2, \ldots, p_\mu$ von t, welche der wirklichen Bewegung entsprechen, die in der Form

$$\frac{\partial H}{\partial p_s} - \frac{d}{dt}\frac{\partial H}{\partial p_s'} + \cdots + (-1)^\nu \frac{d^\nu}{dt^\nu}\frac{\partial H}{\partial p_s^{(\nu)}} = P_s$$

enthaltenen Gleichungen erfüllt sein, andererseits wird, wenn H die Zeit t nicht explicite enthalten soll, nach dem Energieprincip die Gleichung bestehen

$$E = h + \sum_{1}^{\mu} \int P_s p_s' \, dt,$$

worin h während der normalen Bewegung eine Constante ist, und es wird somit die Gleichung (2) übergehen in

$$(3) \quad \delta \int_{t_0}^{t} H \, dt = \int_{t_0}^{t} \sum_{1}^{\mu} P_s (\delta p_s - p_s' \, \delta t) \, dt$$

$$+ \left[\left(h + \int \sum_{1}^{\mu} P_s p_s' \, dt \right) \delta t \right]_{t_0}^{t} + \sum_{1}^{\mu} \left[\left(\frac{\partial H}{\partial p_s'} - \frac{d}{dt} \frac{\partial H}{\partial p_s''} + \cdots \right) \delta p_s \right]_{t_0}^{t}$$

$$+ \sum_{1}^{\mu} \left[\left(\frac{\partial H}{\partial p_s''} - \frac{d}{dt} \frac{\partial H}{\partial p_s'''} + \cdots \right) \delta p_s' \right]_{t_0}^{t} + \cdots + \sum_{1}^{\mu} \left[\frac{\partial H}{\partial p_s^{(\nu)}} \delta p_s^{(\nu-1)} \right]_{t_0}^{t}$$

$$\int_{t_0}^{t} \sum_{1}^{\mu} P_s \delta p_s \, dt + h(\delta t - \delta t_0) - \int_{t_0}^{t} \sum_{1}^{\mu} P_s p_s' \, \delta t \, dt + \left[\delta t \int \sum_{1}^{\mu} P_s p_s' \, dt \right]_{t_0}^{t}$$

$$\sum_{1}^{\mu} \left[\left(\frac{\partial H}{\partial p_s'} - \frac{d}{dt} \frac{\partial H}{\partial p_s''} + \cdots \right) \delta p_s \right]_{t_0}^{t} + \sum_{1}^{\mu} \left[\left(\frac{\partial H}{\partial p_s''} - \frac{d}{dt} \frac{\partial H}{\partial p_s'''} + \cdots \right) \delta p_s' \right]_{t_0}^{t} + \cdots$$

$$+ \sum_{1}^{\mu} \left[\frac{\partial H}{\partial p_s^{(\nu)}} \delta p_s^{(\nu-1)} \right]_{t_0}^{t}.$$

Betrachten wir nun die Variation

$$\delta \int_{t_0}^{t} E \, dt$$

unter der Annahme, dass das Energieprincip nicht nur für die normale Bewegung, sondern auch für alle mit dieser verglichenen Bewegungen gilt, so muss die Variation der Zeit aus dem Grunde mit in Rücksicht gezogen werden, weil nachher auch die Beibehaltung nicht bloss des *Princips* der Energie, sondern auch der *Constanten* der Energie gefordert wird, und deshalb, wenn die Willkürlichkeit der Variation der Coordinaten auch weiter bestehen soll, wegen des Hinzutretens einer neuen Gleichung zwischen diesen Variationen die Variation der Zeit zu Hülfe genommen werden muss, so dass also auch die Durchgangszeit nicht, wie beim Hamilton'schen Princip dieselbe ist, sondern verschieden bei der normalen und den verglichenen Bewegungen.

Fasst man nun in bekannter Weise alle Grössen als Functionen einer nicht variirbaren Grösse u auf, so wird, wenn $\frac{dt}{du} = t'$ gesetzt wird,

$$\delta \int_{t_0}^{t} E\,dt = \int_{u_0}^{u} t' E\,du = \int_{u_0}^{u} \delta(t'E)\,du = \int_{u_0}^{u} t'\,\delta E\,du + \int_{u_0}^{u} E\,\delta t'\,du$$

oder nach dem Energieprincip

$$\delta \int_{t_0}^{t} E\,dt = \int_{t_0}^{t} \delta E \cdot dt + \int_{u_0}^{u} \left(h + \sum_{1}^{\mu} \int (P_s p_s'\,dt) \right) \delta t'\,du$$

$$= \int_{t_0}^{t} \delta E \cdot dt + h(\delta t - \delta t_0) + \sum_{1}^{\mu} \int_{u_0}^{u} (P_s p_s'\,dt)\,\delta t'\,du$$

sein. Da aber

$$\int_{u_0}^{u} \left(\int P_s p_s'\,dt \right) \delta t'\,du = \left[\int P_s p_s'\,dt \cdot \delta t \right]_{t_0}^{t} - \int_{u_0}^{u} \frac{d}{du}\left(\int P_s p_s'\,dt \right) \delta t\,du$$

$$= \left[\int P_s p_s'\,dt \cdot \delta t \right]_{t_0}^{t} - \int_{t_0}^{t} P_s p_s'\,\delta t \cdot dt$$

ist, so erhält man

$$\delta \int_{t_0}^{t} E\,dt = \int_{t_0}^{t} \delta E\,dt + h(\delta t - \delta t_0) + \left[\sum_{1}^{\mu} \int P_s p_s'\,dt \cdot \delta t \right]_{t_0}^{t}$$

$$- \sum_{1}^{\mu} \int_{t_0}^{t} P_s p_s'\,\delta t \cdot dt,$$

und zieht man diese Gleichung von (3) ab, so ergiebt sich

$$(4) \quad \delta \int_{t_0}^{t} (H-E)\,dt = -\int_{t_0}^{t} \delta E\,dt + \int_{t_0}^{t} \sum_{1}^{\mu} P_s \delta p_s\,dt$$
$$+ \sum_{1}^{\mu} \left[\left(\frac{\partial H}{\partial p_s'} - \frac{d}{dt}\frac{\partial H}{\partial p_s''} + \cdots \right) \delta p_s \right]_{t_0}^{t}$$
$$+ \sum_{1}^{\mu} \left[\left(\frac{\partial H}{\partial p_s''} - \frac{d}{dt}\frac{\partial H}{\partial p_s'''} + \cdots \right) \delta p_s' \right]_{t_0}^{t} + \cdots + \sum_{1}^{\mu} \left[\frac{\partial H}{\partial p_s^{(\nu)}} \delta p_s^{(\nu-1)} \right]_{t_0}^{t},$$

und diese Gleichung stellt das Princip der kleinsten Wirkung dar.

Sollen die Coordinaten und die Ableitungen dieser Grössen bis zur $\nu-1^{\text{ten}}$ Ordnung hin für t_0 und t bei der normalen und den verglichenen Bewegungen dieselben bleiben, so geht das Princip der kleinsten Wirkung über in

$$\delta \int_{t_0}^{t} (H-E)\,dt = -\int_{t_0}^{t} \delta E\,dt + \int_{t_0}^{t} \sum_{1}^{\mu} P_s \delta p_s\,dt,$$

und wenn äussere Kräfte nicht vorhanden, also für die normale Bewegung das Energieprincip durch $E = h$ dargestellt ist, die verglichenen Bewegungen aber der Annahme nach wiederum dem Energieprincip, nur mit einer anderen Energieconstanten genügen, in

$$\delta \int_{t_0}^{t} (H-E)\,dt = -(t-t_0)\,\delta h.$$

Setzt man endlich noch fest, dass die Constante der Energie für die normale und die verglichenen Bewegungen dieselbe sein soll, also $\delta h = 0$, — was erlaubt war, da wir auch die Durchgangszeit variirten, — so ergiebt sich das Princip der kleinsten Wirkung in seiner einfachsten Gestalt

$$\delta \int_{t_0}^{t} (H-E)\,dt = 0,$$

worin hier sowohl als in den früheren Gleichungen unter $H-E$ der in den Coordinaten und deren Ableitungen oben definirte Ausdruck

$$H-E = \sum_{1}^{\mu} p_s' \left\{ \frac{\partial H}{\partial p_s'} - \frac{d}{dt}\frac{\partial H}{\partial p_s''} + \cdots + (-1)^{\nu-1}\frac{d^{\nu-1}}{dt^{\nu-1}}\frac{\partial H}{\partial p_s^{(\nu)}} \right\}$$
$$+ \sum_{1}^{\mu} p_s'' \left\{ \frac{\partial H}{\partial p_s''} - \frac{d}{dt}\frac{\partial H}{\partial p_s'''} + \cdots + (-1)^{\nu-2}\frac{d^{\nu-2}}{dt^{\nu-2}}\frac{\partial H}{\partial p_s^{(\nu)}} \right\}$$
$$+ \cdots \cdots \cdots \cdots \cdots \cdots \cdots \cdots \cdots \cdots \cdots$$
$$+ \sum_{1}^{\mu} p_s^{(\nu)} \frac{\partial H}{\partial p_s^{(\nu)}}$$

zu verstehen, und als Bedingungsgleichung für die Variationen die Gleichung

$$E = h$$

aufzufassen ist.

Für die Mechanik wägbarer Massen ist nach der Definition von E

$$H - E = \sum_{1}^{\mu} p_s' \frac{\partial H}{\partial p_s'},$$

und da

$$H = -T - U,$$

worin, wenn v_i die Geschwindigkeit des i^{ten} Punktes bedeutet,

$$T = \frac{1}{2}\sum_{1}^{n} m_i v_i^2$$

für holonome Bedingungen, welche die Zeit t nicht explicite enthalten, eine homogene Function zweiten Grades in $p_1', p_2', \ldots, p_\mu'$ ist mit Coefficienten, welche so wie U Functionen von $p_1, p_2, \ldots, p_\mu$ sind, so wird

$$(H-E)\,dt = \sum_{1}^{\mu} p_s' \frac{\partial H}{\partial p_s'}dt = -\sum_{1}^{\mu} p_s' \frac{\partial T}{\partial p_s'}dt = -2T\,dt$$
$$= -\sum_{1}^{n} m_i v_i\, d\sigma_i$$

sein, wenn $d\sigma_i$ das Wegelement des i^{ten} Punktes bedeutet, und es *wird somit das Princip der kleinsten Wirkung* (4) *durch die Gleichung*

$$(5) \quad \delta \int_{t_0}^{t} \sum_{1}^{n} m_i v_i d\sigma_i = \int_{t_0}^{t} \delta E \, dt - \int_{t_0}^{t} \sum_{1}^{\mu} P_s \delta p_s \, dt + \left[\sum_{1}^{\mu} \frac{\partial T}{\partial p'_s} \delta p_s \right]_{t_0}^{t}$$

dargestellt, welche, wenn die äussern Kräfte sämmtlich Null sind, in

$$\delta \int_{t_0}^{t} \sum_{1}^{n} m_i v_i d\sigma_i = (t - t_0) \delta h + \left[\sum_{1}^{\mu} \frac{\partial T}{\partial p'_s} \delta p_s \right]_{t_0}^{t}$$

übergeht. Setzen wir nun fest, dass die Coordinaten des Systems am Anfange t_0 der Bewegung und zu der beliebig gewählten Endzeit t keine Variationen erleiden, dass ferner die Variation von h verschwindet, was, wie unmittelbar ersichtlich, damit identisch ist, dass die verglichenen Bewegungen am Anfange t_0 mit der normalen dieselbe lebendige Kraft besitzen, so werden die La-grange'schen Gleichungen äquivalent sein dem durch die Gleichung

$$(6) \quad \delta \int_{t_0}^{t} \sum_{1}^{n} m_i v_i d\sigma_i = 0$$

ausgedrückten Princip der kleinsten Wirkung. Lassen wir aber die Annahme fallen, dass die äussern Kräfte sämmtlich verschwinden, so wird nach Gleichung (5) unter der Voraussetzung, dass die Coordinaten am Anfange und Ende keine Variationen erleiden, dass ferner der Energievorrath des Systems bei den verglichenen Bewegungen sich gegen den der normalen Bewegung ändern darf und zwar so, dass derselbe in dem Maasse abnimmt oder wächst, als die Kräfte P_s für die Verschiebung δp_s negative oder positive Arbeit leisten, das Princip der kleinsten

Wirkung, da wegen der Aenderung des Energievorrathes die Zeit nicht variirt zu werden braucht, wiederum durch die Gleichung (6) dargestellt sein.

Es ist aber noch wesentlich darzulegen, in welcher Weise die in dem Princip der kleinsten Wirkung

(7) $$\delta\int_{t_0}^{t}(H-E)\,dt = 0$$

enthaltene Variation, für welche wegen Beibehaltung der Energieconstanten auch die Zeit t zu variiren ist, ausgeführt werden muss, um auf die diesem Princip äquivalenten Lagrangeschen Gleichungen geführt zu werden, und zwar soll dies wieder an der Weber'schen Kräftefunction

$$W = \frac{m m_1}{r}\left(1 + \frac{r'^2}{k^2}\right)$$

gezeigt werden, für welche das kinetische Potential

$$H = -\frac{m}{2}(x'^2 + y'^2 + z'^2) - \frac{m m_1}{r}\left(1 + \frac{r'^2}{k^2}\right),$$

und die Energie, wie oben gezeigt,

$$E = \frac{m}{2}(x'^2 + y'^2 + z'^2) - \frac{m m_1}{r} + \frac{m m_1}{r}\frac{r'^2}{k^2}$$

ist, so dass die Gleichung (7) in

(8) $$\delta\int_{t_0}^{t}\left(\frac{m}{2}(x'^2 + y'^2 + z'^2) + \frac{m m_1}{r}\frac{r'^2}{k^2}\right)dt = 0$$

übergeht, und die Variation so zu nehmen ist, dass die Constante der lebendigen Kraft sich nicht ändert, also die Bedingungsgleichung besteht

(9) $$\frac{m}{2}(x'^2 + y'^2 + z'^2) - \frac{m m_1}{r} + \frac{m m_1}{r}\frac{r'^2}{k^2} = h.$$

Fassen wir nun alle Variabeln als Functionen einer Veränderlichen u auf, und setzen

$$x = x_1,\; y = y_1,\; z = z_1,\; \frac{dx}{du} = x_1',\; \frac{dy}{du} = y_1',\; \frac{dz}{du} = z_1',$$

$$r = r_1,\; \frac{dr}{du} = r_1',$$

so werden die beiden Gleichungen (8) und (9), wenn

(10) $\quad \frac{mm_1}{r_1} + h = M, \quad \frac{m}{2}(x_1'^2 + y_1'^2 + z_1'^2) + \frac{mm_1}{r_1}\frac{r_1'^2}{k^2} = N$

gesetzt wird, in

(11) $$\delta \int_{u_0}^{u} N \cdot \frac{du}{dt} du = 0$$

und

(12) $$\sqrt{N}\, du = \sqrt{M}\, dt$$

übergehen, und die Elimination von dt zwischen (11) und (12) wird die nunmehr auszuführende Variation liefern

(13) $$\delta \int_{u_0}^{u} \sqrt{M} \cdot \sqrt{N}\, du = 0.$$

Da nun diese Gleichung nach der bekannten Transformation der Variationsrechnung die Gestalt annimmt

(14) $$\int_{u_0}^{u} \left\{ \left(\frac{\partial \sqrt{MN}}{\partial x_1} - \frac{d}{du}\frac{\partial \sqrt{MN}}{\partial x_1'}\right)\delta x_1 + \left(\frac{\partial \sqrt{MN}}{\partial y_1} - \frac{d}{du}\frac{\partial \sqrt{MN}}{\partial y_1'}\right)\delta y_1 \right. \\ \left. + \left(\frac{\partial \sqrt{MN}}{\partial z_1} - \frac{d}{du}\frac{\partial \sqrt{MN}}{\partial z_1'}\right)\delta z_1 \right\} du = 0,$$

so werden, da der Punkt ein freier ist, die drei Gleichungen bestehen

(15) $$\begin{cases} \dfrac{\partial \sqrt{MN}}{\partial x_1} - \dfrac{d}{du}\dfrac{\partial \sqrt{MN}}{\partial x_1'} = 0 \\ \dfrac{\partial \sqrt{MN}}{\partial y_1} - \dfrac{d}{du}\dfrac{\partial \sqrt{MN}}{\partial y_1'} = 0 \\ \dfrac{\partial \sqrt{MN}}{\partial z_1} - \dfrac{d}{du}\dfrac{\partial \sqrt{MN}}{\partial z_1'} = 0. \end{cases}$$

Nun liefern aber die Gleichungen (10) die Ausdrücke

$$\frac{\partial \sqrt{MN}}{\partial x_1} = \frac{\sqrt{M}}{2\sqrt{N}}\left\{-\frac{3mm_1}{k^2 r_1^5} x_1 r_1'^2 + \frac{2mm_1}{k^2 r_1^3} x_1' r_1'\right\} - \frac{\sqrt{N}}{2\sqrt{M}}\frac{mm_1}{r_1^3} x_1$$

$$\frac{\partial \sqrt{MN}}{\partial x_1'} = \frac{\sqrt{M}}{2\sqrt{N}}\left\{m x_1' + \frac{2mm_1}{k^2 r_1^3} x_1 r_1'\right\}$$

oder mit Hülfe von (12)

$$\frac{\partial \sqrt{MN}}{\partial x_1} = \frac{\sqrt{N}}{2\sqrt{M}} \left\{ -\frac{3mm_1}{k^2 r^3} x r'^2 + \frac{2mm_1}{k^2 r^3} x' r' - \frac{mm_1}{r^3} x \right\}$$

$$\frac{\partial \sqrt{MN}}{\partial x_1'} = \frac{1}{2} \left\{ mx' + \frac{2mm_1}{k^2 r^2} x r' \right\},$$

und da

$$\frac{d}{du} \frac{\partial \sqrt{MN}}{\partial x_1'} = \frac{dt}{du} \frac{d}{dt} \frac{\partial \sqrt{MN}}{\partial x_1'} = \frac{\sqrt{N}}{\sqrt{M}} \frac{d}{dt} \frac{\partial \sqrt{MN}}{\partial x_1'},$$

so geht die erste der Gleichungen (15) in

$$mx'' = -\frac{mm_1}{r^3} x + \frac{mm_1}{k^2 r^3} x r'^2 - \frac{2mm_1}{k^2 r^2} x r''$$

über, und es nehmen daher diese drei Gleichungen die nothwendige Form der Lagrange'schen Bewegungsgleichungen an

$$mx'' = \left(\frac{\partial W}{\partial r} - \frac{d}{dt} \frac{\partial W}{\partial r'} \right) \frac{x}{r},$$

$$my'' = \left(\frac{\partial W}{\partial r} - \frac{d}{dt} \frac{\partial W}{\partial r'} \right) \frac{y}{r},$$

$$mz'' = \left(\frac{\partial W}{\partial r} - \frac{d}{dt} \frac{\partial W}{\partial r'} \right) \frac{z}{r}.$$

§ 10.

Das erweiterte Princip der Erhaltung der Flächen.

Geht man von den Lagrange'schen Bewegungsgleichungen der ersten Form aus und nimmt z. B. die zu den Coordinaten x und y gehörigen

(1) $\frac{\partial H}{\partial x_i} - \frac{d}{dt} \frac{\partial H}{\partial x_i'} + \cdots + (-1)^\nu \frac{d^\nu}{dt^\nu} \frac{\partial H}{\partial x_i^{(\nu)}} - Q_i$
$\qquad\qquad\qquad\qquad - \lambda_1 f_{1i} - \cdots - \lambda_m f_{mi} = 0,$

(2) $\frac{\partial H}{\partial y_i} - \frac{d}{dt} \frac{\partial H}{\partial y_i'} + \cdots + (-1)^\nu \frac{d^\nu}{dt^\nu} \frac{\partial H}{\partial y_i^{(\nu)}} - R_i$
$\qquad\qquad\qquad\qquad - \lambda_1 \varphi_{1i} - \cdots - \lambda_m \varphi_{mi} = 0$

Das erweiterte Princip der Erhaltung der Flächen.

multiplicirt dieselben mit y_i und x_i und zieht sie von einander ab, so folgt

$$(3)\quad x_i \frac{\partial H}{\partial y_i} - y_i \frac{\partial H}{\partial x_i} - \left(x_i \frac{d}{dt}\frac{\partial H}{\partial y_i'} - y_i \frac{d}{dt}\frac{\partial H}{\partial x_i'}\right) + \cdots$$
$$+ (-1)^r \left(x_i \frac{d^r}{dt^r}\frac{\partial H}{\partial y_i^{(r)}} - y_i \frac{d^r}{dt^r}\frac{\partial H}{\partial x_i^{(r)}}\right)$$
$$- (x_i R_i - y_i Q_i) - \lambda_1 (x_i \varphi_{1i} - y_i f_{1i}) - \cdots - \lambda_m (x_i \varphi_{mi} - y_i f_{mi}) = 0.$$

Nun ist aber

$$(4)\quad x_i \frac{d^r}{dt^r}\frac{\partial H}{\partial y_i^{(r)}} - y_i \frac{d^r}{dt^r}\frac{\partial H}{\partial x_i^{(r)}}$$
$$= \frac{d}{dt}\left\{\left(x_i \frac{d^{r-1}}{dt^{r-1}}\frac{\partial H}{\partial y_i^{(r)}} - y_i \frac{d^{r-1}}{dt^{r-1}}\frac{\partial H}{\partial x_i^{(r)}}\right)\right.$$
$$- \left(x_i' \frac{d^{r-2}}{dt^{r-2}}\frac{\partial H}{\partial y_i^{(r)}} - y_i' \frac{d^{r-2}}{dt^{r-2}}\frac{\partial H}{\partial x_i^{(r)}}\right) + \cdots$$
$$\left.+ (-1)^{r-1}\left(x_i^{(r-1)} \frac{\partial H}{\partial y_i^{(r)}} - y_i^{(r-1)} \frac{\partial H}{\partial x_i^{(r)}}\right)\right\}$$
$$+ (-1)^r \left(x_i^{(r)} \frac{\partial H}{\partial y_i^{(r)}} - y_i^{(r)} \frac{\partial H}{\partial x_i^{(r)}}\right)$$
$$= \frac{d}{dt}\sum_1^r (-1)^{\lambda-1}\left(x_i^{(\lambda-1)} \frac{d^{r-\lambda}}{dt^{r-\lambda}}\frac{\partial H}{\partial y_i^{(r)}} - y_i^{(\lambda-1)} \frac{d^{r-\lambda}}{dt^{r-\lambda}}\frac{\partial H}{\partial x_i^{(r)}}\right)$$
$$+ (-1)^r \left(x_i^{(r)} \frac{\partial H}{\partial y_i^{(r)}} - y_i^{(r)} \frac{\partial H}{\partial x_i^{(r)}}\right),$$

und es geht somit die Gleichung (3) in

$$(5)\quad \frac{d}{dt}\sum_1^r (-1)^r \sum_1^r (-1)^{\lambda-1}\left\{x_i^{(\lambda-1)} \frac{d^{r-\lambda}}{dt^{r-\lambda}}\frac{\partial H}{\partial y_i^{(r)}} - y_i^{(\lambda-1)} \frac{d^{r-\lambda}}{dt^{r-\lambda}}\frac{\partial H}{\partial x_i^{(r)}}\right\}$$
$$+ \sum_0^r \left(x_i^{(r)} \frac{\partial H}{\partial y_i^{(r)}} - y_i^{(r)} \frac{\partial H}{\partial x_i^{(r)}}\right)$$
$$- (x_i R_i - y_i Q_i) - \lambda_1(x_i \varphi_{1i} - y_i f_{1i}) - \cdots - \lambda_m(x_i \varphi_{mi} - y_i f_{mi}) = 0$$

über, oder endlich, wenn nach i von 1 bis n summirt und ferner *angenommen wird, dass*

(6) $$\sum_1^n \sum_0^\nu \left(x_i^{(r)} \frac{\partial H}{\partial y_i^{(r)}} - y_i^{(r)} \frac{\partial H}{\partial x_i^{(r)}} \right) = 0,$$

(7) $$\sum_1^n (x_i R_i - y_i Q_i) = 0,$$

(8) $$\sum_1^n (x_i \varphi_{\varrho i} - y_i f_{\varrho i}) = 0, \qquad (\varrho = 1, 2, \cdots, m)$$

durch Integration nach t das Flächenprincip

(9) $$\sum_1^n \sum_1^\nu (-1)^r \sum_1^r (-1)^{\lambda-1} \left\{ x_i^{(\lambda-1)} \frac{d^{r-\lambda}}{dt^{r-\lambda}} \frac{\partial H}{\partial y_i^{(r)}} - y_i^{(\lambda-1)} \frac{d^{r-\lambda}}{dt^{r-\lambda}} \frac{\partial H}{\partial x_i^{(r)}} \right\} = c,$$

worin c eine Constante, und die linke Seite dieser Gleichung ein Differentialausdruck $2\nu - 1^{ter}$ Ordnung ist.

Für $\nu = 1$ und $H = -T - U$ geht diese Gleichung in

$$\sum_1^n m_i (x_i y_i' - y_i x_i') = c$$

über, und die geometrische Deutung dieser Gleichung gab dem Princip seinen Namen.

Die durch die Gleichung (6) bedingte Form von H lässt sich aber leicht finden, da diese partielle Differentialgleichung auf das totale Differentialgleichungsystem führt

$$\frac{dy_1^{(r)}}{x_1^{(r)}} = \cdots = \frac{dy_n^{(r)}}{x_n^{(r)}} = -\frac{dx_1^{(r)}}{y_1^{(r)}} = \cdots = -\frac{dx_n^{(r)}}{y_n^{(r)}}$$
$$= \frac{dy_1^{(s)}}{x_1^{(s)}} = \cdots = \frac{dy_n^{(s)}}{x_n^{(s)}} = -\frac{dx_1^{(s)}}{y_1^{(s)}} = \cdots = -\frac{dx_n^{(s)}}{y_n^{(s)}},$$

dessen Integralfunctionen sich darstellen lassen durch

$$x_i^{(r)2} + y_i^{(r)2}, \; x_i^{(r)} x_{i_1}^{(r)} + y_i^{(r)} y_{i_1}^{(r)}, \; x_i^{(r)} x_i^{(s)} + y_i^{(r)} y_i^{(s)}$$
$$(i = 1, 2, \ldots, n; \; r, s = 0, 1, 2, \ldots, \nu),$$

Das erweiterte Princip der Erhaltung der Flächen.

so dass alle dem Princip der Flächen für die Coordinaten x und y genügenden Formen des kinetischen Potentials durch

$$(10) \quad H = F(x_i^{(r)2} + y_i^{(r)2},\ x_i^{(r)} x_{i_1}^{(r)} + y_i^{(r)} y_{i_1}^{(r)},\ x_i^{(r)} x_i^{(s)} + y_i^{(r)} y_i^{(s)},\ z_i^{(r)},\ t)$$
$$(i = 1, 2, \ldots, n;\ r, s = 0, 1, 2, \ldots, \nu)$$

dargestellt sind. Wir finden somit,

dass für ein kinetisches Potential der Form (10) *für den Fall der Gültigkeit der identischen Gleichungen* (7) *und* (8) *das Princip der Erhaltung der Flächen in der durch die Gleichung* (9) *dargestellten Form gegeben ist.*

Da das kinetische Potential des Weber'schen Gesetzes durch den Ausdruck

$$H = -\frac{m}{2}(x'^2 + y'^2 + z'^2) - \frac{mm_1}{\sqrt{x^2 + y^2 + z^2}}\left(1 + \frac{(xx' + yy' + zz')^2}{k^2(x^2 + y^2 + z^2)}\right)$$

gegeben ist, so gilt somit der oben definirte Flächensatz für die drei Coordinatenebenen.

Um das Princip der Flächen für die zweite Form der Lagrange'schen Gleichungen herzuleiten, wird man

$$\frac{\partial H}{\partial p_\varkappa} - \frac{d}{dt}\frac{\partial H}{\partial p_\varkappa'} + \cdots + (-1)^\nu \frac{d^\nu}{dt^\nu}\frac{\partial H}{\partial p_\varkappa^{(\nu)}} = P_\varkappa,$$

$$\frac{\partial H}{\partial p_\lambda} - \frac{d}{dt}\frac{\partial H}{\partial p_\lambda'} + \cdots + (-1)^\nu \frac{d^\nu}{dt^\nu}\frac{\partial H}{\partial p_\lambda^{(\nu)}} = P_\lambda$$

mit p_λ resp. $p_\varkappa$ multipliciren und von einander abziehen, wonach man erhält

$$p_\varkappa \frac{\partial H}{\partial p_\lambda} - p_\lambda \frac{\partial H}{\partial p_\varkappa} - \left(p_\varkappa \frac{d}{dt}\frac{\partial H}{\partial p_\lambda'} - p_\lambda \frac{d}{dt}\frac{\partial H}{\partial p_\varkappa'}\right) + \cdots$$
$$+ (-1)^\nu \left(p_\varkappa \frac{d^\nu}{dt^\nu}\frac{\partial H}{\partial p_\lambda^{(\nu)}} - p_\lambda \frac{d^\nu}{dt^\nu}\frac{\partial H}{\partial p_\varkappa^{(\nu)}}\right) = p_\varkappa P_\lambda - p_\lambda P_\varkappa,$$

oder wiederum mit Anwendung der oben entwickelten Beziehung (4), wenn der Ausdruck für das kinetische Potential der Gleichung

$$\sum_{\varkappa,\lambda = 1,2,\ldots,\mu} \sum_0^\nu \left(p_\varkappa^{(s)} \frac{\partial H}{\partial p_\lambda^{(s)}} - p_\lambda^{(s)} \frac{\partial H}{\partial p_\varkappa^{(s)}}\right) = 0$$

identisch genügt, und die äusseren Kräfte der Bedingung unterliegen

$$\sum_{\varkappa,\lambda=1,2,\cdots\mu}(p_\varkappa P_\lambda - p_\lambda P_\varkappa) = 0,$$

worin die auf $\varkappa$ und λ bezügliche Summe sich auf alle verschiedenen Werthezusammenstellungen der Zahlen $1, 2, \ldots, \mu$ erstreckt, *das Princip der Flächen in der Form*

$$\sum_{\varkappa,\lambda=1,2,\cdots,\mu}\sum_{1}^{\nu}(-1)^s\sum_{1}^{s}(-1)^{\varrho-1}\left\{p_\varkappa^{(\varrho-1)}\frac{d^{s-\varrho}}{dt^{s-\varrho}}\frac{\partial H}{\partial p_\lambda^{(s)}}\right.$$
$$\left.-p_\lambda^{(\varrho-1)}\frac{d^{s-\varrho}}{dt^{s-\varrho}}\frac{\partial H}{\partial p_\varkappa^{(s)}}\right\} = c.$$

Multiplicirt man die Gleichungen (1) und (2), in denen der Index i durch $\varkappa$ ersetzt werden soll, mit $y_\varkappa^{(\varrho)}$ und $x_\varkappa^{(\varrho)}$, zieht dieselben von einander ab und bemerkt, dass

$$x_\varkappa^{(\varrho)}\frac{d^r}{dt^r}\frac{\partial H}{\partial y_\varkappa^{(r)}} - y_\varkappa^{(\varrho)}\frac{d^r}{dt^r}\frac{\partial H}{\partial x_\varkappa^{(r)}}$$
$$= \frac{d}{dt}\left\{\left(x_\varkappa^{(\varrho)}\frac{d^{r-1}}{dt^{r-1}}\frac{\partial H}{\partial y_\varkappa^{(r)}} - y_\varkappa^{(\varrho)}\frac{d^{r-1}}{dt^{r-1}}\frac{\partial H}{\partial x_\varkappa^{(r)}}\right)\right.$$
$$-\left(x_\varkappa^{(\varrho+1)}\frac{d^{r-2}}{dt^{r-2}}\frac{\partial H}{\partial y_\varkappa^{(r)}} - y_\varkappa^{(\varrho+1)}\frac{d^{r-2}}{dt^{r-2}}\frac{\partial H}{\partial x_\varkappa^{(r)}}\right) + \cdots$$
$$\left.+(-1)^{r-1}\left(x_\varkappa^{(\varrho+r-1)}\frac{\partial H}{\partial y_\varkappa^{(r)}} - y_\varkappa^{(\varrho+r-1)}\frac{\partial H}{\partial x_\varkappa^{(r)}}\right)\right\}$$
$$+(-1)^r\left(x_\varkappa^{(\varrho+r)}\frac{\partial H}{\partial y_\varkappa^{(r)}} - y_\varkappa^{(\varrho+r)}\frac{\partial H}{\partial x_\varkappa^{(r)}}\right)$$
$$= \frac{d}{dt}\sum_{1}^{r}(-1)^{\lambda-1}\left(x_\varkappa^{(\varrho+\lambda-1)}\frac{d^{r-\lambda}}{dt^{r-\lambda}}\frac{\partial H}{\partial y_\varkappa^{(r)}} - y_\varkappa^{(\varrho+\lambda-1)}\frac{d^{r-\lambda}}{dt^{r-\lambda}}\frac{\partial H}{\partial x_\varkappa^{(r)}}\right)$$
$$+(-1)^r\left(x_\varkappa^{(\varrho+r)}\frac{\partial H}{\partial y_\varkappa^{(r)}} - y_\varkappa^{(\varrho+r)}\frac{\partial H}{\partial x_\varkappa^{(r)}}\right),$$

so ergiebt sich

$$(11) \quad \frac{d}{dt} \sum_1^\nu (-1)^r \sum_1^r (-1)^{\lambda-1} \left\{ x_\varkappa^{(\varrho+\lambda-1)} \frac{d^{r-\lambda}}{dt^{r-\lambda}} \frac{\partial H}{\partial y_\varkappa^{(r)}} \right.$$
$$\left. - y_\varkappa^{(\varrho+\lambda-1)} \frac{d^{r-\lambda}}{dt^{r-\lambda}} \frac{\partial H}{\partial x_\varkappa^{(r)}} \right\}$$
$$+ \sum_0^\nu \left(x_\varkappa^{(\varrho+r)} \frac{\partial H}{\partial y_\varkappa^{(r)}} - y_\varkappa^{(\varrho+r)} \frac{\partial H}{\partial x_\varkappa^{(r)}} \right)$$
$$- (x_\varkappa^{(\varrho)} R_\varkappa - y_\varkappa^{(\varrho)} Q_\varkappa) - \lambda_1 (x_\varkappa^{(\varrho)} \varphi_{1\varkappa} - y_\varkappa^{(\varrho)} f_{1\varkappa}) - \cdots$$
$$- \lambda_m (x_\varkappa^{(\varrho)} \varphi_{m\varkappa} - y_\varkappa^{(\varrho)} f_{m\varkappa}) = 0.$$

Summirt man nunmehr nach $\varkappa$ von 1 bis n und macht wieder die Annahme, dass

$$\sum_1^n (x_\varkappa^{(\varrho)} R_\varkappa - y_\varkappa^{(\varrho)} Q_\varkappa) = 0,$$
$$\sum_1^n (x_\varkappa^{(\varrho)} \varphi_{s\varkappa} - y_\varkappa^{(\varrho)} f_{s\varkappa}) = 0 \quad (s = 1, 2, \ldots m)$$

ist, dass also, da die Functionen $\varphi_{s\varkappa}$ und $f_{s\varkappa}$ die Ableitungen der Coordinaten nicht enthalten sollten, diese selbst verschwinden müssen, so wird sich unter der Voraussetzung, dass der zweite Posten der so umgeformten Gleichung (11) ein vollständiger nach t genommener Differentialquotient ist oder dass

$$(12) \quad \sum_1^n \sum_0^\nu \left(x_\varkappa^{(\varrho+r)} \frac{\partial H}{\partial y_\varkappa^{(r)}} - y_\varkappa^{(\varrho+r)} \frac{\partial H}{\partial x_\varkappa^{(r)}} \right)$$
$$= \frac{d}{dt} F(t, x_s, x_s', \ldots, x_s^{(\varrho+\nu-1)}, y_s, y_s', \ldots, y_s^{(\varrho+\nu-1)}, z_s, z_s', \ldots, z_s^{(\nu-1)})$$

ist, eine Integralgleichung ergeben von der Form

$$(13) \quad \sum_1^n \sum_1^\nu (-1)^r \sum_1^r (-1)^{\lambda-1} \left\{ x_\varkappa^{(\varrho+\lambda-1)} \frac{d^{r-\lambda}}{dt^{r-\lambda}} \frac{\partial H}{\partial y_\varkappa^{(r)}} \right.$$
$$\left. - y_\varkappa^{(\varrho+\lambda-1)} \frac{d^{r-\lambda}}{dt^{r-\lambda}} \frac{\partial H}{\partial x_\varkappa^{(r)}} \right\}$$
$$+ F(t, x_s, \ldots, x_s^{(\varrho+\nu-1)}, y_s, \ldots, y_s^{(\varrho+\nu-1)}, z_s, \ldots, z_s^{(\nu-1)}) = C,$$

worin $\varrho \leq \nu$, und welche als eine weitere Verallgemeinerung des Princips der Flächen angesehen werden darf.

Wir können nun zunächst von dem Falle $\varrho = 0$ absehen, weil die Gleichung (12) eine Identität von der Form

$$\sum_{1}^{n}{}_{\varkappa} \sum_{0}^{\nu}{}_{r} \left(x_{\varkappa}^{(r)} \frac{\partial H}{\partial y_{\varkappa}^{(r)}} - y_{\varkappa}^{(r)} \frac{\partial H}{\partial x_{\varkappa}^{(r)}} \right)$$

$$= \frac{d}{dt} F(t, x_s, x_s', \ldots, x_s^{(\nu-1)},\ y_s, y_s', \ldots, y_s^{(\nu-1)},\ z_s, z_s', \ldots, z_s^{(\nu-1)})$$

$$= \frac{\partial F}{\partial t} + \sum_{1}^{n}{}_{\varkappa} \frac{\partial F}{\partial x_{\varkappa}} x_{\varkappa}' + \cdots + \sum_{1}^{n}{}_{\varkappa} \frac{\partial F}{\partial x_{\varkappa}^{(\nu-1)}} x_{\varkappa}^{(\nu)} + \sum_{1}^{n}{}_{\varkappa} \frac{\partial F}{\partial y_{\varkappa}} y_{\varkappa}' + \cdots$$

erfordern würde, welche in der Mechanik wägbarer Massen, also für $\nu = 1$, wenn

$$H = -\frac{1}{2} \sum_{1}^{n}{}_{\varkappa} m_{\varkappa}(x_{\varkappa}'^2 + y_{\varkappa}'^2 + z_{\varkappa}'^2) - U$$

gesetzt wird, in

$$-\sum_{1}^{n}{}_{\varkappa} \left(x_{\varkappa} \frac{\partial U}{\partial y_{\varkappa}} - y_{\varkappa} \frac{\partial U}{\partial x_{\varkappa}} \right)$$

$$= \frac{\partial F}{\partial t} + \sum_{1}^{n}{}_{\varkappa} \frac{\partial F}{\partial x_{\varkappa}} x_{\varkappa}' + \sum_{1}^{n}{}_{\varkappa} \frac{\partial F}{\partial y_{\varkappa}} y_{\varkappa}' + \sum_{1}^{n}{}_{\varkappa} \frac{\partial F}{\partial z_{\varkappa}} z_{\varkappa}'$$

überginge und somit nicht identisch befriedigt werden könnte, wenn nicht F eine Constante ist, so dass diese Gleichung in die frühere Bedingungsgleichung (6) übergeht. Wollen wir also eine Ausdehnung des oben entwickelten Princips der Flächen suchen, welche auch für die Mechanik wägbarer Massen Integrale liefern kann, so wird $\varrho \geq 1$ zu setzen sein.

Für $\varrho = 1$ würde die Frage entstehen, wann der Gleichung (12) gemäss die Beziehung

$$\sum_{1}^{n}{}_{\varkappa} \sum_{0}^{\nu}{}_{r} \left(x_{\varkappa}^{(r+1)} \frac{\partial H}{\partial y_{\varkappa}^{(r)}} - y_{\varkappa}^{(r+1)} \frac{\partial H}{\partial x_{\varkappa}^{(r)}} \right)$$

$$= \frac{d}{dt} F(t, x_s, x_s', \ldots, x_s^{(\nu)},\ y_s, y_s', \ldots, y_s^{(\nu)},\ z_s, z_s', \ldots, z_s^{(\nu-1)})$$

oder

$$(14) \quad \sum_1^n \left\{ \left(x'_\varkappa \frac{\partial H}{\partial y_\varkappa} - y'_\varkappa \frac{\partial H}{\partial x_\varkappa} \right) + \left(x''_\varkappa \frac{\partial H}{\partial y'_\varkappa} - y''_\varkappa \frac{\partial H}{\partial x'_\varkappa} \right) + \cdots \right.$$
$$\left. + \left(x_\varkappa^{(\nu+1)} \frac{\partial H}{\partial y_\varkappa^{(\nu)}} - y_\varkappa^{(\nu+1)} \frac{\partial H}{\partial x_\varkappa^{(\nu)}} \right) \right\}$$
$$= \frac{\partial F}{\partial t} + \sum_1^n \left\{ \frac{\partial F}{\partial x_\varkappa} x'_\varkappa + \frac{\partial F}{\partial x'_\varkappa} x''_\varkappa + \cdots + \frac{\partial F}{\partial x_\varkappa^{(\nu)}} x_\varkappa^{(\nu+1)} \right.$$
$$+ \frac{\partial F}{\partial y_\varkappa} y'_\varkappa + \frac{\partial F}{\partial y'_\varkappa} y''_\varkappa + \cdots + \frac{\partial F}{\partial y_\varkappa^{(\nu)}} y_\varkappa^{(\nu+1)}$$
$$\left. + \frac{\partial F}{\partial z_\varkappa} z'_\varkappa + \frac{\partial F}{\partial z'_\varkappa} z''_\varkappa + \cdots + \frac{\partial F}{\partial z_\varkappa^{(\nu-1)}} z_\varkappa^{(\nu)} \right\}$$

identisch befriedigt werden kann.

Da H die Ableitungen der Coordinaten nur bis zur ν^{ten} Ordnung hin enthält, so kann (14) nur identisch erfüllt werden, wenn

$$\frac{\partial F}{\partial x_\varkappa^{(\nu)}} = \frac{\partial H}{\partial y_\varkappa^{(\nu)}} \quad \text{und} \quad \frac{\partial F}{\partial y_\varkappa^{(\nu)}} = - \frac{\partial H}{\partial x_\varkappa^{(\nu)}},$$

F also der reelle und H der von i befreite imaginäre Theil einer Function von $x_\varkappa^{(\nu)} + y_\varkappa^{(\nu)} i$ ist, und es müsste F weiter noch der Bedingung unterworfen werden, der Gleichung (14) zu genügen, nachdem die in $x_\varkappa^{(\nu+1)}$ und $y_\varkappa^{(\nu+1)}$ linearen Posten auf beiden Seiten derselben fortgelassen sind. Um diese Gleichung zu befriedigen, ist es offenbar hinreichend, wenn allgemein für $r = 0, 1, 2, \ldots \nu$ und $\varkappa = 1, 2, \ldots n$

$$(15) \quad \frac{\partial F}{\partial x_\varkappa^{(r)}} = \frac{\partial H}{\partial y_\varkappa^{(r)}} \quad \text{und} \quad \frac{\partial F}{\partial y_\varkappa^{(r)}} = - \frac{\partial H}{\partial x_\varkappa^{(r)}}$$

und

$$(16) \quad \frac{\partial F}{\partial t} + \sum_1^n \left\{ \frac{\partial F}{\partial z_\varkappa} z'_\varkappa + \frac{\partial F}{\partial z'_\varkappa} z''_\varkappa + \cdots + \frac{\partial F}{\partial z_\varkappa^{(\nu-1)}} z_\varkappa^{(\nu)} \right\} = 0$$

ist. Da aber F die Ableitungen von $z_\varkappa$ nur bis zur $\nu - 1^{\text{ten}}$ Ordnung hin enthält, so verlangt die Gleichung (16), dass $\frac{\partial F}{\partial z_\varkappa^{(\nu-1)}} = 0$ und danach wieder $\frac{\partial F}{\partial z_\varkappa^{(\nu-2)}} = \cdots = \frac{\partial F}{\partial z_\varkappa} = \frac{\partial F}{\partial t} = 0$

ist, es muss also F von $t, z_\varkappa, z'_\varkappa, \ldots, z_\varkappa^{(\nu-1)}$ unabhängig sein und somit dasselbe nach den Gleichungen (15) für die partiellen Differentialquotienten von H nach $x_\varkappa, y_\varkappa$ und deren Ableitungen stattfinden, so dass sich unter der Annahme der hinreichenden Bedingungen (15), die wiederum durch Functionen complexer Variabeln befriedigt werden, für F und H die Formen ergeben

$$F = \tfrac{1}{2}\{f(x_\varkappa + y_\varkappa i,\ x'_\varkappa + y'_\varkappa i,\ \ldots,\ x_\varkappa^{(\nu)} + y_\varkappa^{(\nu)} i)$$
$$+ f(x_\varkappa - y_\varkappa i,\ x'_\varkappa - y'_\varkappa i,\ \ldots,\ x_\varkappa^{(\nu)} - y_\varkappa^{(\nu)} i)\},$$
$$(17)\quad H = \tfrac{1}{2i}\{f(x_\varkappa + y_\varkappa i,\ x'_\varkappa + y'_\varkappa i,\ \ldots,\ x_\varkappa^{(\nu)} + y_\varkappa^{(\nu)} i)$$
$$- f(x_\varkappa - y_\varkappa i,\ x'_\varkappa - y'_\varkappa i,\ \ldots,\ x_\varkappa^{(\nu)} - y_\varkappa^{(\nu)} i)\}$$
$$+ f_1(t, z_\varkappa, z'_\varkappa, \ldots, z_\varkappa^{(\nu)}),$$

worin f und f_1 beliebige reelle Functionen ihrer Argumente bedeuten.

Für die durch (17) *dargestellte Form des kinetischen Potentials ist also die Erweiterung des Princips der Flächen durch die Gleichung*

$$(18)\quad \sum_1^n{}_\varkappa \sum_1^\nu{}_r (-1)^r \sum_1^r{}_\lambda (-1)^{\lambda-1}\left\{x_\varkappa^{\lambda}\frac{d^{r-\lambda}}{dt^{r-\lambda}}\frac{\partial H}{\partial y_\varkappa^{(r)}} - y_\varkappa^{(\lambda)}\frac{d^{r-\lambda}}{dt^{r-\lambda}}\frac{\partial H}{\partial x_\varkappa^{(r)}}\right\}$$
$$+ F = C$$

gegeben[*]).

---

[*]) So wird z. B., wenn

$$H = \tfrac{1}{2i}\{(x_1 + y_1 i)^2(x_2'' + y_2'' i) - (x_2' + y_2' i)(x_2'' + y_2'' i)^2$$
$$- (x_1 - y_1 i)^2(x_2'' - y_2'' i) + (x_2' - y_2' i)(x_2'' - y_2'' i)^2\}$$
$$+ t^2 z_1^2 z_2''{}^3 + z_2'' z_1' z_2'$$
$$= (x_1^2 - y_1^2)y_2'' + 2x_1 y_1 x_2'' - y_2'(x_2''{}^2 - y_2''{}^2) - 2x_2' x_2'' y_2''$$
$$+ t^2 z_1^2 z_2''{}^3 + z_2'' z_1' z_2',$$

also

$$F = \tfrac{1}{2}\{(x_1 + y_1 i)^2(x_2'' + y_2'' i) - (x_2' + y_2' i)(x_2'' + y_2'' i)$$
$$+ (x_1 - y_1 i)^2(x_2'' - y_2'' i) - (x_2' - y_2' i)(x_2'' - y_2'' i)^2\}$$
$$= (x_1^2 - y_1^2)x_2'' - 2x_1 y_1 y_2'' - x_2'(x_2''{}^2 - y_2''{}^2) + 2y_2' x_2'' y_2''$$

Aehnlich kann man die Bedingungen für das kinetische Potential untersuchen, wenn $\varrho = 2, 3, \ldots, \nu$ angenommen wird. Es ist leicht zu sehen, dass die erste für das Flächenprincip gefundene Form (9) in den jetzt aufgestellten Integralgleichungen (13) nicht enthalten sein kann.

§ 11.
Das erweiterte Princip von der Erhaltung der Bewegung des Schwerpunktes.

Unter der Voraussetzung dass, wenn die Zwangsbedingungen des Problems in endlicher Form gegeben sind, diese nur von den Differenzen gleichartiger Coordinaten abhängen sollen, also

$$\delta x_1 = \delta x_2 = \cdots = \delta x_n = p, \quad \delta y_1 = \delta y_2 = \cdots = \delta y_n = q,$$
$$\delta z_1 = \delta z_2 = \cdots = \delta z_n = r,$$

worin p, q, r willkürliche Grössen bedeuten, als virtuelle Verrückungen betrachtet werden dürfen, oder dass in den Lagrange'schen Gleichungen der ersten Form

$$\sum_1^{n}{}^i f_{ki} = 0, \quad \sum_1^{n}{}^i \varphi_{ki} = 0, \quad \sum_1^{n}{}^i \psi_{ki} = 0 \qquad (k = 1, 2, \ldots, m)$$

ist, gehen aus den Gleichungen (6) des § 4. die Beziehungen hervor

gesetzt wird, die Gleichung

$$\sum_{1}^{3}{}_\varkappa \sum_{0}^{2}{}_r \left(x_\varkappa^{(r+1)} \frac{\partial H}{\partial y_\varkappa^{(r)}} - y_\varkappa^{(r+1)} \frac{\partial H}{\partial x_\varkappa^{(r)}} \right) = \frac{dF}{dt},$$

wie unmittelbar zu sehen, identisch befriedigt, und die Integralgleichung (18) lautet dann

$2x_2'''(y_2'y_3' - x_2'x_3') + 2y_2'''(x_2'y_3' + y_2'x_3') + 2y_3''(x_2'y_2'' - y_2'x_2'')$
$+ 2x_3''(y_2''y_2'' - x_2'x_2'') + 2x_3'(x_2''{}^2 - y_2''{}^2) - 4y_3'x_2''y_2''$
$+ 2x_2'(x_1x_1' - y_1y_1') - 2y_2'(x_1y_1' + y_1x_1') = C.$

$$(1)\begin{cases} \sum_1^n \frac{\partial H}{\partial x_i} - \frac{d}{dt}\sum_1^n \frac{\partial H}{\partial x_i'} + \cdots + (-1)^\nu \frac{d^\nu}{dt^\nu}\sum_1^n \frac{\partial H}{\partial x_i^{(\nu)}} = \sum_1^n Q_i, \\ \sum_1^n \frac{\partial H}{\partial y_i} - \frac{d}{dt}\sum_1^n \frac{\partial H}{\partial y_i'} + \cdots + (-1)^\nu \frac{d^\nu}{dt^\nu}\sum_1^n \frac{\partial H}{\partial y_i^{(\nu)}} = \sum_1^n R_i, \\ \sum_1^n \frac{\partial H}{\partial z_i} - \frac{d}{dt}\sum_1^n \frac{\partial H}{\partial z_i'} + \cdots + (-1)^\nu \frac{d^\nu}{dt^\nu}\sum_1^n \frac{\partial H}{\partial z_i^{(\nu)}} = \sum_1^n S_i. \end{cases}$$

Sei nun H_1 eine beliebige Function von t, ξ, ξ', ..., $\xi^{(\nu)}$, η, η', ..., $\eta^{(\nu)}$, ζ, ζ', ..., $\zeta^{(\nu)}$, worin ξ, η, ζ zunächst noch willkürliche Functionen von resp. $x_1, ..., x_n$; $y_1, ..., y_n$; $z_1, ..., z_n$ sein sollen, so folgt aus Gleichung (10) des Hülfssatzes 2.

$$\frac{\partial H_1}{\partial x_i} - \frac{d}{dt}\frac{\partial H_1}{\partial x_i'} + \cdots + (-1)^\nu \frac{d^\nu}{dt^\nu}\frac{\partial H_1}{\partial x_i^{(\nu)}}$$
$$= \left(\frac{\partial H_1}{\partial \xi} - \frac{d}{dt}\frac{\partial H_1}{\partial \xi'} + \cdots + (-1)^\nu \frac{d^\nu}{dt^\nu}\frac{\partial H_1}{\partial \xi^{(\nu)}}\right)\frac{\partial \xi}{\partial x_i}$$

und durch Summation nach i von 1 bis n

$$\sum_1^n \frac{\partial H_1}{\partial x_i} - \frac{d}{dt}\sum_1^n \frac{\partial H_1}{\partial x_i'} + \cdots + (-1)^\nu \frac{d^\nu}{dt^\nu}\sum_1^n \frac{\partial H_1}{\partial x_i^{(\nu)}}$$
$$= \left(\frac{\partial H_1}{\partial \xi} - \frac{d}{dt}\frac{\partial H_1}{\partial \xi'} + \cdots + (-1)^\nu \frac{d^\nu}{dt^\nu}\frac{\partial H_1}{\partial \xi^{(\nu)}}\right)\sum_1^n \frac{\partial \xi}{\partial x_i},$$

und die beiden entsprechenden für die anderen Coordinaten, so dass sich, wenn die ξ, η, ζ der Bedingung unterworfen werden, dass

$$(2) \quad \sum_1^n \frac{\partial \xi}{\partial x_i} = 1, \quad \sum_1^n \frac{\partial \eta}{\partial y_i} = 1, \quad \sum_1^n \frac{\partial \zeta}{\partial z_i} = 1$$

oder

$$\xi = x_\lambda + \omega_1(x_1 - x_\lambda, ..., x_n - x_\lambda), \quad \eta = y_\lambda + \omega_2(y_1 - y_\lambda, ..., y_n - y_\lambda),$$
$$\zeta = z_\lambda + \omega_3(z_1 - z_\lambda, ..., z_n - z_\lambda)$$

ist, worin λ irgend einen der Indices $1, 2, ..., n$ und ω_1, ω_2, ω_3 willkürliche Functionen bedeuten, die Beziehungen ergeben

$$\begin{cases}
\dfrac{\partial H_1}{\partial \xi} - \dfrac{d}{dt}\dfrac{\partial H_1}{\partial \xi'} + \cdots + (-1)^\nu \dfrac{d^\nu}{dt^\nu}\dfrac{\partial H_1}{\partial \xi^{(\nu)}} \\
\qquad = \sum_1^n{}_i\dfrac{\partial H_1}{\partial x_i} - \dfrac{d}{dt}\sum_1^n{}_i\dfrac{\partial H_1}{\partial x_i'} + \cdots + (-1)^\nu \dfrac{d^\nu}{dt^\nu}\sum_1^n{}_i\dfrac{\partial H_1}{\partial x_i^{(\nu)}}, \\
\dfrac{\partial H_1}{\partial \eta} - \dfrac{d}{dt}\dfrac{\partial H_1}{\partial \eta'} + \cdots + (-1)^\nu \dfrac{d^\nu}{dt^\nu}\dfrac{\partial H_1}{\partial \eta^{(\nu)}} \\
\qquad = \sum_1^n{}_i\dfrac{\partial H_1}{\partial y_i} - \dfrac{d}{dt}\sum_1^n{}_i\dfrac{\partial H_1}{\partial y_i'} + \cdots + (-1)^\nu \dfrac{d^\nu}{dt^\nu}\sum_1^n{}_i\dfrac{\partial H_1}{\partial y_i^{(\nu)}}, \\
\dfrac{\partial H_1}{\partial \zeta} - \dfrac{d}{dt}\dfrac{\partial H_1}{\partial \zeta'} + \cdots + (-1)^\nu \dfrac{d^\nu}{dt^\nu}\dfrac{\partial H_1}{\partial \zeta^{(\nu)}} \\
\qquad = \sum_1^n{}_i\dfrac{\partial H_1}{\partial z_i} - \dfrac{d}{\partial t}\sum_1^n{}_i\dfrac{\partial H_1}{\partial z_i'} + \cdots + (-1)^\nu \dfrac{d^\nu}{dt^\nu}\sum_1^n{}_i\dfrac{\partial H_1}{\partial z_i^{(\nu)}}.
\end{cases} \quad (3)$$

Ist nun das kinetische Potential H von der Form

$$\begin{aligned}
(4)\quad H = H_2\big(&t, x_\lambda + \omega_1(x_1 - x_\lambda, \ldots, x_n - x_\lambda), \\
& y_\lambda + \omega_2(y_1 - y_\lambda, \ldots, y_n - y_\lambda), \\
& z_\lambda + \omega_3(z_1 - z_\lambda, \ldots, z_n - z_\lambda), \\
& x_\lambda' + \omega_1', \; y_\lambda' + \omega_2', \; z_\lambda' + \omega_3', \ldots, \\
& x_\lambda^{(\nu)} + \omega_1^{(\nu)}, \; y_\lambda^{(\nu)} + \omega_2^{(\nu)}, \; z_\lambda^{(\nu)} + \omega_3^{(\nu)}\big) \\
+ H_3\big(&t, x_r - x_s, \; x_r' - x_s', \ldots, x_r^{(\nu)} - x_s^{(\nu)}, \\
& y_r - y_s, \; y_r' - y_s', \ldots, y_r^{(\nu)} - y_s^{(\nu)}, \\
& z_r - z_s, \; z_r' - z_s', \ldots, z_r^{(\nu)} - z_s^{(\nu)}\big),
\end{aligned}$$

worin H_2 und H_3 willkürliche Functionen ihrer Argumente sind, so wird einerseits nach (3)

$$(5)\quad \sum_1^n{}_i\dfrac{\partial H_2}{\partial x_i} - \dfrac{d}{dt}\sum_1^n{}_i\dfrac{\partial H_2}{\partial x_i'} + \cdots + (-1)^\nu \dfrac{d^\nu}{dt^\nu}\sum_1^n{}_i\dfrac{\partial H_2}{\partial x_i^{(\nu)}}$$
$$= \dfrac{\partial H_2}{\partial \xi} - \dfrac{d}{dt}\dfrac{\partial H_2}{\partial \xi'} + \cdots + (-1)^\nu \dfrac{d^\nu}{dt^\nu}\dfrac{\partial H_2}{\partial \xi^{(\nu)}}$$

sein, nebst den entsprechenden für y_i, z_i resp. η, ζ, andererseits ist, weil bekanntlich

$$\sum_1^n \frac{\partial H_3}{\partial x_i^{(\varrho)}} = 0, \quad \sum_1^n \frac{\partial H_3}{\partial y_i^{(\varrho)}} = 0, \quad \sum_1^n \frac{\partial H_3}{\partial z_i^{(\varrho)}} = 0,$$
$$(\varrho = 0, 1, 2, \ldots, \nu),$$

(6) $\quad \displaystyle\sum_1^n \frac{\partial H_3}{\partial x_i} - \frac{d}{dt} \sum_1^n \frac{\partial H_3}{\partial x_i'} + \cdots + (-1)^\nu \frac{d^\nu}{dt^\nu} \sum_1^n \frac{\partial H_3}{d x_i^{(\nu)}} = 0$

mit den entsprechenden Gleichungen in den andern Coordinaten, so dass sich durch Addition der Gleichungen (5) und (6)

$$\sum_1^n \frac{\partial H}{\partial x_i} - \frac{d}{dt} \sum_1^n \frac{\partial H}{\partial x_i'} + \cdots + (-1)^\nu \frac{d^\nu}{dt^\nu} \sum_1^n \frac{\partial H}{\partial x_i^{(\nu)}}$$
$$= \frac{\partial H_3}{\partial \xi} - \frac{d}{dt} \frac{\partial H_3}{\partial \xi'} + \cdots + (-1)^\nu \frac{d^\nu}{dt^\nu} \frac{\partial H_3}{\partial \xi^{(\nu)}},$$

und daher nach (1) die Beziehungen ergeben

(7) $\quad \begin{cases} \dfrac{\partial H_3}{\partial \xi} - \dfrac{d}{dt} \dfrac{\partial H_3}{\partial \xi'} + \cdots + (-1)^\nu \dfrac{d^\nu}{dt^\nu} \dfrac{\partial H_3}{\partial \xi^{(\nu)}} = \displaystyle\sum_1^n Q_i, \\[1ex] \dfrac{\partial H_3}{\partial \eta} - \dfrac{d}{dt} \dfrac{\partial H_3}{\partial \eta'} + \cdots + (-1)^\nu \dfrac{d^\nu}{dt^\nu} \dfrac{\partial H_3}{\partial \eta^{(\nu)}} = \displaystyle\sum_1^n R_i, \\[1ex] \dfrac{\partial H_3}{\partial \zeta} - \dfrac{d}{dt} \dfrac{\partial H_3}{\partial \zeta'} + \cdots + (-1)^\nu \dfrac{d^\nu}{dt^\nu} \dfrac{\partial H_3}{\partial \zeta^{(\nu)}} = \displaystyle\sum_1^n S_i, \end{cases}$

und *die hierin ausgesprochenen Beziehungen, wonach die Gleichungen* (7) *bestehen, wenn H der Gleichung* (4) *gemäss durch*

$$H = H_2 + H_3$$

gegeben ist, und ξ, η, ζ *durch die Ausdrücke*

$$\xi = x_\lambda + \omega_1(x_1 - x_\lambda, \ldots, x_n - x_\lambda), \quad \eta = y_\lambda + \omega_2(y_1 - y_\lambda, \ldots, y_n - y_\lambda),$$
$$\zeta = z_\lambda + \omega_3(z_1 - z_\lambda, \ldots, z_n - z_\lambda)$$

bestimmt sind, sollen das erweiterte Princip von der Erhaltung der Bewegung des Schwerpunktes darstellen.

Setzt man in der Mechanik wägbarer Massen, wenn $\Sigma m_i = M$ ist,

$$T = \frac{1}{2} \sum_1^n m_i (x_i'^2 + y_i'^2 + z_i'^2)$$
$$= \frac{1}{2M}(m_1 x_1' + m_2 x_2' + \cdots + m_n x_n')^2 + \sum \frac{m_i m_k}{2M}(x_i' - x_k')^2 + \cdots$$
$$= \frac{M}{2}\left(x_1' + \frac{m_2}{M}(x_2' - x_1') + \cdots + \frac{m_n}{M}(x_n' - x_1')\right)^2$$
$$+ \sum \frac{m_i m_k}{2M}(x_i' - x_k')^2 + \cdots.$$

so hat, wenn U nur von den Differenzen der Coordinaten abhängt, das kinetische Potential $H = -T - U$ die Form (4), worin

$$H_2 = -\frac{1}{2M}\{(m_1 x_1' + \cdots + m_n x_n')^2 + (m_1 y_1' + \cdots + m_n y_n')^2 + (m_1 z_1' + \cdots + m_n z_n')^2\}$$

und

$$\xi = \frac{1}{M}(m_1 x_1 + \cdots + m_n x_n), \quad \eta = \frac{1}{M}(m_1 y_1 + \cdots + m_n y_n),$$
$$\zeta = \frac{1}{M}(m_1 z_1 + \cdots + m_n z_n)$$

ist; dann sind aber ξ, η, ζ die Coordinaten des Schwerpunktes, dessen Bewegung somit nach (7), da

$$H_2 = -\frac{M}{2}(\xi'^2 + \eta'^2 + \zeta'^2)$$

wird, den bekannten Gleichungen unterliegt

$$M \frac{d^2 \xi}{dt^2} = \sum_1^n Q_i, \quad M \frac{d^2 \eta}{dt^2} = \sum_1^n R_i, \quad M \frac{d^2 \zeta}{dt^2} = \sum_1^n S_i.$$

Wir wollen, um eine einfache Anwendung der bisher entwickelten mechanischen Principien zu geben, zunächst die Bewegung eines von einem festen Centrum nach dem Weberschen Gesetze angezogenen Punktes behandeln, die, wenn das Centrum die Masse m_2 und die Coordinaten x_2, y_2 besitzt, während die Coordinaten des beweglichen Punktes von der Masse m_1 mit x_1, y_1 bezeichnet werden, durch die Differentialgleichungen beschrieben wird

96 Das erweiterte Princip der Bewegung des Schwerpunktes.

$$m_1 x_1'' = \left(\frac{\partial W}{\partial r} - \frac{d}{dt}\frac{\partial W}{\partial r'}\right)\frac{x_1 - x_2}{r}$$

$$m_1 y_1'' = \left(\frac{\partial W}{\partial r} - \frac{d}{dt}\frac{\partial W}{\partial r'}\right)\frac{y_1 - y_2}{r},$$

wobei die xy-Ebene durch das Centrum und die Richtung der Anfangsgeschwindigkeit gelegt und

$$r^2 = (x_1 - x_2)^2 + (y_1 - y_2)^2$$

gesetzt ist. Da aus dem Satze von der Erhaltung der Energie sich

$$\frac{m_1}{2}(x_1'^2 + y_1'^2) - \frac{m_1 m_2}{r}\left(1 - \frac{r'^2}{k^2}\right) = h,$$

ferner aus dem Princip der Flächen

$$m_1\left\{(x_1 - x_2)y_1' - (y_1 - y_2)x_1'\right\} = \alpha$$

ergiebt, so wird durch Substitution von

$$x_1 - x_2 = r\cos\vartheta, \quad y_1 - y_2 = r\sin\vartheta,$$

wie unmittelbar zu sehen,

$$t + c = \int \frac{\sqrt{r}\sqrt{r + \frac{2m_2}{k^2}}}{\sqrt{2r\left(\frac{h}{m_1}r + m_2\right) - \frac{\alpha^2}{m_1^2}}}\,dr,$$

und

$$\vartheta + c_1 = \frac{1}{\alpha}\int \frac{\sqrt{r + \frac{2m_2}{k^2}}}{\sqrt{r^3}\sqrt{2r\left(\frac{h}{m_1}r + m_2\right) - \frac{\alpha^2}{m_1^2}}}\,dr$$

folgen, und daher *das Problem auf elliptische Integrale zurückgeführt sein.*

Nehmen wir nun aber auch das anziehende Centrum beweglich an, untersuchen also die Bewegung zweier sich nach dem Weber'schen Gesetze anziehender freier Punkte, deren Anfangsgeschwindigkeiten der Kürze halber in einer Ebene angenommen werden mögen, in welcher sich dann die gesammte Bewegung vollzieht, so wird für die 4 Bewegungsgleichungen

$$m_1 x_1'' = \left(\frac{\partial W}{\partial r} - \frac{d}{dt}\frac{\partial W}{\partial r'}\right)\frac{x_1 - x_2}{r}, \quad m_1 y_1'' = \left(\frac{\partial W}{\partial r} - \frac{d}{dt}\frac{\partial W}{\partial r'}\right)\frac{y_1 - y_2}{r},$$

$$m_2 x_2'' = \left(\frac{\partial W}{\partial r} - \frac{d}{dt}\frac{\partial W}{\partial r'}\right)\frac{x_2 - x_1}{r}, \quad m_2 y_2'' = \left(\frac{\partial W}{\partial r} - \frac{d}{dt}\frac{\partial W}{\partial r'}\right)\frac{y_2 - y_1}{r}$$

nach dem Obigen das Schwerpunktsprincip gültig und somit für dessen durch die Gleichungen

$$(m_1 + m_2)\xi = m_1 x_1 + m_2 x_2, \quad (m_1 + m_2)\eta = m_1 y_1 + m_2 y_2$$

definirten Coordinaten

$$\frac{d^2\xi}{dt^2} = 0, \quad \frac{d^2\eta}{dt^2} = 0$$

sein, sich daher der Schwerpunkt mit constanter Geschwindigkeit auf einer graden Linie fortbewegen. Bezeichnet man nun die relativen Coordinaten der beiden Punkte in Bezug auf den Schwerpunkt mit $\xi_1, \eta_1, \xi_2, \eta_2$, so dass

$$\xi_1 = x_1 - \xi, \quad \eta_1 = y_1 - \eta, \quad \xi_2 = x_2 - \xi, \quad \eta_2 = y_2 - \eta$$

ist, so gehen die 4 Bewegungsgleichungen, wenn

$$\xi_1^2 + \eta_1^2 = \varrho_1^2, \quad \xi_2^2 + \eta_2^2 = \varrho_2^2,$$

also

$$r = \frac{m_1 + m_2}{m_2}\varrho_1 = \frac{m_1 + m_2}{m_1}\varrho_2$$

und

$$\frac{W m_2}{m_1 + m_2} = W_1, \quad \frac{W m_1}{m_1 + m_2} = W_2$$

gesetzt wird, in

$$m_1 \xi_1'' = \left(\frac{\partial W_1}{\partial \varrho_1} - \frac{d}{dt}\frac{\partial W_1}{\partial \varrho_1'}\right)\frac{\xi_1}{\varrho_1}, \quad m_1 \eta_1'' = \left(\frac{\partial W_1}{\partial \varrho_1} - \frac{d}{dt}\frac{\partial W_1}{\partial \varrho_1'}\right)\frac{\eta_1}{\varrho_1},$$

$$m_2 \xi_2'' = \left(\frac{\partial W_2}{\partial \varrho_2} - \frac{d}{dt}\frac{\partial W_2}{\partial \varrho_2'}\right)\frac{\xi_2}{\varrho_2}, \quad m_2 \eta_2'' = \left(\frac{\partial W_2}{\partial \varrho_2} - \frac{d}{dt}\frac{\partial W_2}{\partial \varrho_2'}\right)\frac{\eta_2}{\varrho_2}$$

über, und man findet somit, weil, wenn

$$\frac{m_2 k}{m_1 + m_2} = k_1, \quad \frac{m_1 k}{m_1 + m_2} = k_2$$

gesetzt wird,

$$W_1 = m_1 \cdot \frac{m_2^3}{(m_1 + m_2)^2}\frac{1}{\varrho_1}\left(1 + \frac{\varrho_1'^2}{k_1^2}\right),$$

$$W_2 = m_2 \cdot \frac{m_1^3}{(m_1 + m_2)^2}\frac{1}{\varrho_2}\left(1 + \frac{\varrho_2'^2}{k_2^2}\right)$$

ist,

98 Die erweiterten Hamilton'schen totalen Differentialgleichungen.

dass für zwei nach dem Weber'schen Gesetze sich anziehende Punkte die Bewegung derselben um den mit constanter Geschwindigkeit auf einer graden Linie fortschreitenden Schwerpunkt in der Weise vor sich geht, als ob in demselben die Massen

$$\frac{m_2{}^3}{(m_1+m_2)^2} \quad \text{resp.} \quad \frac{m_1{}^3}{(m_1+m_2)^2}$$

sich befänden, welche die beiden Massenpunkte m_1 resp. m_2 nach dem Weber'schen Gesetze mit den Constanten

$$k_1 = \frac{m_2 k}{m_1+m_2} \quad \text{resp.} \quad k_2 = \frac{m_1 k}{m_1+m_2}$$

anziehen.

§ 12.

Transformation der erweiterten Lagrange'schen Bewegungsgleichungen in das totale Differentialgleichungsystem von Hamilton.

Sind die äusseren Kräfte P_s sämmtlich Null, dann wird die zweite Form der Lagrange'schen Bewegungsgleichungen lauten

(1) $\dfrac{\partial H}{\partial p_s} - \dfrac{d}{dt}\dfrac{\partial H}{\partial p_s'} + \cdots + (-1)^\nu \dfrac{d^\nu}{dt^\nu}\dfrac{\partial H}{\partial p_s^{(\nu)}} = 0 \qquad (s=1,2,\ldots,\mu),$

während die Energie E durch den Ausdruck definirt ist

(2) $E = H - \sum\limits_1^\mu p_\varrho'\left(\dfrac{\partial H}{\partial p_\varrho'} - \dfrac{d}{dt}\dfrac{\partial H}{\partial p_\varrho''} + \cdots\right)$

$\qquad - \sum\limits_1^\mu p_\varrho''\left(\dfrac{\partial H}{\partial p_\varrho''} - \dfrac{d}{dt}\dfrac{\partial H}{\partial p_\varrho'''} + \cdots\right) - \cdots - \sum\limits_1^\mu p_\varrho^{(\nu)}\dfrac{\partial H}{\partial p_\varrho^{(\nu)}}.$

Setzt man nun

(3) $\begin{cases} \dfrac{\partial H}{\partial p_\varrho'} - \dfrac{d}{dt}\dfrac{\partial H}{\partial p_\varrho''} + \cdots + (-1)^{\nu-1}\dfrac{d^{\nu-1}}{dt^{\nu-1}}\dfrac{\partial H}{\partial p_\varrho^{(\nu)}} = q_{\varrho 0}, \\[4pt] \dfrac{\partial H}{\partial p_\varrho''} - \dfrac{d}{dt}\dfrac{\partial H}{\partial p_\varrho'''} + \cdots + (-1)^{\nu-2}\dfrac{d^{\nu-2}}{dt^{\nu-2}}\dfrac{\partial H}{\partial p_\varrho^{(\nu)}} = q_{\varrho 1}, \\[4pt] \cdots\cdots\cdots\cdots\cdots\cdots\cdots\cdots\cdots\cdots\cdots \\[4pt] \dfrac{\partial H}{\partial p_\varrho^{(\nu)}} = q_{\varrho\,\nu-1}, \end{cases}$

Die erweiterten Hamilton'schen totalen Differentialgleichungen. 99

und berechnet aus diesen $\nu\mu$ Gleichungen die $\nu\mu$ Grössen $p_\varrho^{(\nu)}, p_\varrho^{(\nu+1)}, \ldots, p_\varrho^{(2\nu-1)}$ als Functionen von $t, p_s, p_s', \ldots, p_s^{(\nu-1)}$, $q_{s0}, q_{s1}, \ldots, q_{s\nu-1}$, so werden sich die $p_\varrho^{(\nu)}$ aus den μ, der letzten der Gleichungen (3) entsprechenden Gleichungen nur als Functionen von $p_s, p_s', \ldots, p_s^{(\nu-1)}$ und $q_{s\nu-1}$ ergeben, während die andern, resp. in den Grössen $p_\varrho^{(\nu+1)}, p_\varrho^{(\nu+2)}, \ldots, p_\varrho^{(2\nu-1)}$ linearen Gleichungen die Werthe derselben als Functionen der sämmtlichen eben bezeichneten Grössen liefern, und die Energie, welche in den durch (3) eingeführten Grössen q die Form annimmt

$$E = H - \sum_1^\mu{}_\varrho p_\varrho' q_{\varrho 0} - \sum_1^\mu{}_\varrho p_\varrho'' q_{\varrho 1} - \cdots - \sum_1^\mu{}_\varrho p_\varrho^{(\nu)} q_{\varrho\nu-1},$$

wird, wenn wir die Werthe von E, H und $p_\varrho^{(\nu)}$, in welche diese Grössen übergehen nach Substitution der aus dem Gleichungssystem (3) berechneten Ausdrücke, mit (E), (H), $(p_\varrho^{(\nu)})$ bezeichnen, die Beziehung liefern

$$(4)\quad (E) = (H) - \sum_1^\mu{}_\varrho p_\varrho' q_{\varrho 0} - \sum_1^\mu{}_\varrho p_\varrho'' q_{\varrho 1} - \cdots - \sum_1^\mu{}_\varrho (p_\varrho^{(\nu)}) q_{\varrho\nu-1}.$$

Differentiirt man diese Gleichung partiell nach $p_s^{(\lambda)}$, worin $\lambda = 1, 2, \ldots, \nu - 1$, so erhält man

$$\frac{\partial (E)}{\partial p_s^{(\lambda)}} = \frac{\partial (H)}{\partial p_s^{(\lambda)}} - q_{s\lambda-1} - \sum_1^\mu{}_\varrho \frac{\partial (p_\varrho^{(\nu)})}{\partial p_s^{(\lambda)}} q_{\varrho\nu-1},$$

und da, wenn die Klammern stets die Werthe der eingeklammerten Ausdrücke nach Anwendung der oben angegebenen Substitutionen bezeichnen sollen,

$$\frac{\partial (H)}{\partial p_s^{(\lambda)}} = \left(\frac{\partial H}{\partial p_s^{(\lambda)}}\right) + \sum_1^\mu{}_\varrho \left(\frac{\partial H}{\partial p_\varrho^{(\nu)}}\right) \frac{\partial (p_\varrho^{(\nu)})}{\partial p_s^{(\lambda)}} = \left(\frac{\partial H}{\partial p_s^{(\lambda)}}\right) + \sum_1^\mu{}_\varrho \frac{\partial (p_\varrho^{(\nu)})}{\partial p_s^{(\lambda)}} q_{\varrho\nu-1}$$

ist, die Beziehung

$$\frac{\partial (E)}{\partial p_s^{(\lambda)}} = \left(\frac{\partial H}{\partial p_s^{(\lambda)}}\right) - q_{s\lambda-1},$$

7*

oder da

$$\frac{\partial H}{\partial p_s^{(\lambda)}} - \frac{d}{dt}\frac{\partial H}{\partial p_s^{(\lambda+1)}} + \cdots + (-1)^{\nu-\lambda}\frac{d^{\nu-\lambda}}{dt^{\nu-\lambda}}\frac{\partial H}{\partial p_s^{(\nu)}} = q_{s,\lambda-1}$$

und daher

$$\left(\frac{\partial H}{\partial p_s^{(\lambda)}}\right) = q_{s,\lambda-1} + \left(\frac{d}{dt}\left[\frac{\partial H}{\partial p_s^{(\lambda+1)}} - \frac{d}{dt}\frac{\partial H}{\partial p_s^{(\lambda+2)}} + \cdots \right.\right.$$
$$\left.\left. + (-1)^{\nu-\lambda-1}\frac{d^{\nu-\lambda-1}}{dt^{\nu-\lambda-1}}\frac{\partial H}{\partial p_s^{(\nu)}}\right]\right)$$
$$= q_{s,\lambda-1} + \frac{dq_{s,\lambda}}{dt}$$

ist, die Gleichung

$$\frac{\partial(E)}{\partial p_s^{(\lambda)}} = \frac{dq_{s,\lambda}}{dt} \qquad (\lambda = 1, 2, \ldots, \nu-1),$$

während, wenn die Gleichung (4) nach p_s differentiirt wird, nur der Posten $q_{s,\lambda-1}$ aus den früheren Gleichungen herausfällt, und die Beziehung

$$\frac{\partial(E)}{\partial p_s} = \left(\frac{\partial H}{\partial p_s}\right)$$

vermöge der Lagrange'schen Gleichungen (1) in

$$\frac{\partial(E)}{\partial p_s} = \frac{dq_s}{dt}$$

übergeht, so dass sich ν Gleichungen der Form ergeben

(5) $\qquad \frac{\partial(E)}{\partial p_s^{(\lambda)}} = \frac{dq_{s,\lambda}}{dt} \qquad (\lambda = 0, 1, 2, \ldots, \nu-1).$

Da ferner nach (4)

$$\frac{\partial(E)}{\partial q_{s,\lambda}} = \frac{\partial(H)}{\partial q_{s,\lambda}} - p_s^{(\lambda+1)} - \sum_{1}^{\mu}\frac{\partial(p_\varrho^{(\nu)})}{\partial q_{s,\lambda}} q_{\varrho,\nu-1}$$
$$= \sum_{1}^{\mu}\left(\frac{\partial H}{\partial p_\varrho^{(\nu)}}\right)\frac{\partial(p_\varrho^{(\nu)})}{\partial q_{s,\lambda}} - p_s^{(\lambda+1)} - \sum_{1}^{\mu}\frac{\partial(p_\varrho^{(\nu)})}{\partial q_{s,\lambda}} q_{\varrho,\nu-1}$$

ist, so ergiebt sich wegen der Identität des ersten und dritten Postens der rechten Seite

Die erweiterten Hamilton'schen totalen Differentialgleichungen. 101

(6) $$\frac{\partial (E)}{\partial q_{s\lambda}} = -\frac{dp_s^{(\lambda)}}{dt},$$

und man erhält somit nach (5) und (6)

das Hamilton'sche totale Differentialgleichungsystem von $\nu \cdot \mu$ Differentialgleichungen erster Ordnung, welches für den Fall, dass die äussern Kräfte sämmtlich Null sind, den Lagrange-schen Bewegungsgleichungen äquivalent ist, in der Form

(7) $$\frac{dq_{s\lambda}}{dt} = \frac{\partial (E)}{\partial p_s^{(\lambda)}}, \quad \frac{dp_s^{(\lambda)}}{dt} = -\frac{\partial (E)}{\partial q_{s\lambda}}$$

$$(\lambda = 0, 1, 2, \ldots, \nu-1; s = 1, 2, \ldots, \mu),$$

worin (E) den durch (2) definirten Werth der Energie bedeutet, wenn in derselben die aus den Gleichungen (3) entnommenen Werthe von $p_\varrho^{(\nu)}, p_\varrho^{(\nu+1)}, \ldots, p_\varrho^{(2\nu-1)}$ als Functionen von $t, p_s, p_s', \ldots, p_s^{(\nu-1)}, q_{s0}, q_{s1}, \ldots, q_{s\nu-1}$ ausgedrückt eingesetzt werden.

Für den Fall, dass das kinetische Potential nur die ersten Ableitungen der Coordinaten enthält, gehen, wie unmittelbar zu sehen, die Hamilton'schen Differentialgleichungen in das System der 2μ simultanen Differentialgleichungen über

$$\frac{dq_{s0}}{dt} = \frac{\partial (E)}{\partial p_s}, \quad \frac{dp_s}{dt} = -\frac{\partial (E)}{\partial q_{s0}},$$

worin (E) den Ausdruck

$$H - \sum_1^\mu p_\lambda' \frac{\partial H}{\partial p_\lambda'}$$

darstellt, wenn in denselben für p_λ' die aus den μ Gleichungen

$$\frac{\partial H}{\partial p_\varrho'} = q_{\varrho 0}$$

sich ergebenden Werthe als Functionen von t, p_s, q_{s0} ausgedrückt eingesetzt werden. Ist wiederum die actuelle von der potentiellen Energie getrennt, also $H = -T - U$, so geht die letzte Gleichung in die μ in $p_1', p_2', \ldots, p_\mu'$ linearen Gleichungen

$$-\frac{\partial T}{\partial p_\varrho'} = q_{\varrho 0}$$

über, wobei
$$E = T - U$$
ist.

Aus der Form der Differentialgleichungen (7) ist unmittelbar ersichtlich,

dass auch der Multiplicator des erweiterten Hamilton'schen Systems eine Constante ist, und daher der bekannte Jacobi'sche Satz vom letzten Multiplicator seine Gültigkeit behält,

und ebenso zeigt der Poisson'sche Satz für das Differentialgleichungssystem (7),

dass, wenn

und
$$\varphi(p_s, p_s', \ldots, p_s^{(\nu-1)}, q_{s0}, q_{s1}, \ldots, q_{s\nu-1}, t)$$
$$\psi(p_s, p_s', \ldots, p_s^{(\nu-1)}, q_{s0}, q_{s1}, \ldots, q_{s\nu-1}, t)$$

zwei Integralfunctionen des Differentialgleichungssystems (7) sind, der Ausdruck

$$\sum_{\sigma}^{\mu} \sum_{\varrho}^{\nu-1} \left\{ \frac{\partial \varphi}{\partial p_\sigma^{(\varrho)}} \frac{\partial \psi}{\partial q_{\sigma\varrho}} - \frac{\partial \varphi}{\partial q_{\sigma\varrho}} \frac{\partial \psi}{\partial p_\sigma^{(\varrho)}} \right\}$$

ebenfalls eine Integralfunction jener Differentialgleichung darstellt.

Es mag endlich noch ein Satz über die Natur der Integrale der erweiterten Hamilton'schen Bewegungsgleichungen hinzugefügt werden.

Sei das kinetische Potential H_1 eine algebraische Function von $t, p_s, p_s', \ldots, p_s^{(\nu)}$, welche der Gleichung genügen möge

(8) $\quad H^\delta + r_1(t, p_s, p_s', \ldots, p_s^{(\nu)}) H^{\delta-1} + \cdots$
$\quad\quad + r_\delta(t, p_s, p_s', \ldots, p_s^{(\nu)}) = 0,$

worin $r_1, r_2, \ldots, r_\delta$ rationale Functionen der eingeschlossenen Grössen bedeuten, so sind die Ableitungen beliebiger Ordnung von H_1 nach den Coordinaten und deren nach der Zeit genommenen Ableitungen rationale Functionen eben dieser Grössen und von H_1 selbst, und es können somit die Gleichungen (3) in die Form gesetzt werden

Die erweiterten Hamilton'schen totalen Differentialgleichungen.

(9) $$\begin{cases} R_{\varrho 0}\ (t, H_1, p_s, p_s', \ldots, p_s^{(2\nu-1)}) = q_{\varrho 0} \\ R_{\varrho 1}\ (t, H_1, p_s, p_s', \ldots, p_s^{(2\nu-2)}) = q_{\varrho 1} \\ \cdots \cdots \cdots \cdots \cdots \cdots \cdots \cdots \cdots \\ R_{\varrho \nu-1}(t, H_1, p_s, p_s', \ldots, p_s^{(\nu)})\ \ = q_{\varrho \nu-1}, \end{cases}$$

worin $R_{\varrho 0}, \ldots, R_{\varrho \nu-1}$ rationale Functionen der eingeschlossenen Grössen bedeuten, von denen die erste in $p_s^{(2\nu-1)}$, die zweite in $p_s^{(2\nu-2)}, \ldots$, die vorletzte in $p_s^{(\nu+1)}$ linear ist. Die Elimination der $\mu + 1$ Grössen $p_\varrho^{(\nu)}$ und H_1 zwischen den $\mu + 2$ Gleichungen: (8) für $H = H_1$, den μ Gleichungen

$$R_{\varrho \nu-1}(t, H_1, p_s, p_s', \ldots, p_s^{(\nu)}) = q_{\varrho \nu-1}$$

und der Gleichung

(10) $$E_1 = H_1 - \sum_1^\mu p_\varrho' q_{\varrho 0} - \sum_1^\mu p_\varrho'' q_{\varrho 1} - \cdots - \sum_1^\mu p_\varrho^{(\nu)} q_{\varrho \nu-1},$$

worin E_1 den vermöge der Gleichung (2) dem H_1 eindeutig entsprechenden Werth von E bezeichnet, liefert (E_1) als Lösung der algebraischen Gleichung

(11) $(E)^\eta + \mathfrak{r}_1(t, p_s, p_s', \ldots, p_s^{(\nu-1)}, q_{s0}, q_{s1}, \ldots, q_{s\nu-1})(E)^{\eta-1} + \cdots$
$+ \mathfrak{r}_\eta(t, p_s, p_s', \ldots, p_s^{(\nu-1)}, q_{s0}, q_{s1}, \ldots, q_{s\nu-1}) = 0,$

worin $\mathfrak{r}_1, \ldots, \mathfrak{r}_\eta$ rationale Functionen der eingeschlossenen Grössen bedeuten. Werde nun die Gleichung (11) als irreductibel mit Adjungirung der Grössen $t, p_s, p_s', \ldots, p_s^{(\nu-1)}$, $q_{s0}, q_{s1}, \ldots, q_{s\nu-1}$ vorausgesetzt — weil wir sonst denjenigen irreductibeln Factor derselben, welcher die Lösung (E_1) besitzt, statt der Gleichung (11) substituiren würden — und werde angenommen, dass das Hamilton'sche Differentialgleichungssystem (7), worin E durch E_1 zu ersetzen ist, ein algebraisches Integral

$$\omega_1(t, p_s, p_s', \ldots, p_s^{(\nu-1)}, q_{s0}, q_{s1}, \ldots, q_{s\nu-1}) = \alpha$$

besitzt, worin α eine willkürliche Constante bedeutet, und die Integralfunction ω_1 die Lösung einer mit Adjungirung von $(E_1), t, p_s, p_s', \ldots, p_s^{(\nu-1)}, q_{s0}, q_{s1}, \ldots, q_{s\nu-1}$ irreductibeln Gleichung

104 Die erweiterten Hamilton'schen totalen Differentialgleichungen.

(12) $\quad \omega^m + f_1((E_1), t, p_s, p_s', \ldots, p_s^{(\nu-1)}, q_{s0}, q_{s1}, \ldots, q_{s\nu-1})\omega^{m-1} + \cdots$
$\qquad + f_m((E_1), t, p_s, p_s', \ldots, p_s^{(\nu-1)}, q_{s0}, q_{s1}, \ldots, q_{s\nu-1}) = 0$

sein mag, in welcher $f_1, \ldots, f_m$ rationale Functionen der eingeschlossenen Grössen darstellen.

Da nun nach der Definition einer Integralfunction vermöge (7) die Gleichung

(13) $\quad \dfrac{\partial \omega_1}{\partial t} - \sum_1^\mu \dfrac{\partial \omega_1}{\partial p_s} \dfrac{\partial (E_1)}{\partial q_{s0}} - \sum_1^\mu \dfrac{\partial \omega_1}{\partial p_s'} \dfrac{\partial (E_1)}{\partial q_{s1}} - \cdots$

$$- \sum_1^\mu \dfrac{\partial \omega_1}{\partial p_s^{(\nu-1)}} \dfrac{\partial (E_1)}{\partial q_{s\nu-1}}$$

$$+ \sum_1^\mu \dfrac{\partial \omega_1}{\partial q_{s0}} \dfrac{\partial (E_1)}{\partial p_s} + \sum_1^\mu \dfrac{\partial \omega_1}{\partial q_{s1}} \dfrac{\partial (E_1)}{\partial p_s'} + \cdots$$

$$+ \sum_1^\mu \dfrac{\partial \omega_1}{\partial q_{s\nu-1}} \dfrac{\partial (E_1)}{\partial p_s^{(\nu-1)}} = 0$$

identisch befriedigt sein muss, die partiellen Differentialquotienten von (E_1) aber nach Gleichung (11) sich rational durch (E_1) und die anderen in den Coefficienten dieser Gleichung vorkommenden Grössen ausdrücken lassen, und somit auch die partiellen Differentialquotienten von ω_1 nach (12) rationale Functionen von

$$\omega_1, (E_1), t, p_s, p_s', \ldots, p_s^{(\nu-1)}, q_{s0}, q_{s1}, \ldots, q_{s\nu-1}$$

sein werden, so wird (13) in eine mit der Gleichung (12) gleichartige Gleichung in ω übergehen, welche ebenfalls durch ω_1 befriedigt wird, und somit aus der Irreductibilität von (12) folgen, dass alle Lösungen dieser letzteren auch der Gleichung (13) genügen, somit auch Integralfunctionen des Hamilton'schen Differentialgleichungsystems sein werden. Daraus folgt aber, dass, weil dann

$$\dfrac{d\omega_1}{dt}, \dfrac{d\omega_2}{dt}, \ldots, \dfrac{d\omega_m}{dt}$$

mit Benutzung dieser Differentialgleichungen identisch verschwinden müssen, entweder $f_1, f_2, \ldots, f_m$ selbst Integralfunctionen des Systems sein werden oder $m = 1$ ist, und wir finden somit, dass *eine algebraische Integralfunction des Hamilton'schen Differentialgleichungssystems entweder selbst rational aus* $(E_1), t, p_s, p_s', \ldots, p_s^{(\nu-1)}, q_{s0}, q_{s1}, \ldots, q_{s\nu-1}$ *zusammengesetzt ist, oder eine algebraische Zusammensetzung solcher rationaler Integralfunctionen bildet.*

Ersetzt man nunmehr in diesen rationalen Integralfunctionen die Grössen $q_{s0}, q_{s1}, \ldots, q_{s\nu-1}$ durch die in den Gleichungen (9) gegebenen rationalen Functionen, so geht (E_1) in E_1 über, welches nach (2) wiederum rational durch $H_1, t, p_s, p_s', \ldots, p_s^{(2\nu-1)}$ ausdrückbar ist, und es ergiebt sich somit das nachstehende Theorem:

Ist das kinetische Potential eine algebraische Function der Zeit, der Coordinaten und deren nach der Zeit genommenen Ableitungen bis zur ν^{ten} Ordnung hin, und besitzt das Hamilton'sche Differentialgleichungssystem eine algebraische Integralfunction, so ist dieselbe entweder selbst eine rationale Function des kinetischen Potentials, der Zeit, der Coordinaten und deren nach der Zeit genommenen Ableitungen bis zur $2\nu - 1^{ten}$ Ordnung hin oder eine algebraische Zusammensetzung solcher rationalen Functionen,

und ebenso, wie sich leicht zeigen lässt, die entsprechenden Sätze, wenn das kinetische Potential Logarithmen mit algebraischen Logarithmanden enthält oder Abel'sche Integrale einschliesst, deren obere Grenzen algebraische Functionen der eben bezeichneten Grössen sind, für die Logarithmanden und die oberen Integralgrenzen.

§ 13.

Die erweiterte Hamilton'sche partielle Differentialgleichung.

Nehmen wir wiederum an, dass die äusseren Kräfte sämmtlich verschwinden, so ergeben sich die allgemeinen Integrale des totalen Differentialgleichungsystems

$$\frac{dq_{s0}}{dt} = \frac{\partial(E)}{\partial p_s}, \quad \frac{dq_{s1}}{dt} = \frac{\partial(E)}{\partial p_s'}, \quad \ldots, \quad \frac{dq_{s\nu-1}}{dt} = \frac{\partial(E)}{\partial p_s^{(\nu-1)}},$$

$$\frac{dp_s}{dt} = -\frac{\partial(E)}{\partial q_{s0}}, \quad \frac{dp_s'}{dt} = -\frac{\partial(E)}{\partial q_{s1}}, \quad \ldots, \quad \frac{dp_s^{(\nu-1)}}{dt} = -\frac{\partial(E)}{\partial q_{s\nu-1}}$$

nach einem bekannten Satze von Jacobi aus dem vollständigen Integrale derjenigen partiellen Differentialgleichung erster Ordnung, die man erhält, wenn man in dem Ausdrucke (E), welcher als Function von $t, p_s, p_s', \ldots, p_s^{(\nu-1)}, q_{s0}, q_{s1}, \ldots q_{s\nu-1}$ dargestellt ist, statt der Grössen q_{sk} die partiellen Differentialquotienten $\dfrac{\partial V}{\partial p_s^{(k)}}$ substituirt, und

(1) $\dfrac{\partial V}{\partial t} + \left(E\left(p_s, p_s', \ldots, p_s^{(\nu-1)}, \dfrac{\partial V}{\partial p_s}, \dfrac{\partial V}{\partial p_s'}, \ldots, \dfrac{\partial V}{\partial p_s^{(\nu-1)}}\right)\right) = 0$

setzt.

Da aber, wenn die aus der letzten der Gleichungen (3) des § 12. sich ergebenden Werthe von $p_\varrho^{(\nu)}$ durch

$$p_\varrho^{(\nu)} = \omega_\varrho(t, p_s, p_s', \ldots p_s^{(\nu-1)}, q_{s\nu-1})$$

bezeichnet werden, nach der Gleichung (4) des § 12.

$$(E) = (H) - \sum_1^\mu {}_\varrho p_\varrho' q_{\varrho 0} - \sum_1^\mu {}_\varrho p_\varrho'' q_{\varrho 1} - \cdots - \sum_1^\mu {}_\varrho p_\varrho^{(\nu-1)} q_{\varrho \nu-2}$$
$$- \sum_1^\mu {}_\varrho \omega_\varrho(t, p_s, p_s', \ldots, p_s^{(\nu-1)}, q_{s\nu-1}) q_{\varrho \nu-1}$$

ist, so geht *die partielle Differentialgleichung* (1) *in*

(2) $\dfrac{\partial V}{\partial t} + H\left(t, p_s, p_s', \ldots, p_s^{(\nu-1)}, \omega_s\left(t, p_s, p_s', \ldots, p_s^{(\nu-1)}, \dfrac{\partial V}{\partial p_s^{(\nu-1)}}\right)\right)$

$$- \sum_1^\mu {}_\varrho p_\varrho' \frac{\partial V}{\partial p_\varrho} - \sum_1^\mu {}_\varrho p_\varrho'' \frac{\partial V}{\partial p_\varrho'} - \cdots - \sum_1^\mu {}_\varrho p_\varrho^{(\nu-1)} \frac{\partial V}{\partial p_\varrho^{(\nu-2)}}$$

$$- \sum_1^\mu {}_\varrho \omega_\varrho\left(t, p_s, p_s', \ldots, p_s^{(\nu-1)}, \frac{\partial V}{\partial p_s^{(\nu-1)}}\right) \frac{\partial V}{\partial p_\varrho^{(\nu-1)}} = 0$$

Die erweiterte Hamilton'sche partielle Differentialgleichung. 107

über mit der abhängigen Variabeln V und den $\mu\nu + 1$ unabhängigen Variabeln

$$t, p_1, p_1', \ldots, p_1^{(\nu-1)}, \quad p_2, p_2', \ldots, p_2^{(\nu-1)}, \ldots, p_\mu, p_\mu', \ldots, p_\mu^{(\nu-1)},$$

welche die Hamilton'sche partielle Differentialgleichung genannt wird.

Kennt man nun das $\mu\nu + 1$ willkürliche Constanten enthaltende vollständige Integral dieser partiellen Differentialgleichung, von denen eine additiv ist, während die anderen mit $\alpha_1, \alpha_2, \ldots, \alpha_{\mu\nu}$ bezeichnet werden mögen, *so erhält man bekanntlich die Auflösungen des totalen Hamilton'schen Differentialgleichungsystems, indem man aus den Gleichungen*

$$\frac{\partial V}{\partial \alpha_1} = \beta_1, \frac{\partial V}{\partial \alpha_2} = \beta_2, \cdots, \frac{\partial V}{\partial \alpha_{\mu\nu}} = \beta_{\mu\nu},$$

in welchen $\beta_1, \beta_2, \ldots, \beta_{\mu\nu}$ ein System von $\mu\nu$ wiederum willkürlichen Constanten bedeuten,

$$p_1, p_2, \ldots, p_\mu, \ p_1', \ldots, p_\mu', \ldots, p_1^{(\nu-1)}, \ldots, p_\mu^{(\nu-1)}$$

als Functionen von t und den $2\mu\nu$ Constanten darstellt.

Für den Fall, dass das kinetische Potential nur die ersten Ableitungen der Coordinaten enthält, geht die partielle Differentialgleichung in

$$\frac{\partial V}{\partial t} + H\left(t, p_s, \frac{\partial V}{\partial p_s}\right) - \sum_1^\mu \omega_\varrho\left(t, p_s, \frac{\partial V}{\partial p_s}\right) \frac{\partial V}{\partial p_\varrho} = 0$$

über, wenn die Auflösungen der Gleichungen

$$\frac{\partial H}{\partial p_\varrho'} = q_{\varrho 0} \qquad (\varrho = 1, 2, \ldots, \mu)$$

mit

$$p_\varrho' = \omega_\varrho(t, p_s, q_{s0})$$

bezeichnet werden. Sei nun für die Mechanik wägbarer Massen bei trennbarer actueller und potentieller Energie

$$H = -T - U,$$

und nehmen wir an, dass die Bedingungsgleichungen die Zeit t nicht explicite enthalten, so dass T eine homogene Function

108 Helmholtz's Princip der verborgenen Bewegung.

zweiten Grades von $p_1', p_2', \ldots, p_\mu'$ wird, deren Coefficienten Functionen der Coordinaten selbst sind, so wird, wenn die aus der Gleichung

$$-\frac{\partial T}{\partial p_\varrho'} = q_{\varrho 0}$$

sich ergebenden Werthe von p_ϱ' durch

$$p_\varrho' = \omega_\varrho(p_\bullet, q_{\bullet 0}) = B_{\varrho 1} q_{10} + B_{\varrho 2} q_{20} + \cdots + B_{\varrho \mu} q_{\mu 0}$$

dargestellt werden, worin $B_{\varrho 1}, \ldots, B_{\varrho \mu}$ Functionen von $p_1, \ldots, p_\mu$ sind, *die partielle Differentialgleichung, wie unmittelbar zu sehen, die Form annehmen*

$$\frac{\partial V}{\partial t} - \frac{1}{2} \sum_{1}^{\mu} {}_\varrho \frac{\partial V}{\partial p_\varrho} \left(B_{\varrho 1} \frac{\partial V}{\partial p_1} + B_{\varrho 2} \frac{\partial V}{\partial p_2} + \cdots + B_{\varrho \mu} \frac{\partial V}{\partial p_\mu} \right) - U = 0.$$

Enthält die lebendige Kraft nur die Quadrate der ersten Ableitungen der Coordinaten, ist also

$$T = \frac{1}{2} \sum_{1}^{\mu} {}_\varrho \, a_\varrho p_\varrho'^2,$$

so geht hiernach die partielle Hamilton'sche Differentialgleichung in

$$\frac{\partial V}{\partial t} + \frac{1}{2} \sum_{1}^{\mu} {}_\varrho \frac{1}{a_\varrho} \left(\frac{\partial V}{\partial p_\varrho} \right)^2 - U = 0$$

über.

§ 14.

Helmholtz's Princip der verborgenen Bewegung in der Mechanik wägbarer Massen, und Anwendung desselben auf die Bewegung dreier Punkte.

Helmholtz hat in seiner Arbeit „über die physikalische Bedeutung des Princips der kleinsten Wirkung" zwei Fälle von Bewegungsgleichungen hervorgehoben, in denen eine wesentliche Verminderung in der Anzahl der Coordinaten eintritt, und zwar nicht dadurch, dass, wie gewöhnlich, die Bewegungsfreiheit des Systems durch feste Verbindungen eingeschränkt ist, die sich durch Gleichungen zwischen den Coordinaten ausdrücken, sondern durch die specielle Eigenschaft des kinetischen Potentials und die Natur der Lagrange'schen Bewegungsgleichungen. Zunächst nimmt er an, dass das kinetische Potential

$$H = -T - U,$$

worin T die lebendige Kraft und U die Kräftefunction bedeutet, von einer Anzahl der von einander unabhängigen Coordinaten $p_1, p_2, \ldots p_\mu$ frei ist, so dass, wenn diese — um gleich hier Bezeichnungen zu gebrauchen, die im Folgenden beibehalten werden sollen — mit $p_1, p_2, \ldots, p_\varrho$ bezeichnet werden, die zugehörigen Lagrange'schen Gleichungen

$$\frac{\partial H}{\partial p_r} - \frac{d}{dt}\frac{\partial H}{\partial p'_r} = P_r,$$

wenn ausserdem $P_r = 0$ angenommen wird, in

$$\frac{d}{dt}\frac{\partial H}{\partial p'_r} = 0 \qquad (r = 1, 2, \ldots, \varrho)$$

übergehen, während sich die andern Bewegungsgleichungen in der Form

$$\frac{\partial H}{\partial \mathfrak{p}_s} - \frac{d}{dt}\frac{\partial H}{\partial \mathfrak{p}'_s} = \mathfrak{P}_s \qquad (s = 1, 2, \ldots, \sigma)$$

darstellen, wenn

$$\mathfrak{p}_s = p_{\varrho+s}, \quad \mathfrak{P}_s = P_{\varrho+s}, \quad \varrho + \sigma = \mu$$

ist. Wenn nun aus den ϱ Gleichungen

$$\frac{\partial H}{\partial p'_r} = c_r,$$

in denen die Grössen c_r Integrationsconstanten bedeuten, $p'_1, p'_2, \ldots, p'_\varrho$ durch $\mathfrak{p}_1, \ldots, \mathfrak{p}_\sigma, \mathfrak{p}'_1, \ldots, \mathfrak{p}'_\sigma$ ausgedrückt und in die andern Bewegungsgleichungen eingesetzt werden, so folgt, weil mit Beibehaltung der früheren Bezeichnungen

$$\frac{\partial (H)}{\partial \mathfrak{p}_s} = \left(\frac{\partial H}{\partial \mathfrak{p}_s}\right) + \left(\frac{\partial H}{\partial p'_1}\right)\frac{\partial (p'_1)}{\partial \mathfrak{p}_s} + \cdots + \left(\frac{\partial H}{\partial p'_\varrho}\right)\frac{\partial (p'_\varrho)}{\partial \mathfrak{p}_s},$$

$$\frac{\partial (H)}{\partial \mathfrak{p}'_s} = \left(\frac{\partial H}{\partial \mathfrak{p}'_s}\right) + \left(\frac{\partial H}{\partial p'_1}\right)\frac{\partial (p'_1)}{\partial \mathfrak{p}'_s} + \cdots + \left(\frac{\partial H}{\partial p'_\varrho}\right)\frac{\partial (p'_\varrho)}{\partial \mathfrak{p}'_s}$$

ist, dass diese letzteren, von den p_r und p_r' freien σ Gleichungen, wenn

$$\mathfrak{H} = (H) - c_1(p_1') - c_2(p_2') - \cdots - c_\varrho(p_\varrho')$$

gesetzt wird, worin die eingeklammerten Grössen wieder die Werthe nach Vollzug der Substitution bezeichnen sollen, in

$$\frac{\partial \mathfrak{H}}{\partial \mathfrak{p}_s} - \frac{d}{dt}\frac{\partial \mathfrak{H}}{\partial \mathfrak{p}_s'} = \mathfrak{P}_s \qquad (s = 1, 2, \ldots, \sigma)$$

übergehen, also die Lagrange'sche Form für ein kinetisches Potential erster Ordnung und somit auch die Gültigkeit des Hamilton'schen Princips erhalten bleibt. Dass in diesem Falle die Energie sich nicht ändert, ist in der Mechanik wägbarer Massen selbstverständlich, kann aber auch für die allgemeinen kinetischen Potentiale erster Ordnung analytisch unmittelbar eingesehen werden; da nämlich

$$\mathfrak{E} = \mathfrak{H} - \sum_{1}^{\sigma} \mathfrak{p}_\lambda' \frac{\partial \mathfrak{H}}{\partial \mathfrak{p}_\lambda'},$$

und

$$\frac{\partial \mathfrak{H}}{\partial \mathfrak{p}_\lambda'} = \frac{\partial (H)}{\partial \mathfrak{p}_\lambda'} - c_1 \frac{\partial (p_1')}{\partial \mathfrak{p}_\lambda'} - c_2 \frac{\partial (p_2')}{\partial \mathfrak{p}_\lambda'} - \cdots - c_\varrho \frac{\partial (p_\varrho')}{\partial \mathfrak{p}_\lambda'}$$

$$= \left(\frac{\partial H}{\partial \mathfrak{p}_\lambda'}\right) + \left(\frac{\partial H}{\partial p_1'}\right) \frac{\partial (p_1')}{\partial \mathfrak{p}_\lambda'} + \left(\frac{\partial H}{\partial p_2'}\right) \frac{\partial (p_2')}{\partial \mathfrak{p}_\lambda'} + \cdots - c_1 \frac{\partial (p_1')}{\partial \mathfrak{p}_\lambda'}$$

$$- c_2 \frac{\partial (p_2')}{\partial \mathfrak{p}_\lambda'} - \cdots = \left(\frac{\partial H}{\partial \mathfrak{p}_\lambda'}\right)$$

ist, so folgt

$$\mathfrak{E} = (H) - c_1(p_1') - c_2(p_2') - \cdots - c_\varrho(p_\varrho') - \sum_{1}^{\sigma} \mathfrak{p}_\lambda' \left(\frac{\partial H}{\partial \mathfrak{p}_\lambda'}\right),$$

während sich aus

$$E = H - p_1' \frac{\partial H}{\partial p_1'} - \cdots - p_\varrho' \frac{\partial H}{\partial p_\varrho'} - \mathfrak{p}_1' \frac{\partial H}{\partial \mathfrak{p}_1'} - \cdots - \mathfrak{p}_\sigma' \frac{\partial H}{\partial \mathfrak{p}_\sigma'}$$

nach erfolgter Substitution

$$(E) = (H) - c_1(p_1') - c_2(p_2') - \cdots - c_\varrho(p_\varrho') - \sum_{1}^{\sigma} \mathfrak{p}_\lambda' \left(\frac{\partial H}{\partial \mathfrak{p}_\lambda'}\right),$$

also

ergiebt.
$$\mathfrak{E} = (E)$$

Aber das kinetische Potential $\mathfrak{H}$ wird jetzt auch in der Mechanik wägbarer Massen, da die Substitutionsgleichungen die Grössen p'_r und $\mathfrak{p}'_s$ in der ersten Dimension enthalten, in den $\mathfrak{p}'_s$ nicht bloss von der zweiten Dimension sein sondern auch Glieder ersten Grades einschliessen — und dieser in der Mechanik wägbarer Massen gegebenen Analogie gemäss nennt Helmholtz auch andere Fälle physikalischer Vorgänge, in denen das kinetische Potential auch Glieder, die in den Geschwindigkeiten linear sind, enthält, *Fälle mit verborgener Bewegung*, um anzudeuten, dass diese physikalischen Vorgänge zu Stande kommen können als Bewegungen wägbarer Massen, von denen einige nicht sichtbar sind, und deren Einfluss dem algebraischen Eliminationsprocesse entspricht.

Bevor nun dieses Princip auf die allgemeinen kinetischen Potentiale erster Ordnung ausgedehnt und der Weg für die Erweiterung dieser Theorie auf Potentiale beliebiger Ordnung vorgezeichnet wird, soll die Anwendung und Bedeutung derselben zunächst für den einfachsten Fall der verborgenen Bewegung und zwar für *einen* Punkt, der auf einer Fläche zu bleiben gezwungen ist, erörtert werden.

Sei die Gleichung der Fläche

$$z = F(x, y),$$

so wird das kinetische Potential

$$H = -\frac{m}{2}(x'^2 + y'^2 + z'^2) - U(x, y, z)$$

in den freien Coordinaten x und y die Form annehmen

$$H = -\frac{m}{2} x'^2 \left(1 + \left(\frac{\partial F}{\partial x}\right)^2\right) - \frac{m}{2} y'^2 \left(1 + \left(\frac{\partial F}{\partial y}\right)^2\right)$$
$$- m \frac{\partial F}{\partial x} \frac{\partial F}{\partial y} x' y' - U(x, y, F),$$

und wenn die Annahme gemacht werden soll, dass H die Variable x nicht enthält,

$$\frac{\partial F}{\partial x} = F_1(y), \quad \frac{\partial F}{\partial y} = F_2(y), \quad U(x, y, F) = V(y)$$

sein müssen, und somit, da

$$\frac{\partial^2 F}{\partial x \partial y} = F_1{}'(y) = \frac{\partial F_2(y)}{\partial x} = 0, \quad \text{also} \quad F_1(y) = \varkappa$$

ist, worin $\varkappa$ eine Constante bedeutet, die nothwendige Form des kinetischen Potentials

$$H = -\frac{m}{2} x'^2 (1 + \varkappa^2) - \frac{m}{2} y'^2 (1 + F_2(y)^2) - m \varkappa F_2(y) x' y' - V(y)$$

sein, während die Gleichung der Fläche durch

$$z = \varkappa x + \int F_2(y)\, dy$$

gegeben ist, also eine Cylinderfläche definirt, deren erzeugende Gerade parallel ist der in der XZ-Ebene durch den Anfangspunkt gehenden Geraden $x = -\frac{1}{\varkappa} z$, und U und V durch die Ausdrücke gegeben sind

$$U = \left(z - \varkappa x - \int F_2(y)\, dy\right) \omega_1(x, y, z) + \omega_2(z - \varkappa x, y),$$
$$V(y) = \omega_2\left(\int F_2(y)\, dy,\ y\right),$$

in denen ω_1 und ω_2 willkürliche Functionen bedeuten.

Da nun die zur Variabeln x gehörige Lagrange'sche Gleichung

$$\frac{\partial H}{\partial x} - \frac{d}{dt} \frac{\partial H}{\partial x'} = 0,$$

weil $\frac{\partial H}{\partial x} = 0$ ist, die Beziehung liefert

$$x'(1 + \varkappa^2) + \varkappa y' F_2(y) = c \quad \text{oder} \quad x' = \frac{1}{1 + \varkappa^2} (c - \varkappa y' F_2(y)),$$

worin c eine Integrationsconstante bedeutet, so wird die Substitution dieses Werthes von x' in die zweite Lagrange'sche Gleichung wieder eine solche von der Form

$$\frac{\partial \mathfrak{H}}{\partial y} - \frac{d}{dt} \frac{\partial \mathfrak{H}}{\partial y'} = \mathfrak{P}$$

liefern, worin das kinetische Potential definirt ist durch

$$\mathfrak{H} = \frac{m}{2(1+\varkappa^2)} \{y'^2(1+F_2(y)^2+\varkappa^2) + 2\varkappa c y' F_2(y) + 3c^2\},$$

und *es wird sich somit das Bild des sich bewegenden Punktes auf der Y-Axe so bewegen, als ob es selbständig durch das kinetische Potential $\mathfrak{H}$ getrieben würde, welches nur von y und y' abhängt, aber auch y' in der ersten Potenz enthält.*

Um nun die Bedeutung des Helmholtz'schen Princips noch klarer hervortreten zu lassen, wollen wir die Bewegung dreier materieller Punkte mit den Massen m_1, m_2, m_3 betrachten, deren Coordinaten der Bedingungsgleichung unterliegen

(1) $\qquad z_1 = f(x_1, y_1, x_2, y_2, z_2, x_3, y_3, z_3),$

und deren innere Kräfte durch eine Kräftefunction

$$U(x_1, y_1, z_1, x_2, y_2, z_2, x_3, y_3, z_3)$$

gegeben sein mögen.

Da das kinetische Potential

$$H = -T - U = -\frac{m_1}{2}(x_1'^2+y_1'^2+z_1'^2) - \frac{m_2}{2}(x_2'^2+y_2'^2+z_2'^2)$$
$$-\frac{m_3}{2}(x_3'^2+y_3'^2+z_3'^2) - U$$

vermöge der Beziehung (1) die Form annimmt

(2) $\begin{cases} H = -\frac{m_1}{2}\left(1+\left(\frac{\partial f}{\partial x_1}\right)^2\right)x_1'^2 - \frac{m_1}{2}\left(1+\left(\frac{\partial f}{\partial y_1}\right)^2\right)y_1'^2 \\ \quad -\frac{1}{2}\left(m_2+m_1\left(\frac{\partial f}{\partial x_2}\right)^2\right)x_2'^2 - \frac{1}{2}\left(m_2+m_1\left(\frac{\partial f}{\partial y_2}\right)^2\right)y_2'^2 \\ \quad -\frac{1}{2}\left(m_2+m_1\left(\frac{\partial f}{\partial z_2}\right)^2\right)z_2'^2 - \frac{1}{2}\left(m_3+m_1\left(\frac{\partial f}{\partial x_3}\right)^2\right)x_3'^2 \\ \quad -\frac{1}{2}\left(m_3+m_1\left(\frac{\partial f}{\partial y_3}\right)^2\right)y_3'^2 - \frac{1}{2}\left(m_3+m_1\left(\frac{\partial f}{\partial z_3}\right)^2\right)z_3'^2 \\ \quad - m_1\frac{\partial f}{\partial x_1}\frac{\partial f}{\partial y_1}x_1'y_1' - m_1\frac{\partial f}{\partial x_1}\frac{\partial f}{\partial x_2}x_1'x_2' - \cdots \\ \quad - U(x_1, y_1, f, x_2, y_2, z_2, x_3, y_3, z_3), \end{cases}$

so folgt, dass, wenn dasselbe von den Coordinaten x_1 und y_1 unabhängig sein soll, eben dies für die Coefficienten aller Ableitungen der Coordinaten der Fall sein muss, und daher zunächst, wenn $\frac{\partial f}{\partial x_1}$ und $\frac{\partial f}{\partial y_1}$ von x_1 und y_1 unabhängig sind,

$$f = x_1 \varphi(x_2, y_2, z_2, x_3, y_3, z_3) + y_1 \psi(x_2, y_2, z_2, x_3, y_3, z_3)$$
$$+ \omega(x_2, y_2, z_2, x_3, y_3, z_3),$$

wonach, da auch $\frac{\partial f}{\partial x_2}, \frac{\partial f}{\partial x_3}, \frac{\partial f}{\partial y_2}, \cdots$ von x_1 und y_1 frei sein müssen, die Function f, also die Bedingungsgleichung (1) die Gestalt hat

(3) $\qquad z_1 = a x_1 + b y_1 + \omega(x_2, y_2, z_2, x_3, y_3, z_3),$

worin a und b Constanten bedeuten, und das kinetische Potential

(4) $\begin{cases} H = -\frac{m_1}{2}(1+a^2) x_1'^2 - \frac{m_1}{2}(1+b^2) y_1'^2 \\ \quad - \frac{1}{2}\left(m_2 + m_1\left(\frac{\partial \omega}{\partial x_2}\right)^2\right) x_2'^2 - \frac{1}{2}\left(m_2 + m_1\left(\frac{\partial \omega}{\partial y_2}\right)^2\right) y_2'^2 \\ \qquad\qquad\qquad - \frac{1}{2}\left(m_2 + m_1\left(\frac{\partial \omega}{\partial z_2}\right)^2\right) z_2'^2 \\ \quad - \frac{1}{2}\left(m_3 + m_1\left(\frac{\partial \omega}{\partial x_3}\right)^2\right) x_3'^2 - \frac{1}{2}\left(m_3 + m_1\left(\frac{\partial \omega}{\partial y_3}\right)^2\right) y_3'^2 \\ \qquad\qquad\qquad - \frac{1}{2}\left(m_3 + m_1\left(\frac{\partial \omega}{\partial z_3}\right)^2\right) z_3'^2 \\ \quad - m_1 a b x_1' y_1' - m_1 a \frac{\partial \omega}{\partial x_2} x_1' x_2' - m_1 a \frac{\partial \omega}{\partial y_2} x_1' y_2' + \cdots \\ \quad - m_1 b \frac{\partial \omega}{\partial x_2} y_1' x_2' - m_1 b \frac{\partial \omega}{\partial y_2} y_1' y_2' - \cdots \\ \quad - m_1 \frac{\partial \omega}{\partial x_2} \frac{\partial \omega}{\partial y_2} x_2' y_2' - \cdots - U(x_1, y_1, f, x_2, y_2, z_2, x_3, y_3, z_3) \end{cases}$

wird.

Da nun aber auch der letztere Theil U von x_1 und y_1 frei sein soll, so ist aus (3) ersichtlich, dass U die Form haben muss

(5) $\begin{cases} U = (z_1 - a x_1 - b y_1 - \omega) F_1(x_1, y_1, z_1, x_2, y_2, z_2, x_3, y_3, z_3) \\ \quad + F(z_1 - a x_1 - b y_1, x_2, y_2, z_2, x_3, y_3, z_3), \end{cases}$

und es werden sodann die zu den Coordinaten x_1 und y_1 gehörigen Lagrange'schen Gleichungen die Gestalt annehmen

Helmholtz's Princip der verborgenen Bewegung.

$$\frac{d}{dt}\frac{\partial H}{\partial x_1'} = 0 \quad \text{und} \quad \frac{d}{dt}\frac{\partial H}{\partial y_1'} = 0,$$

oder wie leicht zu sehen, wenn c_1 und c_2 Integrationsconstanten bedeuten,

$$(1+a^2)x_1' + aby_1' = c_1 - a\frac{d\omega}{dt},$$
$$abx_1' + (1+b^2)y_1' = c_2 - b\frac{d\omega}{dt},$$

woraus sich

(6) $\begin{cases} (1 + a^2 + b^2)\,x_1' = c_1(1 + b^2) - c_2 ab - a\dfrac{d\omega}{dt}, \\ (1 + a^2 + b^2)\,y_1' = -c_1 ab + c_2(1 + a^2) - b\dfrac{d\omega}{dt} \end{cases}$

ergiebt. Setzt man die hieraus folgenden Werthe von x_1' und y_1' in die sechs weiteren Bewegungsgleichungen, für welche sämmtliche äusseren Kräfte gleich Null angenommen werden, ein, so ergiebt sich unter der früher hervorgehobenen Bedeutung der eingeklammerten Ausdrücke z. B. aus der ersten dieser

$$\left(\frac{\partial H}{\partial x_2}\right) - \frac{d}{dt}\left(\frac{\partial H}{\partial x_2'}\right) = 0,$$

oder da

$$\frac{\partial(H)}{\partial x_2} = \left(\frac{\partial H}{\partial x_2}\right) + \left(\frac{\partial H}{\partial x_1'}\right)\frac{\partial x_1'}{\partial x_2} + \left(\frac{\partial H}{\partial y_1'}\right)\frac{\partial y_1'}{\partial x_2}$$
$$= \left(\frac{\partial H}{\partial x_2}\right) + c_1 m_1 \frac{\partial x_1'}{\partial x_2} + c_2 m_1 \frac{\partial y_1'}{\partial x_2},$$

$$\frac{\partial(H)}{\partial x_2'} = \left(\frac{\partial H}{\partial x_2'}\right) + \left(\frac{\partial H}{\partial x_1'}\right)\frac{\partial x_1'}{\partial x_2'} + \left(\frac{\partial H}{\partial y_1'}\right)\frac{\partial y_1'}{\partial x_2'}$$
$$= \left(\frac{\partial H}{\partial x_2'}\right) + c_1 m_1 \frac{\partial x_1'}{\partial x_2'} + c_2 m_1 \frac{\partial y_1'}{\partial x_2'}$$

ist, wenn

(7) $\qquad \mathfrak{H} = (H) - c_1 m_1 x_1' - c_2 m_1 y_1'$

gesetzt wird, wieder die Lagrange'sche Form

(8) $\qquad \dfrac{\partial \mathfrak{H}}{\partial x_2} - \dfrac{d}{dt}\dfrac{\partial \mathfrak{H}}{\partial x_2'} = 0$

und ebenso für dasselbe kinetische Potential $\mathfrak{H}$ die anderen fünf Bewegungsgleichungen.

Eine leichte Rechnung ergiebt durch Einsetzen der Werthe von x_1' und y_1' aus (6) in (7) für das nun entstehende kinetische Potential die einfache Form

$$(9)\begin{cases} \mathfrak{H} = -\dfrac{m_1}{2(1+a^2+b^2)}\left(\dfrac{d\omega}{dt}\right)^2 + m_1 \dfrac{a c_1 + b c_2}{1+a^2+b^2}\dfrac{d\omega}{dt} \\ \qquad - \dfrac{3}{2} m_1 \dfrac{c_1{}^2(1+b^2) - 2 a b c_1 c_2 + c_2{}^2(1+a^2)}{1+a^2+b^2} \\ \qquad\qquad\qquad\qquad\qquad\qquad - \dfrac{m_2}{2}(x_2'^2 + y_2'^2 + z_2'^2) \\ \qquad - \dfrac{m_3}{2}(x_3'^2 + y_3'^2 + z_3'^2) - F(\omega, x_2, y_2, z_2, x_3, y_3, z_3), \end{cases}$$

und wir finden somit, *dass die nothwendige und hinreichende Bedingung dafür, dass für die Bewegung von drei materiellen Punkten, deren Coordinaten einer Bedingungsgleichung unterliegen, von den acht Bewegungsgleichungen zwei in vollständige nach der Zeit genommene Differentialquotienten übergehen, oder, was damit identisch ist, das kinetische Potential von zwei der acht Coordinaten unabhängig sei, die ist, dass die Bedingungsgleichung die Form hat*

$$z_1 = a x_1 + b y_1 + \omega,$$

worin a und b Constanten, und ω nur von $x_2, y_2, z_2, x_3, y_3, z_3$ abhängt, während die Kräftefunction die Gestalt besitzt

$$U = (z_1 - a x_1 - b y_1 - \omega)\, F_1(x_1, y_1, z_1, x_2, y_2, z_2, x_3, y_3, z_3)$$
$$+ F(z_1 - a x_1 - b y_1,\ x_2, y_2, z_2, x_3, y_3, z_3);$$

in diesem Falle nehmen die sechs Bewegungsgleichungen für die Coordinaten $x_2, y_2, z_2, x_3, y_3, z_3$ wieder die Lagrange'sche Form für das durch die Gleichung (9) *gegebene kinetische Potential $\mathfrak{H}$ an.*

Die oben gefundene Form der Kräftefunction bedingt offenbar, wenn $F_1 = 0$ angenommen wird, dass, weil

$$X_1 = -\dfrac{\partial F}{\partial(z_1 - a x_1 - b y_1)}\, a, \qquad Y_1 = -\dfrac{\partial F}{\partial(z_1 - a x_1 - b y_1)}\, b,$$
$$Z_1 = \dfrac{\partial F}{\partial(z_1 - a x_1 - b y_1)}$$

ist, die Richtung der auf den Punkt m_1 wirkenden Kraft constant ist.

Wir wollen nun die Frage nach den nothwendigen und hinreichenden Bedingungen dafür aufwerfen, dass das kinetische Potential die Form hat

(10) $\mathfrak{H} = -\frac{m_2}{2}(x_2'^2 + y_2'^2 + z_2'^2) - \frac{m_3}{2}(x_3'^2 + y_3'^2 + z_3'^2) - W(r, r'),$

worin W eine beliebig gegebene Function von r und r', und

$$r^2 = (x_2 - x_3)^2 + (y_2 - y_3)^2 + (z_2 - z_3)^2$$

ist. Aus dem Werthe (9) ergiebt sich zunächst, dass $W(r, r')$ nur eine ganze Function zweiten Grades von r' von der Form

(11) $\qquad W = \varphi_0(r) + \varphi_1(r)\dfrac{dr}{dt} + \varphi_2(r)\left(\dfrac{dr}{dt}\right)^2$

sein kann, und somit

(12) $\qquad \varphi_2(r)\left(\dfrac{dr}{dt}\right)^2 = \dfrac{m_1}{2(1 + a^2 + b^2)}\left(\dfrac{d\omega}{dt}\right)^2$

und

(13) $\qquad \varphi_1(r)\dfrac{dr}{dt} = -m_1\dfrac{ac_1 + bc_2}{1 + a^2 + b^2}\dfrac{d\omega}{dt}.$

Nun folgt aber aus der Gleichung (12)

$$\omega = \sqrt{\dfrac{2(1 + a^2 + b^2)}{m_1}}\int\sqrt{\varphi_2(r)}\,dr,$$

so dass sich bei willkürlicher Wahl von $\varphi_2(r)$ aus (13) für $\varphi_1(r)$ die Bestimmung ergiebt

$$\varphi_1(r) = -(ac_1 + bc_2)\sqrt{\dfrac{2m_1}{1 + a^2 + b^2}}\sqrt{\varphi_2(r)},$$

während $\varphi_0(r)$ durch den Ausdruck charakterisirt ist

$$\varphi_0(r) = \dfrac{3}{2}m_1\dfrac{c_1^2(1 + b^2) - 2abc_1c_2 + c_2^2(1 + a^2)}{1 + a^2 + b^2}$$
$$+ F(\omega, x_2, y_2, z_2, x_3, y_3, z_3),$$

aus welchem sich

$$F\left(\sqrt{\dfrac{2(1 + a^2 + b^2)}{m_1}}\int\sqrt{\varphi_2(r)}\,dr,\ x_2, y_2, z_2, x_3, y_3, z_3\right)$$

als Function von r, und somit nach (5) die Kräftefunction in der Form ergiebt

$$U = \left(z_1 - ax_1 - by_1 - \sqrt{\tfrac{2(1+a^2+b^2)}{m_1}}\int\sqrt{\varphi_2(r)}\,dr\right) \times$$
$$F_1(x_1, y_1, z_1, x_2, y_2, z_2, x_3, y_3, z_3) + F(z_1 - ax_1 - by_1, r),$$

während die Coordinaten der Bedingung unterliegen

$$z_1 = ax_1 + by_1 + \sqrt{\tfrac{2(1+a^2+b^2)}{m_1}}\int\sqrt{\varphi_2(r)}\,dr.$$

Wir finden somit, *dass die nothwendige und hinreichende Bedingung dafür, dass für die Bewegung von drei materiellen Punkten m_1, m_2, m_3, deren Coordinaten einer Bedingung unterliegen, von den acht Bewegungsgleichungen zwei in vollständige nach der Zeit genommene Differentialquotienten übergehen, während die übrigen sechs in Folge dessen nach Elimination der Coordinaten des einen Punktes wieder die Lagrange'sche Form annehmen, und dass ferner das kinetische Potential dieser letzteren sich aus der negativen Summe der lebendigen Kraft der beiden anderen Punkte und aus einer Function der Entfernung r derselben und deren nach der Zeit genommenen Ableitung zusammensetzt, die ist, dass die zwischen den Coordinaten der drei Punkte bestehende Bedingung die Form hat*

$$z_1 = ax_1 + by_1 + \sqrt{\tfrac{2(1+a^2+b^2)}{m_1}}\int\sqrt{\varphi_2(r)}\,dr,$$

worin a und b beliebige Constanten und φ_2 eine beliebige Function bedeutet, und dass ferner die Kräftefunction durch einen Ausdruck der Form definirt ist

$$U = \left(z_1 - ax_1 - by_1 - \sqrt{\tfrac{2(1+a^2+b^2)}{m_1}}\int\sqrt{\varphi_2(r)}\,dr\right) \times$$
$$F_1(x_1, y_1, z_1, x_2, y_2, z_2, x_3, y_3, z_3) + F(z_1 - ax_1 - by_1, r),$$

worin F_1 und F ebenfalls willkürlich sind. Dann wird das kinetische Potential für die Bewegung der beiden Punkte

$$\mathfrak{H} = -\frac{m_2}{2}(x_2'^2 + y_2'^2 + z_2'^2) - \frac{m_3}{2}(x_3'^2 + y_3'^2 + z_3'^2)$$
$$- \varphi_2(r) r'^2 + (ac_1 + bc_2) \sqrt{\frac{2m_1}{1+a^2+b^2}} \sqrt{\varphi_2(r)} \cdot r'$$
$$- \frac{3}{2} m_1 \frac{c_1{}^2(1+b^2) - 2abc_1 c_2 + c_2{}^2(1+a^2)}{1+a^2+b^2}$$
$$- F\left(\sqrt{\frac{2(1+a^2+b^2)}{m_1}} \int \sqrt{\varphi_2(r)}\, dr,\, r\right)$$

lauten, und nach (6) *die Coordinaten* x_1, y_1, z_1 *durch die Ausdrücke gegeben sein*

$$x_1 = \frac{c_1(1+b^2) - c_2 ab}{1+a^2+b^2} t - a\sqrt{\frac{2}{m_1(1+a^2+b^2)}} \int \sqrt{\varphi_2(r)}\, dr,$$
$$y_1 = \frac{-c_1 ab + c_2(1+a^2)}{1+a^2+b^2} t - b\sqrt{\frac{2}{m_1(1+a^2+b^2)}} \int \sqrt{\varphi_2(r)}\, dr,$$
$$z_1 = \frac{ac_1 + bc_2}{1+a^2+b^2} t + \sqrt{\frac{2}{m_1(1+a^2+b^2)}} \int \sqrt{\varphi_2(r)}\, dr.$$

Wählen wir die Constanten a, b, c_1, c_2 so, dass
$$ac_1 + bc_2 = 0$$
wird, ferner
$$\varphi_2(r) = \frac{m_2 m_3}{k^2} \frac{1}{r}, \quad \text{also} \quad \int \sqrt{\varphi_2(r)}\, dr = 2\sqrt{\frac{m_2 m_3}{k^2}} r^{\frac{1}{2}},$$
ferner
$$U = F\left(\frac{2}{k}\sqrt{\frac{2m_2 m_3(1+a^2+b^2)}{m_1}} r^{\frac{1}{2}},\, r\right) = \frac{m_2 m_3}{r} - \frac{3}{2} m_1 (c_1{}^2 + c_2{}^2),$$

so wird der Ausdruck
$$\mathfrak{H} = -\frac{m_2}{2}(x_2'^2 + y_2'^2 + z_2'^2) - \frac{m_3}{2}(x_3'^2 + y_3'^2 + z_3'^2) - \frac{m_2 m_3}{r}\left(1 + \frac{r'^2}{k^2}\right)$$

das kinetische Potential des Weber'schen Gesetzes liefern, während die Coordinaten x_1, y_1, z_1 durch die Ausdrücke gegeben sind

$$x_1 = c_1 t - \frac{2a}{k}\sqrt{\frac{2m_2 m_3}{m_1(1+a^2+b^2)}} r^{\frac{1}{2}},$$
$$y_1 = c_2 t - \frac{2b}{k}\sqrt{\frac{2m_2 m_3}{m_1(1+a^2+b^2)}} r^{\frac{1}{2}},$$
$$z_1 = \frac{2}{k}\sqrt{\frac{2m_2 m_3}{m_1(1+a^2+b^2)}} r^{\frac{1}{2}},$$

worin man auch $a = 0$, $b = 0$ wählen kann, so dass

$$x_1 = c_1 t, \quad y_1 = c_2 t, \quad z_1 = \frac{2}{k}\sqrt{\frac{2 m_2 m_3}{m_1}} r^{\frac{1}{2}}$$

wird.

Wenn somit von drei Massenpunkten der eine durch Verbindung mit den beiden anderen der Bedingung unterliegt, dass seine Entfernung von einer festen Ebene stets der Quadratwurzel aus der Entfernung der beiden anderen Massenpunkte von einander proportional bleibt, während sich die letzteren nach dem Newton'schen Gesetze anziehen, so wird sich die Bewegung dieser nach dem Weber'schen Gesetze vollziehen.

Betrachten wir endlich noch den Fall, in welchem zwischen den Coordinaten der drei Massenpunkte zwei Bedingungsgleichungen bestehen, welche in die Form

$$y_1 = f(x_1, x_2, y_2, z_2, x_3, y_3, z_3), \quad z_1 = \varphi(x_1, x_2, y_2, z_2, x_3, y_3, z_3)$$

gesetzt werden mögen, so geht das kinetische Potential in

$$(14) \quad \begin{cases} H = -\frac{m_1}{2}\left(1 + \left(\frac{\partial f}{\partial x_1}\right)^2 + \left(\frac{\partial \varphi}{\partial x_1}\right)^2\right) x_1'^2 \\ \quad - \frac{1}{2}\left(m_2 + m_1\left(\frac{\partial f}{\partial x_2}\right)^2 + m_1\left(\frac{\partial \varphi}{\partial x_2}\right)^2\right) x_2'^2 \\ \quad - \frac{1}{2}\left(m_2 + m_1\left(\frac{\partial f}{\partial y_2}\right)^2 + m_1\left(\frac{\partial \varphi}{\partial y_2}\right)^2\right) y_2'^2 - \cdots \\ \quad - m_1\left(\frac{\partial f}{\partial x_1}\frac{\partial f}{\partial x_2} + \frac{\partial \varphi}{\partial x_1}\frac{\partial \varphi}{\partial x_2}\right) x_1' x_2' \\ \quad - m_1\left(\frac{\partial f}{\partial x_1}\frac{\partial f}{\partial y_2} + \frac{\partial \varphi}{\partial x_1}\frac{\partial \varphi}{\partial y_2}\right) x_1' y_2' + \cdots \\ \quad - U(x_1, f, \varphi, x_2, y_2, z_2, x_3, y_3, z_3) \end{cases}$$

über, und soll dasselbe von x_1 unabhängig sein, so muss eben dies für die Coefficienten der Ableitungen der Coordinaten der Fall sein, und somit die Ausdrücke

$$\left(\frac{\partial f}{\partial x_1}\right)^2 + \left(\frac{\partial \varphi}{\partial x_1}\right)^2, \quad \left(\frac{\partial f}{\partial x_2}\right)^2 + \left(\frac{\partial \varphi}{\partial x_2}\right)^2, \quad \left(\frac{\partial f}{\partial y_2}\right)^2 + \left(\frac{\partial \varphi}{\partial y_2}\right)^2, \ldots$$

$$\frac{\partial f}{\partial x_1}\frac{\partial f}{\partial x_2} + \frac{\partial \varphi}{\partial x_1}\frac{\partial \varphi}{\partial x_2}, \quad \frac{\partial f}{\partial x_1}\frac{\partial f}{\partial y_2} + \frac{\partial \varphi}{\partial x_1}\frac{\partial \varphi}{\partial y_2}, \ldots$$

reine Functionen von $x_2, y_2, z_2, x_3, y_3, z_3$.

Setzt man

$$\begin{cases} \left(\frac{\partial f}{\partial x_1}\right)^2 + \left(\frac{\partial \varphi}{\partial x_1}\right)^2 = \omega_1, \quad \left(\frac{\partial f}{\partial x_2}\right)^2 + \left(\frac{\partial \varphi}{\partial x_2}\right)^2 = \omega_2, \\ \frac{\partial f}{\partial x_1} \frac{\partial f}{\partial x_2} + \frac{\partial \varphi}{\partial x_1} \frac{\partial \varphi}{\partial x_2} = \Omega, \end{cases} \quad (15)$$

worin ω_1, ω_2, Ω Functionen der Coordinaten des zweiten und dritten Massenpunktes bedeuten, so ergiebt sich leicht durch einfache Zusammensetzung, dass die Function φ der partiellen Differentialgleichung genügen muss

$$(16) \quad \omega_2 \left(\frac{\partial \varphi}{\partial x_1}\right)^2 + \omega_1 \left(\frac{\partial \varphi}{\partial x_2}\right)^2 - 2\Omega \frac{\partial \varphi}{\partial x_1} \frac{\partial \varphi}{\partial x_2} = \omega_1 \omega_1 - \Omega^2,$$

während f und φ durch die Beziehungen verbunden sind

$$(17) \quad \begin{cases} \sqrt{\omega_1 \omega_2 - \Omega^2}\, \frac{\partial f}{\partial x_1} = -\Omega \frac{\partial \varphi}{\partial x_1} + \omega_1 \frac{\partial \varphi}{\partial x_2}, \\ \sqrt{\omega_1 \omega_2 - \Omega^2}\, \frac{\partial f}{\partial x_2} = -\omega_2 \frac{\partial \varphi}{\partial x_1} + \Omega \frac{\partial \varphi}{\partial x_2}, \end{cases}$$

und aus diesen letzteren wiederum durch Differentiation der ersten nach x_2, der zweiten nach x_1 eine weitere partielle Differentialgleichung zweiter Ordnung für φ:

$$(18) \begin{cases} \omega_2 \frac{\partial^2 \varphi}{\partial x_1^2} + \omega_1 \frac{\partial^2 \varphi}{\partial x_2^2} - 2\Omega \frac{\partial^2 \varphi}{\partial x_1 \partial x_2} \\ + \frac{\partial \varphi}{\partial x_1}\left[\frac{1}{2} \frac{\Omega}{\omega_1 \omega_2 - \Omega^2} \frac{\partial}{\partial x_2}(\omega_1 \omega_2 - \Omega^2) - \frac{\partial \Omega}{\partial x_2}\right] \\ + \frac{\partial \varphi}{\partial x_2}\left[\frac{\partial \omega_1}{\partial x_2} - \frac{1}{2} \frac{\omega_1}{\omega_1 \omega_2 - \Omega^2} \frac{\partial}{\partial x_2}(\omega_1 \omega_2 - \Omega^2)\right] = 0. \end{cases}$$

Differentiirt man nun die Gleichung (16) partiell nach x_1 und x_2, sodann die erste so erhaltene Gleichung nach x_1 und x_2, die zweite nach x_2, so erhält man fünf Gleichungen in den partiellen Differentialquotienten zweiter und dritter Ordnung der Function φ, und aus der Gleichung (18) durch Differentiation nach x_1 und x_2 mit dieser drei Gleichungen in denselben Grössen, so dass acht — wie man leicht sieht von einander unabhängige — Gleichungen sich ergeben in den sieben Grössen

$$\frac{\partial^2 \varphi}{\partial x_1^2}, \quad \frac{\partial^2 \varphi}{\partial x_1 \partial x_2}, \quad \frac{\partial^2 \varphi}{\partial x_2^2}, \quad \frac{\partial^3 \varphi}{\partial x_1^3}, \quad \frac{\partial^3 \varphi}{\partial x_1^2 \partial x_2}, \quad \frac{\partial^3 \varphi}{\partial x_1 \partial x_2^2}, \quad \frac{\partial^3 \varphi}{\partial x_2^3},$$

durch deren Elimination sich eine Beziehung von der Form ergiebt

$$(19) \qquad F_1\left(x_2, \frac{\partial \varphi}{\partial x_1}, \frac{\partial \varphi}{\partial x_2}\right) = 0,$$

in welche die Variable x_1 nicht eintritt. Die beiden Gleichungen (16) und (19) verlangen nun, dass $\frac{\partial \varphi}{\partial x_1}$ und $\frac{\partial \varphi}{\partial x_2}$ von x_1 unabhängig sind, und dass daher, weil dasselbe für die anderen Variablen gelten soll,

$$(20) \qquad \varphi = b x_1 + \Phi(x_2, y_2, z_2, x_3, y_3, z_3)$$

ist, worin b eine Constante bedeutet, und somit nach (17) auch $\frac{\partial f}{\partial x_1}$ und $\frac{\partial f}{\partial x_2}$ von x_1 unabhängig und f von der Form

$$(21) \qquad f = a x_1 + F(x_2, y_2, z_2, x_3, y_3, z_3),$$

worin a wiederum eine Constante darstellt. Und die eben gefundenen Formen für f und φ sind, wie unmittelbar zu sehen, nicht nur die nothwendigen, sondern auch die hinreichenden Bedingungen dafür, dass das kinetische Potential H von x_1 unabhängig ist, wenn noch die Kräftefunction der Bedingung unterworfen wird, von der Form zu sein

$$(22) \begin{cases} U = (y_1 - a x_1 - F)\chi_1(x_1, y_1, z_1, x_2, y_2, z_2, x_3, y_3, z_3) \\ \quad + (z_1 - b x_1 - \Phi)\chi_2(x_1, y_1, z_1, x_2, y_2, z_2, x_3, y_3, z_3) \\ \quad + \chi(y_1 - a x_1, z_1 - b x_1, x_2, y_2, z_2, x_3, y_3, z_3). \end{cases}$$

Da nunmehr wegen der Form des kinetischen Potentials

$$(23) \begin{cases} H = -\frac{m_1}{2}(1 + a^2 + b^2)\, x_1'^2 \\ \quad - \frac{1}{2}\left(m_2 + m_1\left(\frac{\partial F}{\partial x_2}\right)^2 + m_1\left(\frac{\partial \Phi}{\partial x_2}\right)^2\right) x_2'^2 \\ \quad - \frac{1}{2}\left(m_2 + m_1\left(\frac{\partial F}{\partial y_2}\right)^2 + m_1\left(\frac{\partial \Phi}{\partial y_2}\right)^2\right) y_2'^2 + \cdots \\ \quad - m_1\left(a\, \frac{\partial F}{\partial x_2} + b\, \frac{\partial \Phi}{\partial x_2}\right) x_1' x_2' \\ \quad - m_1\left(a\, \frac{\partial F}{\partial y_2} + b\, \frac{\partial \Phi}{\partial y_2}\right) x_1' y_2' - \cdots \\ \quad - m_1\left(\frac{\partial F}{\partial x_2}\frac{\partial F}{\partial y_2} + \frac{\partial \Phi}{\partial x_2}\frac{\partial \Phi}{\partial y_2}\right) x_2' y_2' - \cdots \\ \quad - \chi(F, \Phi, x_2, y_2, z_2, x_3, y_3, z_3) \end{cases}$$

die zu x_1 gehörige Lagrange'sche Gleichung
$$\frac{\partial H}{\partial x_1'} = cm_1,$$
worin c eine Integrationsconstante bedeutet, die Form annimmt
$$(24) \qquad (1 + a^2 + b^2) x_1' = -c - a\frac{dF}{dt} - b\frac{d\Phi}{dt},$$
so ergiebt sich durch Einsetzen des Werthes von x_1' in die sechs folgenden Bewegungsgleichungen z. B. aus der ersten dieser
$$\left(\frac{\partial H}{\partial x_2}\right) - \frac{d}{dt}\left(\frac{\partial H}{\partial x_2'}\right) = 0,$$
wenn alle äusseren Kräfte gleich Null vorausgesetzt sind, und weil
$$\frac{\partial (H)}{\partial x_2} = \left(\frac{\partial H}{\partial x_2}\right) + \left(\frac{\partial H}{\partial x_1'}\right)\frac{\partial x_1'}{\partial x_2} = \left(\frac{\partial H}{\partial x_2}\right) + cm_1\frac{\partial x_1'}{\partial x_2},$$
$$\frac{\partial (H)}{\partial x_2'} = \left(\frac{\partial H}{\partial x_2'}\right) + \left(\frac{\partial H}{\partial x_1'}\right)\frac{\partial x_1'}{\partial x_2'} = \left(\frac{\partial H}{\partial x_2'}\right) + cm_1\frac{\partial x_1'}{\partial x_2'},$$
wenn
$$(25) \qquad \mathfrak{H} = (H) - cm_1 x_1'$$
gesetzt wird, die Lagrange'sche Gleichung
$$\frac{\partial \mathfrak{H}}{\partial x_2} - \frac{d}{dt}\frac{\partial \mathfrak{H}}{\partial x_2'} = 0,$$
und ebenso für dasselbe kinetische Potential $\mathfrak{H}$ die anderen fünf Bewegungsgleichungen.

Setzt man nun den Werth von x_1' aus der Gleichung (24) in (25) ein, so ergiebt sich das kinetische Potential in der Form
$$(26) \begin{cases} \mathfrak{H} = -\frac{m_1}{2}\frac{1+b^2}{1+a^2+b^2}\left(\frac{dF}{dt}\right)^2 - \frac{m_1}{2}\frac{1+a^2}{1+a^2+b^2}\left(\frac{d\Phi}{dt}\right)^2 \\ \quad + m_1\frac{ab}{1+a^2+b^2}\frac{dF}{dt}\frac{d\Phi}{dt} + m_1\frac{ac}{1+a^2+b^2}\frac{dF}{dt} \\ \quad + m_1\frac{bc}{1+a^2+b^2}\frac{d\Phi}{dt} + \frac{m_1}{2}\frac{c^2}{1+a^2+b^2} \\ \quad - \frac{m_2}{2}(x_2'^2 + y_2'^2 + z_2'^2) - \frac{m_3}{2}(x_3'^2 + y_3'^2 + z_3'^2) \\ \quad - \chi(F, \Phi, x_2, y_2, z_2, x_3, y_3, z_3), \end{cases}$$

und wir finden somit, *dass die nothwendige und hinreichende Bedingung dafür, dass für die Bewegung von drei materiellen Punkten, deren Coordinaten zwei Bedingungsgleichungen unterliegen, von den sieben Bewegungsgleichungen eine in einen vollständigen nach der Zeit genommenen Differentialquotienten übergeht, oder was damit identisch ist, das kinetische Potential von einer der sieben Coordinaten unabhängig ist, die ist, dass die Bedingungsgleichungen die Form haben*

$$y_1 = ax_1 + F, \quad z_1 = bx_1 + \Phi,$$

worin a und b Constanten sind, und F sowie Φ nur von

$$x_2, y_2, z_2, x_3, y_3, z_3$$

abhängen, ausserdem die Kräftefunction die Gestalt besitzt

$$\begin{aligned}U = &(y_1 - ax_1 - F)\,\chi_1(x_1, y_1, z_1, x_2, y_2, z_2, x_3, y_3, z_3) \\ &+ (z_1 - bx_1 - \Phi)\,\chi_2(x_1, y_1, z_1, x_2, y_2, z_2, x_3, y_3, z_3) \\ &+ \chi(y_1 - ax_1, z_1 - bx_1, x_2, y_2, z_2, x_3, y_3, z_3);\end{aligned}$$

in diesem Falle nehmen die sechs Bewegungsgleichungen für die Coordinaten $x_2, y_2, z_2, x_3, y_3, z_3$ wieder die Lagrange'sche Form für das durch die Gleichung (26) *gegebene kinetische Potential $\mathfrak{H}$ an.*

Die oben gefundene Form der Kräftefunction bedingt für die auf den ersten Punkt wirkende Kraft, wenn $\chi_1 = 0$, $\chi_2 = 0$ angenommen werden, die Beziehung

$$X_1 = -aY_1 - bZ_1.$$

Soll das kinetische Potential wiederum die Form (10) haben, also W durch den Ausdruck (11) bestimmt sein, so wird

$$\varphi_2(r)\left(\frac{dr}{dt}\right)^2 = \frac{m_1}{2}\frac{1+b^2}{1+a^2+b^2}\left(\frac{dF}{dt}\right)^2 + \frac{m_1}{2}\frac{1+a^2}{1+a^2+b^2}\left(\frac{d\Phi}{dt}\right)^2 \\ - m_1\frac{ab}{1+a^2+b^2}\frac{dF}{dt}\frac{d\Phi}{dt},$$

$$\varphi_1(r)\frac{dr}{dt} = -m_1\frac{ac}{1+a^2+b^2}\frac{dF}{dt} - m_1\frac{bc}{1+a^2+b^2}\frac{d\Phi}{dt},$$

$$\varphi_0(r) = -\frac{m_1}{2}\frac{c^2}{1+a^2+b^2} + \chi(F, \Phi, x_2, y_2, z_2, x_3, y_3, z_3)$$

sein müssen, woraus leicht

$$\frac{dF}{dt} = \frac{-a(1+a^2+b^2)\varphi_1(r)+b\sqrt{2m_1 c^2(a^2+b^2)\varphi_2(r)-(1+a^2+b^2)\varphi_1(r)^2}}{m_1 c(a^2+b^2)} \cdot \frac{dr}{dt},$$

$$\frac{d\Phi}{dt} = \frac{-b(1+a^2+b^2)\varphi_1(r)-a\sqrt{2m_1 c^2(a^2+b^2)\varphi_2(r)-(1+a^2+b^2)\varphi_1(r)^2}}{m_1 c(a^2+b^2)} \cdot \frac{dr}{dt}$$

folgt, und somit

(27) $$F = \int \frac{-a(1+a^2+b^2)\varphi_1(r)+b\sqrt{2m_1 c^2(a^2+b^2)\varphi_2(r)-(1+a^2+b^2)\varphi_1(r)^2}}{m_1 c(a^2+b^2)} dr$$

und

(28) $$\Phi = \int \frac{-b(1+a^2+b^2)\varphi_1(r)-a\sqrt{2m_1 c^2(a^2+b^2)\varphi_2(r)-(1+a^2+b^2)\varphi_1(r)^2}}{m_1 c(a^2+b^2)} dr$$

reine Functionen von r, ausserdem

(29) $$\varphi_0(r) = -\frac{m_1}{2} \frac{c^2}{1+a^2+b^2} + \chi(F(r), \Phi(r), x_2, y_2, z_2, x_3, y_3, z_3),$$

also

(30) $$\begin{cases} U = (y_1 - ax_1 - F(r))\chi_1(x_1, y_1, z_1, x_2, y_2, z_2, x_3, y_3, z_3) \\ \quad + (z_1 - bx_1 - \Phi(r))\chi_2(x_1, y_1, z_1, x_2, y_2, z_2, x_3, y_3, z_3) \\ \quad + \chi(y_1 - ax_1, z_1 - bx_1, r), \end{cases}$$

und die Bedingungsgleichungen zwischen den Coordinaten

(31) $$y_1 = ax_1 + F(r), \quad z_1 = bx_1 + \Phi(r).$$

Wir finden somit, *dass die nothwendige und hinreichende Bedingung dafür, dass für die Bewegung von drei materiellen Punkten m_1, m_2, m_3, deren Coordinaten zwei Bedingungen unterliegen, von den sieben Bewegungsgleichungen eine in einen vollständigen nach der Zeit genommenen Differentialquotienten übergeht, während die übrigen sechs in Folge dessen nach Elimination der Coordinaten des einen Punktes wieder die Lagrange'sche Form annehmen, und dass ferner das kinetische Potential dieser letzteren sich aus der negativen Summe der lebendigen Kraft der beiden anderen Punkte und aus einer Function der Entfernung r derselben und deren nach der Zeit genommenen Ableitung zusammensetzt, die ist, dass die beiden Bedingungsgleichungen zwischen den Coordinaten die Form* (31) *haben, worin $F(r)$ und $\Phi(r)$ durch die Ausdrücke* (27) *und* (28), *in* welchen $\varphi_1(r)$ und $\varphi_2(r)$ beliebige Functionen von r bedeuten, bestimmt sind, und dass ferner die Kräftefunction durch einen Ausdruck von der Form (30) dargestellt ist. Dann wird das kinetische Potential für die Bewegung der beiden Punkte

$$(32) \begin{cases} \mathfrak{H} = -\frac{m_2}{2}(x_2'^2 + y_2'^2 + z_2'^2) - \frac{m_2}{2}(x_3'^2 + y_3'^2 + z_3'^2) \\ \quad -\varphi_2(r)\left(\frac{dr}{dt}\right)^2 - \varphi_1(r)\frac{dr}{dt} + \frac{m_1}{2}\frac{c^2}{1+a^2+b^2} - \chi(F, \Phi, r) \end{cases}$$

lauten, und nach (24) die Coordinaten x_1, y_1, z_1 durch die Ausdrücke gegeben sein

$$x_1 = -\frac{c}{1+a^2+b^2}t + \frac{1}{m_1 c}\int \varphi_1(r)\,dr,$$

$$y_1 = -\frac{ac}{1+a^2+b^2}t$$
$$\quad + \int \frac{-a\varphi_1(r) + b\sqrt{2m_1 c^2(a^2+b^2)\varphi_2(r) - (1+a^2+b^2)\varphi_1(r)^2}}{m_1 c(a^2+b^2)}\,dr,$$

$$z_1 = -\frac{bc}{1+a^2+b^2}t$$
$$\quad + \int \frac{-b\varphi_1(r) - a\sqrt{2m_1 c^2(a^2+b^2)\varphi_2(r) - (1+a^2+b^2)\varphi_1(r)^2}}{m_1 c(a^2+b^2)}\,dr.$$

Wollte man wiederum auf das Weber'sche Gesetz geführt werden, so müsste man

$$\varphi_1(r) = 0, \quad \varphi_2(r) = \frac{m_2 m_3}{k^2}\frac{1}{r},$$
$$U = \chi(F, \Phi, r) = \frac{m_2 m_3}{r} + \frac{m_1}{2}\frac{c^2}{1+a^2+b^2}$$

setzen, wofür das kinetische Potential (32) die Form annimmt

$$\mathfrak{H} = -\frac{m_2}{2}(x_2'^2 + y_2'^2 + z_2'^2) - \frac{m_2}{2}(x_3'^2 + y_3'^2 + z_3'^2) \\ - \frac{m_2 m_3}{r}\left(1 + \frac{r'^2}{k^2}\right),$$

während die Bedingungsgleichungen zwischen den Coordinaten nach (27) und (28) in

$$y_1 = ax_1 + \frac{2b}{k}\sqrt{\frac{2m_2 m_3}{m_1(a^2+b^2)}}\, r^{\frac{1}{2}},$$

$$z_1 = bx_1 - \frac{2a}{k}\sqrt{\frac{2m_2 m_3}{m_1(a^2+b^2)}}\, r^{\frac{1}{2}}$$

übergehen, und die Coordinaten x_1, y_1, z_1 durch die Ausdrücke gegeben sind

$$x_1 = -\frac{c}{1+a^2+b^2}\, t,$$

$$y_1 = -\frac{ac}{1+a^2+b^2}\, t + \frac{2b}{k}\sqrt{\frac{2m_2 m_3}{m_1(a^2+b^2)}}\, r^{\frac{1}{2}},$$

$$z_1 = -\frac{bc}{1+a^2+b^2}\, t - \frac{2a}{k}\sqrt{\frac{2m_2 m_3}{m_1(a^2+b^2)}}\, r^{\frac{1}{2}}.$$

Nimmt man $b = a$, so gehen die Bedingungsgleichungen in

$$y_1 = ax_1 + \frac{2}{k}\sqrt{\frac{m_2 m_3}{m_1}}\, r^{\frac{1}{2}},$$

$$z_1 = ax_1 - \frac{2}{k}\sqrt{\frac{m_2 m_3}{m_1}}\, r^{\frac{1}{2}},$$

und die Ausdrücke der Coordinaten des ersten Punktes durch die Zeit in

$$x_1 = -\frac{c}{1+2a^2}\, t,$$

$$y_1 = -\frac{ac}{1+2a^2}\, t + \frac{2}{k}\sqrt{\frac{m_2 m_3}{m_1}}\, r^{\frac{1}{2}},$$

$$z_1 = -\frac{ac}{1+2a^2}\, t - \frac{2}{k}\sqrt{\frac{m_2 m_3}{m_1}}\, r^{\frac{1}{2}}$$

über, und setzt man endlich $a = 0$, so folgt, *dass wenn von drei Massenpunkten der eine der Bedingung unterliegt, dass seine Entfernung von zwei auf einander senkrecht stehenden Ebenen stets der Quadratwurzel aus der Entfernung der beiden anderen Massenpunkte von einander, mit demselben aber im Zeichen entgegengesetzten Factor, proportional bleibt, während sich die letzteren nach dem Newton'schen Gesetze anziehen, sich die Bewegung dieser nach dem Weber'schen Gesetze vollzieht.*

Die Kräftefunction ist dann von der Form
$$U = \frac{m_2 m_3}{r} + \frac{m_1}{2} c^2,$$
worin c die x-Componente der Anfangsgeschwindigkeit des ersten Punktes bedeutet.

§ 15.

Erweiterung des Helmholtz'schen Princips von der verborgenen Bewegung für die allgemeinen kinetischen Potentiale erster Ordnung.

Der Gedanke, welcher Helmholtz bei der Einführung seines Princips in die Mechanik wägbarer Massen leitete, war, für physikalische Vorgänge, welche sich durch Lagrange'sche Gleichungen beschreiben liessen, deren kinetisches Potential sich nicht sichtbar in actuelle und potentielle Energie auflöste, und das ausser den quadratischen Gliedern in den Ableitungen der Coordinaten noch lineare Glieder besass, eine grössere Anzahl wägbarer materieller Punkte mit einem dazu gehörigen kinetischen Potential im gewöhnlichen Sinne einzuführen, deren Lagrange'sche Gleichungen bei einer Elimination der Coordinaten der neu eingeführten Punkte auf die Lagrange'schen Gleichungen jener physikalischen Vorgänge zurückführen.

Wir wollen nun im Folgenden das Eliminationsproblem der Coordinaten zwischen den Lagrange'schen Bewegungsgleichungen ganz allgemein auch für die erweiterten Lagrange'schen Gleichungen angreifen, jedoch der Einfachheit der Darstellung wegen die Annahme machen, dass das kinetische Potential H nur von den Coordinaten und deren ersten Ableitungen abhänge, also erster Ordnung sei, im Uebrigen aber eine willkürliche, von der Zeit freie Function dieser Grössen ist; die Ausdehnung auf den Fall, dass das kinetische Potential die Ableitungen der Coordinaten in beliebig hoher Ordnung enthält, wird unmittelbar ersichtlich sein[*]).

---

[*]) Wie eben dieses Problem auf Grund des Hamilton'schen Princips als eine Aufgabe der Variationsrechnung behandelt werden kann, wird eine spätere Untersuchung zeigen.

Das Problem, das im Folgenden gelöst werden soll, wird somit lauten:

Unter welchen Bedingungen wird die Elimination einer Anzahl von Coordinaten in einem Systeme Lagrange'scher Gleichungen mit einem kinetischen Potentiale erster Ordnung wiederum auf Lagrange'sche Gleichungen mit einem Potentiale erster Ordnung führen?

Suchen wir zunächst die nothwendigen und hinreichenden Bedingungen dafür, dass die linken Seiten der ersten ϱ Lagrangeschen Bewegungsgleichungen sich als vollständige nach der Zeit genommene Differentialquotienten einer Function der Coordinaten und deren Ableitungen darstellen lassen, dass also

$$\frac{\partial H}{\partial p_r} - \frac{d}{dt}\frac{\partial H}{\partial p'_r} = \frac{dK_r}{dt} \quad \text{oder} \quad \frac{\partial H}{\partial p_r} = \frac{d}{dt}\left(K_r + \frac{\partial H}{\partial p'_r}\right)$$

ist, so wird unter Beibehaltung der vorher gebrauchten Bezeichnungen

$$K_r + \frac{\partial H}{\partial p'_r} = \omega_r(p_1, \ldots, p_\varrho,\ \mathfrak{p}_1, \ldots, \mathfrak{p}_\sigma),$$

da $\dfrac{\partial H}{\partial p_r}$ die zweiten Ableitungen der Coordinaten nicht enthält, von den ersten Ableitungen derselben frei sein müssen, und somit $\dfrac{\partial H}{\partial p_r}$ als totaler Differentialquotient einer reinen Function der Coordinaten eine lineare Function der ersten Ableitungen derselben von der Form sein

(1) $$\frac{\partial H}{\partial p_r} = \frac{d\omega_r}{dt},$$

woraus sich unmittelbar, wenn r_1 und r_2 zwei Zahlen aus der Reihe $1, 2, \ldots, \varrho$ bedeuten,

(2) $$\frac{d}{dt}\frac{\partial \omega_{r_1}}{\partial p_{r_2}} = \frac{d}{dt}\frac{\partial \omega_{r_2}}{\partial p_{r_1}},$$

also

(3) $$\frac{\partial \omega_{r_1}}{\partial p_{r_2}} = \frac{\partial \omega_{r_2}}{\partial p_{r_1}} + c_{r_1 r_2}$$

ergiebt, worin $c_{r_1 r_2}$ Constanten bedeuten, für welche

$$c_{r_2 r_1} = - c_{r_1 r_2}$$

ist.

Multiplicirt man nun die Gleichung (1) mit dp_r und addirt die so erhaltenen Gleichungen für $r = 1, 2, \ldots, \varrho$, so folgt

$$\frac{\partial H}{\partial p_1} dp_1 + \frac{\partial H}{\partial p_2} dp_2 + \cdots + \frac{\partial H}{\partial p_\varrho} dp_\varrho$$

$$= p_1' \left(\frac{\partial \omega_1}{\partial p_1} dp_1 + \cdots + \frac{\partial \omega_\varrho}{\partial p_1} dp_\varrho \right) + \cdots$$

$$+ p_\varrho' \left(\frac{\partial \omega_1}{\partial p_\varrho} dp_1 + \cdots + \frac{\partial \omega_\varrho}{\partial p_\varrho} dp_\varrho \right)$$

$$+ \mathfrak{p}_1' \left(\frac{\partial \omega_1}{\partial \mathfrak{p}_1} dp_1 + \cdots + \frac{\partial \omega_\varrho}{\partial \mathfrak{p}_1} dp_\varrho \right) + \cdots$$

$$+ \mathfrak{p}_\sigma' \left(\frac{\partial \omega_1}{\partial \mathfrak{p}_\sigma} dp_1 + \cdots + \frac{\partial \omega_\varrho}{\partial \mathfrak{p}_\sigma} dp_\varrho \right),$$

oder vermöge (3) durch Integration

$$H = p_1' (\omega_1 + c_{21} p_2 + \cdots + c_{\varrho 1} p_\varrho) + \cdots$$

$$+ p_\varrho' (\omega_\varrho + c_{1\varrho} p_1 + \cdots + c_{\varrho-1\, \varrho} p_{\varrho-1})$$

$$+ \mathfrak{p}_1' \int \left(\frac{\partial \omega_1}{\partial \mathfrak{p}_1} dp_1 + \cdots + \frac{\partial \omega_\varrho}{\partial \mathfrak{p}_1} dp_\varrho \right) + \cdots$$

$$+ \mathfrak{p}_\sigma' \int \left(\frac{\partial \omega_1}{\partial \mathfrak{p}_\sigma} dp_1 + \cdots + \frac{\partial \omega_\varrho}{\partial \mathfrak{p}_\sigma} dp_\varrho \right)$$

$$+ \Omega\, (\mathfrak{p}_1, \ldots, \mathfrak{p}_\sigma,\, \mathfrak{p}_1', \ldots, \mathfrak{p}_\sigma',\, p_1', \ldots, p_\varrho'),$$

worin Ω eine willkürliche Function der eingeschlossenen Grössen bedeutet, und die Coefficienten von $\mathfrak{p}_1', \ldots, \mathfrak{p}_\sigma'$ vermöge der Gleichungen (3) Integrale von vollständigen Differentialausdrücken in den Variabeln $p_1, \ldots, p_\varrho$ darstellen. Setzt man endlich

$$\omega_r - \tfrac{1}{2} c_{r1} p_1 - \cdots - \tfrac{1}{2} c_{r\, r-1} p_{r-1} - \tfrac{1}{2} c_{r\, r+1} p_{r+1} - \cdots$$

$$- \tfrac{1}{2} c_{r\varrho}\, p_\varrho = \overline{\omega}_r,$$

Erweitertes Princip der verborgenen Bewegung. 131

so werden $\overline{\omega}_r$ Functionen von $p_1, \ldots, p_\varrho, \mathfrak{p}_1, \ldots, \mathfrak{p}_\sigma$ bedeuten, welche nach (3) der Bedingung genügen

(4) $$\frac{\partial \overline{\omega}_{r_1}}{\partial p_{r_2}} = \frac{\partial \overline{\omega}_{r_2}}{\partial p_{r_1}},$$

und es ergiebt sich für das kinetische Potential H als nothwendige Bedingung dafür, dass die ersten ϱ Lagrange'schen Gleichungen in vollständige nach der Zeit genommene Differentialquotienten übergehen, die Form

$$H = p_1' \overline{\omega}_1 + \cdots + p_\varrho' \overline{\omega}_\varrho + \mathfrak{p}_1' \int \left(\frac{\partial \overline{\omega}_1}{\partial \mathfrak{p}_1} dp_1 + \cdots + \frac{\partial \overline{\omega}_\varrho}{\partial \mathfrak{p}_1} dp_\varrho \right) + \cdots$$
$$+ \mathfrak{p}_\sigma' \int \left(\frac{\partial \overline{\omega}_1}{\partial \mathfrak{p}_\sigma} dp_1 + \cdots + \frac{\partial \overline{\omega}_\varrho}{\partial \mathfrak{p}_\sigma} dp_\varrho \right)$$
$$+ \frac{1}{2} \sum_1^\varrho p_r'(c_{1r} p_1 + c_{2r} p_2 + \cdots + c_{\varrho r} p_\varrho)$$
$$+ \Omega(\mathfrak{p}_1, \ldots, \mathfrak{p}_\sigma, \mathfrak{p}_1', \ldots, \mathfrak{p}_\sigma', p_1', \ldots, p_\varrho'),$$

oder da nach dem Hülfsatze 3. zu jedem kinetischen Potential erster Ordnung der nach t genommene Differentialquotient einer beliebigen Function von $t, p_1, \ldots, p_\varrho, \mathfrak{p}_1, \ldots, \mathfrak{p}_\sigma$ hinzugefügt werden darf, und

$$p_1' \omega_1 + \cdots + p_\varrho' \omega_\varrho + \mathfrak{p}_1' \int \left(\frac{\partial \overline{\omega}_1}{\partial \mathfrak{p}_1} dp_1 + \cdots + \frac{\partial \overline{\omega}_\varrho}{\partial \mathfrak{p}_1} dp_\varrho \right) + \cdots$$
$$+ \mathfrak{p}_\sigma' \int \left(\frac{\partial \overline{\omega}_1}{\partial \mathfrak{p}_\sigma} dp_1 + \cdots + \frac{\partial \overline{\omega}_\varrho}{\partial \mathfrak{p}_\sigma} dp_\varrho \right)$$

der nach t genommene Differentialquotient von

$$\int (\overline{\omega}_1 dp_1 + \overline{\omega}_2 dp_2 + \cdots + \overline{\omega}_\varrho dp_\varrho)$$

ist, *die Form*

(5) $$H = \sum_1^\varrho p_r'(C_{r\,r+1} p_{r+1} + C_{r\,r+2} p_{r+2} + \cdots + C_{r\varrho} p_\varrho)$$
$$+ \Omega(\mathfrak{p}_1, \ldots, \mathfrak{p}_\sigma, \mathfrak{p}_1', \ldots, \mathfrak{p}_\sigma', p_1', \ldots, p_\varrho'),$$

worin $C_{r\,r+1}, \ldots, C_{r\varrho}$ willkürliche Constanten bedeuten; diese Form ist aber auch die hinreichende.

Denn aus derselben folgt unmittelbar für das System der ersten ϱ Lagrange'schen Gleichungen

$$- C_{1r} p'_1 - C_{2r} p'_2 - \cdots - C_{r-1\,r} p'_{r-1} + C_{r\,r+1} p'_{r+1}$$
$$+ C_{r\,r+2} p'_{r+2} + \cdots + C_{r\varrho} p'_\varrho + \frac{d}{dt} \frac{\partial \Omega}{\partial p'_r} = - P_r$$

oder nach t integrirt

(6) $\quad - C_{1r} p_1 - C_{2r} p_2 - \cdots - C_{r-1\,r} p_{r-1} + C_{r\,r+1} p_{r+1}$
$$+ C_{r\,r+2} p_{r+2} + \cdots + C_{r\varrho} p_\varrho + \frac{\partial \Omega}{\partial p'_r} = h_r - \int P_r \, dt,$$

worin h_r eine Integrationsconstante bedeutet, und die äussern Kräfte gegebene Functionen der Zeit sein mögen.

Sollen nun mit Hülfe von (6) die ϱ Coordinaten $p_1, \ldots, p_\varrho$ und deren erste Ableitungen aus den weiteren σ Bewegungsgleichungen

(7) $$\qquad \frac{\partial H}{\partial \mathfrak{p}_\sigma} - \frac{d}{dt} \frac{\partial H}{\partial \mathfrak{p}'_\sigma} = \mathfrak{P}_\sigma$$

eliminirt werden, so sind zwei und nur zwei Annahmen statthaft:

a) wir nehmen an, die Gleichungen (6) sind von den Coordinaten $p_1, \ldots, p_\varrho$ unabhängig, und entwickeln die Werthe von $p'_1, \ldots, p'_\varrho$ aus denselben, so werden, da diese ϱ Coordinaten in Ω nicht enthalten sind,

$$C_{1r} = C_{2r} = \cdots = C_{r-1\,r} = C_{r\,r+1} = C_{r\,r+2} = \cdots = C_{r\varrho} = 0$$

sein müssen, und es mögen die aus den Gleichungen

(8) $$\qquad \frac{\partial \Omega}{\partial p'_r} = h_r - \int P_r \, dt$$

sich ergebenden Werthe von $p'_1, \ldots, p'_\varrho$, zu deren Ermittlung vorausgesetzt werden muss, dass die Determinante der zweiten partiellen Differentialquotienten von Ω nach den Ableitungen der Coordinaten $p_1, \ldots, p_\varrho$ von Null verschieden ist, durch

(9) $$\begin{cases} p'_1 = \Omega_1(t, \mathfrak{p}_1, \ldots, \mathfrak{p}_\sigma, \mathfrak{p}'_1, \ldots, \mathfrak{p}'_\sigma), \\ \cdot \quad \cdot \quad \cdot \quad \cdot \quad \cdot \quad \cdot \quad \cdot \quad \cdot \quad \cdot \\ p'_\varrho = \Omega_\varrho(t, \mathfrak{p}_1, \ldots, \mathfrak{p}_\sigma, \mathfrak{p}'_1, \ldots, \mathfrak{p}'_\sigma) \end{cases}$$

dargestellt werden, worin t nicht explicite eintritt, wenn die äussern Kräfte $P_1, \ldots, P_\varrho$ Null sind. Bildet man nun aus (5) das System der σ Lagrange'schen Gleichungen (7), so ergeben sich diese zunächst in der Form

$$\frac{\partial \Omega}{\partial \mathfrak{p}_s} - \frac{d}{dt}\frac{\partial \Omega}{\partial \mathfrak{p}'_s} = \mathfrak{P}_s,$$

worin Ω eine Function von $\mathfrak{p}_1, \ldots, \mathfrak{p}_\sigma, \mathfrak{p}'_1, \ldots, \mathfrak{p}'_\sigma, p'_1, \ldots, p'_\varrho$ ist, oder nach Substitution der Werthe (9) für $p'_1, \ldots, p'_\varrho$ in der stets gebrauchten Bezeichnung

(10) $$\left(\frac{\partial \Omega}{\partial \mathfrak{p}_s}\right) - \frac{d}{dt}\left(\frac{\partial \Omega}{\partial \mathfrak{p}'_s}\right) = \mathfrak{P}_s.$$

Da aber nach (8)

$$\frac{\partial (\Omega)}{\partial \mathfrak{p}_s} = \left(\frac{\partial \Omega}{\partial \mathfrak{p}_s}\right) + \left(h_1 - \int P_1\, dt\right)\frac{\partial \Omega_1}{\partial \mathfrak{p}_s} + \cdots + \left(h_\varrho - \int P_\varrho\, dt\right)\frac{\partial \Omega_\varrho}{\partial \mathfrak{p}_s}$$

$$\frac{\partial (\Omega)}{\partial \mathfrak{p}'_s} = \left(\frac{\partial \Omega}{\partial \mathfrak{p}'_s}\right) + \left(h_1 - \int P_1\, dt\right)\frac{\partial \Omega_1}{\partial \mathfrak{p}'_s} + \cdots + \left(h_\varrho - \int P_\varrho\, dt\right)\frac{\partial \Omega_\varrho}{\partial \mathfrak{p}'_s},$$

so gehen die Gleichungen (10), wenn

$$\mathfrak{H} = (\Omega) - \left(h_1 - \int P_1\, dt\right)\Omega_1 - \cdots - \left(h_\varrho - \int P_\varrho\, dt\right)\Omega_\varrho$$

gesetzt wird, worin $\mathfrak{H}$ eine Function der $t, \mathfrak{p}_1, \ldots, \mathfrak{p}_\sigma, \mathfrak{p}'_1, \ldots, \mathfrak{p}'_\sigma$ bedeutet, in

$$\frac{\partial \mathfrak{H}}{\partial \mathfrak{p}_s} - \frac{d}{dt}\frac{\partial \mathfrak{H}}{\partial \mathfrak{p}'_s} = \mathfrak{P}_s$$

über, und es behalten somit die Lagrange'schen Bewegungsgleichungen ihre ursprüngliche Form, während das kinetische Potential $\mathfrak{H}$ derselben eine ganz anders gestaltete Function der Coordinaten $\mathfrak{p}_1, \ldots, \mathfrak{p}_\sigma$ und deren ersten Ableitungen wird, als es das gegebene Potential H war.

Fassen wir zunächst den ersten Theil des sich ergebenden Satzes zusammen, so finden wir,

dass die nothwendige und hinreichende Bedingung dafür, dass die den Coordinaten $p_1, \ldots, p_\varrho$ entsprechenden linken Seiten *der Lagrange'schen Bewegungsgleichungen für ein von t freies kinetisches Potential H vollständige nach der Zeit genommene Ableitungen von Functionen aller Coordinaten und deren ersten Ableitungen sind, die jedoch die Coordinaten $p_1, \ldots, p_\varrho$ selbst nicht enthalten, die ist, dass das kinetische Potential die Form hat*

(11) $\qquad H = \Omega(\mathfrak{p}_1, \ldots, \mathfrak{p}_\sigma, \mathfrak{p}'_1, \ldots, \mathfrak{p}'_\sigma, p'_1, \ldots, p'_\varrho),$

worin Ω eine beliebige Function der eingeklammerten Grössen ist.

Dann gehen stets die weiteren σ Bewegungsgleichungen, wenn aus den ϱ ersten, welche die Form annehmen

$$\frac{\partial \Omega}{\partial p'_1} = h_1 - \int P_1 \, dt, \cdots, \frac{\partial \Omega}{\partial p'_\varrho} = h_\varrho - \int P_\varrho \, dt,$$

unter der Voraussetzung, dass die Determinante der zweiten Differentialquotienten von Ω nach $p'_1, \ldots, p'_\varrho$ nicht identisch verschwindet, die Grössen $p'_1, \ldots, p'_\varrho$ als Functionen von $t, \mathfrak{p}_1, \ldots, \mathfrak{p}_\sigma$ $\mathfrak{p}'_1, \ldots, \mathfrak{p}'_\sigma$ ermittelt und substituirt werden, und

$$\mathfrak{H} = (\Omega) - (h_1 - \int P_1 \, dt)(p'_1) - \cdots - (h_\varrho - \int P_\varrho \, dt)(p'_\varrho)$$

gesetzt wird, wiederum in die Lagrange'sche Form

$$\frac{\partial \mathfrak{H}}{\partial \mathfrak{p}_s} - \frac{d}{dt} \frac{\partial \mathfrak{H}}{\partial \mathfrak{p}'_s} = \mathfrak{P}_s$$

über, wobei $\mathfrak{H}$ wiederum ein kinetisches Potential erster Ordnung ist.

Die Form (11) des kinetischen Potentials ist von $p_1, \ldots, p_\varrho$ unabhängig, also

$$\frac{\partial H}{\partial p_1} = 0, \cdots, \frac{\partial H}{\partial p_\varrho} = 0,$$

und es werden somit die linken Seiten der ersten ϱ Lagrangeschen Gleichungen die vollständigen Differentialquotienten

$$\frac{d}{dt} \frac{\partial H}{\partial p'_1}, \cdots, \frac{d}{dt} \frac{\partial H}{\partial p'_\varrho},$$

welches der von Helmholtz für das kinetische Potential in der Mechanik wägbarer Massen

$$H = -T - U$$

betrachtete Fall ist, in dem, wenn die Bedingungsgleichungen die Zeit nicht explicite enthalten, die Ableitungen der Coordinaten nur in der zweiten Dimension eintreten, und die Gleichungen (6) daher linear in diesen sind; es ist somit ersichtlich,

dass für kinetische Potentiale in der Mechanik wägbarer Massen der von Helmholtz hervorgehobene Fall der verborgenen Bewegung, für welchen das kinetische Potential von einigen der Coordinaten unabhängig sein soll, der einzige ist, für den die zugehörigen Lagrange'schen Gleichungen in vollständige nach der Zeit genommene Differentialquotienten übergehen und — was dann stets der Fall ist — eine solche Elimination der Coordinaten gestatten, dass die resultirenden Bewegungsgleichungen wiederum die Lagrange'sche Form annehmen für ein kinetisches Potential erster Ordnung.

Der oben für beliebige kinetische Potentiale erster Ordnung entwickelte Satz liefert also zunächst eine Verallgemeinerung des Princips der verborgenen Bewegung nach der einen Richtung hin.

Gehen wir nun zu dem zweiten Theile der Untersuchung über, indem wir wiederum die nothwendige und hinreichende Form (5) des kinetischen Potentials H dafür zu Grunde legen, dass die ersten ϱ Lagrange'schen Gleichungen vollständige nach der Zeit genommene Differentialquotienten darstellen, und

b) annehmen, die Gleichungen (6) seien von den $p_1', \ldots, p_\varrho'$ unabhängig; es handelt sich dann darum, die Coordinaten $p_1, \ldots, p_\varrho$ aus diesen Gleichungen zu berechnen und in die weiteren σ Bewegungsgleichungen einzusetzen. Aus der gemachten Annahme folgt unmittelbar, dass

$$(12)\quad \Omega = p_1' \varphi_1(\mathfrak{p}_1, \ldots, \mathfrak{p}_\sigma, \mathfrak{p}_1', \ldots, \mathfrak{p}_\sigma') + \cdots + p_\varrho' \varphi_\varrho(\mathfrak{p}_1, \ldots, \mathfrak{p}_\sigma, \mathfrak{p}_1', \ldots, \mathfrak{p}_\sigma') \\ + \varphi(\mathfrak{p}_1, \ldots, \mathfrak{p}_\sigma, \mathfrak{p}_1', \ldots, \mathfrak{p}_\sigma'),$$

und das kinetische Potential nach (5) somit die Form annimmt

$$(13)\quad H = \sum_1^\varrho \{ p_r (C_{r\,r+1} p_{r+1} + C_{r\,r+2} p_{r+2} + \cdots + C_{r\varrho} p_\varrho \\ + \varphi_r(\mathfrak{p}_1, \ldots, \mathfrak{p}_\sigma, \mathfrak{p}_1', \ldots, \mathfrak{p}_\sigma') \} \\ + \varphi(\mathfrak{p}_1, \ldots, \mathfrak{p}_\sigma, \mathfrak{p}_1', \ldots, \mathfrak{p}_\sigma').$$

Dass dieser Fall in der Mechanik wägbarer Massen ausgeschlossen ist, geht daraus hervor, dass das kinetische Potential $p'_1, \ldots, p'_\varrho$ nur linear enthält. Bildet man nun wieder den Ausdruck

$$\frac{\partial H}{\partial \mathfrak{p}_s} - \frac{d}{dt}\frac{\partial H}{\partial \mathfrak{p}'_s},$$

so ergiebt sich, wie leicht zu sehen, wenn

(14) $$p'_1 \varphi_1 + \cdots + p'_\varrho \varphi_\varrho + \varphi = \Phi$$

gesetzt wird, worin Φ von $p_1, \ldots, p_\varrho$ unabhängig ist, die zweite Reihe der σ Lagrange'schen Gleichungen in der Form

(15) $$\frac{\partial \Phi}{\partial \mathfrak{p}_s} - \frac{d}{dt}\frac{\partial \Phi}{\partial \mathfrak{p}'_s} = \mathfrak{P}_s,$$

und es entsteht nun die Frage, ob für beliebige Functionen $\varphi_1, \varphi_2, \ldots, \varphi_\varrho, \varphi$ von $\mathfrak{p}_1, \ldots, \mathfrak{p}_\sigma, \mathfrak{p}'_1, \ldots, \mathfrak{p}'_\sigma$, wenn aus den ϱ ersten Lagrange'schen Gleichungen, die nach (6) und (12) die Form annehmen

(16) $$\begin{aligned}-C_{1r}p_1 - C_{2r}p_2 &- \cdots - C_{r-1\,r}p_{r-1} + C_{r\,r+1}p_{r+1} \\ &+ C_{r\,r+2}p_{r+2} + \cdots + C_{r\varrho}p_\varrho \\ = h_r &- \int P_r\,dt - \varphi_r(\mathfrak{p}_1,\ldots,\mathfrak{p}_\sigma,\,\mathfrak{p}'_1,\ldots,\mathfrak{p}'_\sigma) \quad (r=1,2,\ldots,\varrho),\end{aligned}$$

die Grössen $p_1, \ldots, p_\varrho$ durch $t, \mathfrak{p}_1, \ldots, \mathfrak{p}_\sigma, \mathfrak{p}'_1, \ldots, \mathfrak{p}'_\sigma$, also $p'_1, \ldots, p'_\varrho$ durch $t, \mathfrak{p}_1, \ldots, \mathfrak{p}_\sigma, \mathfrak{p}'_1, \ldots, \mathfrak{p}'_\sigma, \mathfrak{p}''_1, \ldots, \mathfrak{p}''_\sigma$ ausgedrückt und in (15) eingesetzt werden, die resultirende Gleichung

(17) $$\left(\frac{\partial \Phi}{\partial \mathfrak{p}_s}\right) - \frac{d}{dt}\left(\frac{\partial \Phi}{\partial \mathfrak{p}'_s}\right) = \mathfrak{P}_s$$

wiederum die Lagrange'sche Form annimmt.

Diese Untersuchung ist nun wesentlich schwieriger und hängt, wie wir sehen werden, mit späteren allgemeineren Betrachtungen eng zusammen, die uns auch hier veranlassen, die Frage nicht mit Hülfe der Transformation des Hamilton'schen Princips zu behandeln.

Da nach (14)

$$\frac{\partial \Phi}{\partial \mathfrak{p}_s} = \sum_{1}^{\varrho} p_r' \frac{\partial \varphi_r}{\partial \mathfrak{p}_s} + \frac{\partial \varphi}{\partial \mathfrak{p}_s}, \quad \frac{\partial \Phi}{\partial \mathfrak{p}_s'} = \sum_{1}^{\varrho} p_r' \frac{\partial \varphi_r}{\partial \mathfrak{p}_s'} + \frac{\partial \varphi}{\partial \mathfrak{p}_s'},$$

so geht die Gleichung (17) in

(18) $\quad \sum_{1}^{\varrho} (p_r') \frac{\partial \varphi_r}{\partial \mathfrak{p}_s} - \frac{d}{dt} \sum_{1}^{\varrho} (p_r') \frac{\partial \varphi_r}{\partial \mathfrak{p}_s'} + \frac{\partial \varphi}{\partial \mathfrak{p}_s} - \frac{d}{dt} \frac{\partial \varphi}{\partial \mathfrak{p}_s'} = \mathfrak{P}_s$

über, und es genügt, um die Möglichkeit der Umformung der linken Seite dieser Gleichung in die Lagrange'sche Form zu untersuchen, von den beiden letzten Posten abzusehen, da diese schon in der verlangten Form auftreten.

Differentiirt man die Gleichung (16) nach t, multiplicirt dieselbe mit (p_r') und summirt nach r von 1 bis ϱ, so ergiebt sich

(19) $\mathfrak{p}_1' \sum_{1}^{\varrho} (p_r') \frac{\partial \varphi_r}{\partial \mathfrak{p}_1} + \cdots + \mathfrak{p}_\sigma' \sum_{1}^{\varrho} (p_r') \frac{\partial \varphi_r}{\partial \mathfrak{p}_\sigma} + \mathfrak{p}_1'' \sum_{1}^{\varrho} (p_r') \frac{\partial \varphi_r}{\partial \mathfrak{p}_1'} + \cdots$

$\qquad + \mathfrak{p}_\sigma'' \sum_{1}^{\varrho} (p_r') \frac{\partial \varphi_r}{\partial \mathfrak{p}_\sigma'} = - \sum_{1}^{\varrho} P_r (p_r');$

differentiirt man die nach t differentiirte, nach erfolgter Substitution identische Gleichung (16) nach $\mathfrak{p}_s''$, multiplicirt dieselbe mit $\frac{\partial (p_r')}{\partial \mathfrak{p}_s''}$ und summirt wiederum nach r von 1 bis ϱ, so folgt

(20) $\quad \sum_{1}^{\varrho} \frac{\partial \varphi_r}{\partial \mathfrak{p}_s'} \frac{\partial (p_r')}{\partial \mathfrak{p}_s''} = 0 \qquad (s = 1, 2, \ldots \sigma).$

Setzen wir nun in der Gleichung (18)

$$\sum_{1}^{\varrho} (p_r') \frac{\partial \varphi_r}{\partial \mathfrak{p}_s} - \frac{d}{dt} \sum_{1}^{\varrho} (p_r') \frac{\partial \varphi_r}{\partial \mathfrak{p}_s'} = Q_s$$

oder

$$(21) \quad Q_s = \sum_1^\varrho {}_r(p_r') \frac{\partial \varphi_r}{\partial \mathfrak{p}_s} - \mathfrak{p}_1' \sum_1^\varrho {}_r \left((p_r') \frac{\partial^2 \varphi_r}{\partial \mathfrak{p}_s' \partial \mathfrak{p}_1} + \frac{\partial \varphi_r}{\partial \mathfrak{p}_s'} \frac{\partial (p_r')}{\partial \mathfrak{p}_1} \right) - \cdots$$

$$- \mathfrak{p}_\sigma' \sum_1^\varrho {}_r \left((p_r') \frac{\partial^2 \varphi_r}{\partial \mathfrak{p}_s' \partial \mathfrak{p}_\sigma} + \frac{\partial \varphi_r}{\partial \mathfrak{p}_s'} \frac{\partial (p_r')}{\partial \mathfrak{p}_\sigma} \right)$$

$$- \mathfrak{p}_1'' \sum_1^\varrho {}_r \left((p_r') \frac{\partial^2 \varphi_r}{\partial \mathfrak{p}_s' \partial \mathfrak{p}_1'} + \frac{\partial \varphi_r}{\partial \mathfrak{p}_s'} \frac{\partial (p_r')}{\partial \mathfrak{p}_1'} \right) - \cdots$$

$$- \mathfrak{p}_\sigma'' \sum_1^\varrho {}_r \left((p_r') \frac{\partial^2 \varphi_r}{\partial \mathfrak{p}_s' \partial \mathfrak{p}_\sigma'} + \frac{\partial \varphi_r}{\partial \mathfrak{p}_s'} \frac{\partial (p_r')}{\partial \mathfrak{p}_\sigma'} \right)$$

$$- \mathfrak{p}_1''' \sum_1^\varrho {}_r \frac{\partial \varphi_r}{\partial \mathfrak{p}_s'} \frac{\partial (p_1')}{\partial \mathfrak{p}_1''} - \cdots - \mathfrak{p}_\sigma''' \sum_1^\varrho {}_r \frac{\partial \varphi_r}{\partial \mathfrak{p}_s'} \frac{\partial (p_r')}{\partial \mathfrak{p}_\sigma''},$$

so ersieht man aus (20), dass der Coefficient von $\mathfrak{p}_1'''$ in Q_s im Allgemeinen nur Null wird, wenn $\lambda = s$ ist, oder dass Q_s eine lineare Function von

$$\mathfrak{p}_1''', \ldots, \mathfrak{p}_{s-1}''', \mathfrak{p}_{s+1}''', \ldots, \mathfrak{p}_\sigma'''$$

ist; daraus folgt aber schon, dass Q_s nicht, wie es sein sollte, sich in die Lagrange'sche Form mit einem kinetischen Potential erster Ordnung setzen lassen kann, da in derselben die Ableitungen dritter Ordnung nicht enthalten sein dürfen — ob kinetische Potentiale höherer als der ersten Ordnung eintreten können, wird erst eine spätere Untersuchung ergeben[*].

---

[*] Um zu untersuchen, ob im allgemeinen Falle Q_s ein kinetisches Potential zweiter Ordnung besitzt, also in der Form darstellbar ist

$$Q_s = \frac{\partial \mathfrak{H}_1}{\partial \mathfrak{p}_s} - \frac{d}{dt} \frac{\partial \mathfrak{H}_1}{\partial \mathfrak{p}_s'} + \frac{d^2}{dt^2} \frac{\partial \mathfrak{H}_1}{\partial \mathfrak{p}_s''},$$

werde bemerkt, dass, weil Q_s nach (21) linear in $\mathfrak{p}_1''', \ldots, \mathfrak{p}_\sigma'''$ ist, $\mathfrak{H}_1$ die Ableitungen $\mathfrak{p}_1'', \ldots, \mathfrak{p}_\sigma''$ auch nur linear wird enthalten dürfen. Um nun diese Gleichung befriedigen zu können, müssen nach dem Hülfsatz 4. die Grössen Q_s, welche $\mathfrak{p}_1'''', \ldots, \mathfrak{p}_s''''$ nicht enthalten, den Gleichungen identisch genügen

Unter der Voraussetzung, dass die in dem kinetischen Potential (13) enthaltenen Functionen $\varphi_1, \ldots, \varphi_\varrho, \varphi$ keiner Beschränkung unterliegen sollen, geht nur in dem Falle, wenn

$$(\alpha) \quad \frac{\partial Q_\varkappa}{\partial \mathfrak{p}_\lambda^{(\tau)}} - (\tau+1)_1 \frac{d}{dt} \frac{\partial Q_\varkappa}{\partial \mathfrak{p}_\lambda^{(\tau+1)}} + (\tau+2)_2 \frac{d^2}{dt^2} \frac{\partial Q_\varkappa}{\partial \mathfrak{p}_\lambda^{(\tau+2)}}$$

$$+ (-1)^{3-\tau} 3_{3-\tau} \frac{d^{3-\tau}}{dt^{3-\tau}} \frac{\partial Q_\varkappa}{\partial \mathfrak{p}_\varkappa'''} = (-1)^\tau \frac{\partial Q_\lambda}{\partial \mathfrak{p}_\varkappa^{(\tau)}},$$

worin $\tau = 0, 1, 2, 3$, und $\varkappa, \lambda$ die Werthe $1, 2, \ldots, \sigma$ annehmen.

Für $\varkappa = s$, $\lambda = s$, $\tau = 0$ geht diese Gleichung in

$$\frac{d}{dt}\left(\frac{\partial Q_s}{\partial \mathfrak{p}_s'} - \frac{d}{dt}\frac{\partial Q_s}{\partial \mathfrak{p}_s''} + \frac{d^2}{dt^2}\frac{\partial Q_s}{\partial \mathfrak{p}_s'''}\right) = 0$$

über; nun ist aber, weil

$$Q_s = \sum_{1}^{\varrho} (p_r') \frac{\partial \varphi_r}{\partial \mathfrak{p}_s} - \frac{d}{dt}\sum_{1}^{\varrho} (p_r') \frac{\partial \varphi_r}{\partial \mathfrak{p}_s'}$$

war, vermöge (2) und (3) des § 2., wie leicht zu sehen,

$$\frac{\partial Q_s}{\partial \mathfrak{p}_s'} - \frac{d}{dt}\frac{\partial Q_s}{\partial \mathfrak{p}_s''} + \frac{d^2}{dt^2}\frac{\partial Q_s}{\partial \mathfrak{p}_s'''}$$

$$= \sum_{1}^{\varrho} \frac{\partial (p_r')}{\partial \mathfrak{p}_s'} \frac{\partial \varphi_r}{\partial \mathfrak{p}_s} + \sum_{1}^{\varrho} (p_r') \frac{\partial^2 \varphi_r}{\partial \mathfrak{p}_s \partial \mathfrak{p}_s'}$$

$$- \frac{d}{dt}\left\{\sum_{1}^{\varrho}\left(\frac{\partial (p_r')}{\partial \mathfrak{p}_s'} \frac{\partial \varphi_r}{\partial \mathfrak{p}_s'} + (p_r') \frac{\partial^2 \varphi_r}{\partial \mathfrak{p}_s'^2}\right)\right\}$$

$$- \sum_{1}^{\varrho}\left(\frac{\partial (p_r')}{\partial \mathfrak{p}_s} \frac{\partial \varphi_r}{\partial \mathfrak{p}_s'} + (p_r') \frac{\partial^2 \varphi_r}{\partial \mathfrak{p}_s \partial \mathfrak{p}_s'}\right)$$

$$- \frac{d}{dt}\left\{\sum_{1}^{\varrho} \frac{\partial (p_r')}{\partial \mathfrak{p}_s''} \frac{\partial \varphi_r}{\partial \mathfrak{p}_s} - \frac{d}{dt}\sum_{1}^{\varrho} \frac{\partial (p_r')}{\partial \mathfrak{p}_s''} \frac{\partial \varphi_r}{\partial \mathfrak{p}_s'}\right.$$

$$\left. - \sum_{1}^{\varrho}\left(\frac{\partial (p_r')}{\partial \mathfrak{p}_s'} \frac{\partial \varphi_r}{\partial \mathfrak{p}_s'} + (p_r') \frac{\partial^2 \varphi_r}{\partial \mathfrak{p}_s'^2}\right)\right\} - \frac{d^2}{dt^2} \sum_{1}^{\varrho} \frac{\partial (p_r')}{\partial \mathfrak{p}_s''} \frac{\partial \varphi_r}{\partial \mathfrak{p}_s'}$$

$$= \sum_{1}^{\varrho}\left(\frac{\partial (p_r')}{\partial \mathfrak{p}_s'} \frac{\partial \varphi_r}{\partial \mathfrak{p}_s} - \frac{\partial (p_r')}{\partial \mathfrak{p}_s} \frac{\partial \varphi_r}{\partial \mathfrak{p}_s'}\right) - \frac{d}{dt}\sum_{1}^{\varrho} \frac{\partial (p_r')}{\partial \mathfrak{p}_s''} \frac{\partial \varphi_r}{\partial \mathfrak{p}_s},$$

und es sind nun die aus dem Gleichungsystem (16) durch Differentiation nach t sich ergebenden Ausdrücke von $p_1', \ldots, p_\varrho'$ hierin einzusetzen, um

$\sigma = 1$, also nur *eine* zu transformirende Lagrange'sche Gleichung in Betracht kommt, die Gleichung (21) in den von den dritten Ableitungen freien Ausdruck, in welchem jetzt der Index s wegbleiben kann,

$$Q = \sum_{1}^{\varrho} (p'_r) \frac{\partial \varphi_r}{\partial \mathfrak{p}} - \mathfrak{p}' \sum_{1}^{\varrho} \left((p'_r) \frac{\partial^2 \varphi_r}{\partial \mathfrak{p} \partial \mathfrak{p}'} + \frac{\partial \varphi_r}{\partial \mathfrak{p}'} \frac{\partial (p'_r)}{\partial \mathfrak{p}} \right)$$
$$- \mathfrak{p}'' \sum_{1}^{\varrho} \left((p'_r) \frac{\partial^2 \varphi_r}{\partial \mathfrak{p}'^2} + \frac{\partial \varphi_r}{\partial \mathfrak{p}'} \frac{\partial (p'_r)}{\partial \mathfrak{p}'} \right)$$
$$= \sum_{1}^{\varrho} (p'_r) \frac{\partial \varphi_r}{\partial \mathfrak{p}} - \frac{d}{dt} \sum_{1}^{\varrho} (p'_r) \frac{\partial \varphi_r}{\partial \mathfrak{p}'}$$

über, und es braucht die Frage, ob dieser Ausdruck sich in die Lagrange'sche Form umsetzen lässt, offenbar nur für geradzahlige ϱ behandelt zu werden, da für ungerade ϱ die Determinante der linken Seiten der nach t differentiirten Gleichungen (16) bekanntlich verschwindet.

Setzt man nun

$$\sum_{1}^{\varrho} (p'_r) \frac{\partial \varphi_r}{\partial \mathfrak{p}} = K, \qquad \sum_{1}^{\varrho} (p'_r) \frac{\partial \varphi_r}{\partial \mathfrak{p}'} = L,$$

---

zu erkennen, ob dieser Ausdruck identisch verschwindet. Sei der Einfachheit wegen $\varrho = 2$, so ergeben sich die Werthe

$$p_1' = \sum_{1}^{\sigma} \left(\frac{\partial \varphi_2}{\partial \mathfrak{p}_s} \mathfrak{p}'_s + \frac{\partial \varphi_2}{\partial \mathfrak{p}'_s} \mathfrak{p}''_s \right), \qquad p_2' = - \sum_{1}^{\sigma} \left(\frac{\partial \varphi_1}{\partial \mathfrak{p}_s} \mathfrak{p}'_s + \frac{\partial \varphi_1}{\partial \mathfrak{p}'_s} \mathfrak{p}''_s \right)$$

und durch Einsetzen in den letzten Ausdruck

$$\frac{\partial Q_s}{\partial \mathfrak{p}'_s} - \frac{d}{dt} \frac{\partial Q_s}{\partial \mathfrak{p}''_s} + \frac{d^2}{dt^2} \frac{\partial Q_s}{\partial \mathfrak{p}'''_s} = \frac{\partial \varphi_1}{\partial \mathfrak{p}_s} \left(\frac{\partial \varphi_2}{\partial \mathfrak{p}_s} + \mathfrak{p}'_s \frac{\partial^2 \varphi_2}{\partial \mathfrak{p}_s \partial \mathfrak{p}'_s} + \mathfrak{p}''_s \frac{\partial^2 \varphi_2}{\partial \mathfrak{p}'^2_s} \right)$$
$$- \frac{\partial \varphi_2}{\partial \mathfrak{p}_s} \left(\frac{\partial \varphi_1}{\partial \mathfrak{p}_s} + \mathfrak{p}'_s \frac{\partial^2 \varphi_1}{\partial \mathfrak{p}_s \partial \mathfrak{p}'_s} + \mathfrak{p}''_s \frac{\partial^2 \varphi_1}{\partial \mathfrak{p}'^2_s} \right)$$
$$- \frac{d}{dt} \left(\frac{\partial \varphi_1}{\partial \mathfrak{p}_s} \frac{\partial \varphi_2}{\partial \mathfrak{p}'_s} - \frac{\partial \varphi_2}{\partial \mathfrak{p}_s} \frac{\partial \varphi_1}{\partial \mathfrak{p}'_s} \right) = 0,$$

und ebenso ist die Identität der andern in (α) enthaltenen Gleichungen zu prüfen, worauf wir später wieder zurückkommen werden.

so dass
$$(22) \qquad Q = K - \frac{dL}{dt}$$

ist, so wird, da Q die Ableitung dritter Ordnung in $\mathfrak{p}$ nicht enthält, auch L von $\mathfrak{p}''$ frei sein müssen, da die (p_r') nur von $\mathfrak{p}$, $\mathfrak{p}'$ und $\mathfrak{p}''$ abhängen, und es wird die Gleichung (19) in unserm Falle die Form annehmen

$$(23) \qquad \mathfrak{p}' K + \mathfrak{p}'' L = - P_1(p_1') - \cdots - P_\varrho(p_\varrho').$$

Nun ist aber nach dem Hülfsatze 4. die nothwendige und hinreichende Bedingung dafür, dass eine von t, $\mathfrak{p}$, $\mathfrak{p}'$, $\mathfrak{p}''$ abhängige Function Q ein kinetisches Potential erster Ordnung besitzt,

$$(24) \qquad \frac{\partial Q}{\partial \mathfrak{p}'} - \frac{d}{dt}\frac{\partial Q}{\partial \mathfrak{p}''} = 0,$$

und es folgt zunächst aus der Gleichung (22), wenn man berücksichtigt, dass L $\mathfrak{p}''$ nicht enthält,

$$(25) \qquad \frac{\partial Q}{\partial \mathfrak{p}'} - \frac{d}{dt}\frac{\partial Q}{\partial \mathfrak{p}''} = \frac{\partial K}{\partial \mathfrak{p}'} - \frac{d}{dt}\frac{\partial K}{\partial \mathfrak{p}''} - \frac{\partial L}{\partial \mathfrak{p}};$$

da ferner, wenn

$$(26) \qquad \frac{1}{\mathfrak{p}'}\left(P_1(p_1') + \cdots + P_\varrho(p_\varrho')\right) = N$$

gesetzt wird, worin N von $\mathfrak{p}$, $\mathfrak{p}'$, $\mathfrak{p}''$ und zwar von der letzteren Grösse linear abhängt, die Gleichung (23) den Werth

$$K = -\frac{\mathfrak{p}''}{\mathfrak{p}'} L - N$$

liefert, so wird die Substitution dieses Ausdruckes in (25)

$$(27) \qquad \frac{\partial Q}{\partial \mathfrak{p}'} - \frac{d}{dt}\frac{\partial Q}{\partial \mathfrak{p}''} = -\frac{\partial N}{\partial \mathfrak{p}'} + \frac{d}{dt}\frac{\partial N}{\partial \mathfrak{p}''}$$

geben, und die Gleichung (24) somit erfüllt sein, also Q ein kinetisches Potential erster Ordnung besitzen, wenn die äusseren Kräfte $P_1, \ldots, P_\varrho$ sämmtlich Null sind, da in diesem Falle aus (26) auch $N = 0$ folgt. Verschwinden aber die äussern Kräfte nicht, so genügt es, den Fall $\varrho = 2$ zu untersuchen, für den sich aus den nach t differentiirten Gleichungen (16)

142 Erweitertes Princip der verborgenen Bewegung.

$$p_1' = \frac{\partial \varphi_1}{\partial \mathfrak{p}} \mathfrak{p}' + \frac{\partial \varphi_2}{\partial \mathfrak{p}'} \mathfrak{p}'' + P_2, \quad p_2' = -\frac{\partial \varphi_1}{\partial \mathfrak{p}} \mathfrak{p}' - \frac{\partial \varphi_1}{\partial \mathfrak{p}'} \mathfrak{p}'' - P_1,$$

und aus (26)

$$N = \frac{P_1}{\mathfrak{p}'} \frac{d\varphi_2}{dt} - \frac{P_2}{\mathfrak{p}'} \frac{d\varphi_1}{dt}$$

ergiebt, wonach, wie unmittelbar zu sehen, vermöge (2) und (3) des § 2.

$$-\frac{\partial N}{\partial \mathfrak{p}'} + \frac{d}{dt} \frac{\partial N}{\partial \mathfrak{p}''} = \frac{1}{\mathfrak{p}'}\left(P_1' \frac{\partial \varphi_2}{\partial \mathfrak{p}'} - P_2' \frac{\partial \varphi_1}{\partial \mathfrak{p}'}\right)$$

folgt, und somit aus (27) geschlossen werden kann, dass die Gleichung (24) nur dann erfüllt werden kann, wenn die äussern Kräfte sämmtlich constant sind.

Fassen wir die gewonnenen Resultate zusammen, so ergiebt sich der folgende Satz:

Die nothwendige und hinreichende Bedingung dafür, dass die ϱ Lagrange'schen Gleichungen

$$\frac{\partial H}{\partial \mathfrak{p}_r} - \frac{d}{dt} \frac{\partial H}{\partial \mathfrak{p}_r'} = P_r \qquad (r = 1, 2, \ldots, \varrho)$$

in vollständige nach der Zeit genommene Differentialquotienten von Functionen der Coordinaten $p_1, \ldots p_\varrho$, $\mathfrak{p}_1, \ldots, \mathfrak{p}_\sigma$ und deren Ableitungen übergehen, die jedoch von $p_1', \ldots, p_\varrho'$ unabhängig sind, ist die, dass das kinetische Potential die Form hat

$$H = \sum_1^\varrho \{p_r'(C_{r\,r+1} p_{r+1} + C_{r\,r+2} p_{r+2} + \cdots + C_{r\varrho} p_\varrho + \varphi_r)\} + \varphi,$$

worin $C_{r\,r+1}, \ldots, C_{r\varrho}$ willkürliche Constanten sind, und $\varphi_1, \ldots, \varphi_\varrho, \varphi$ beliebige Functionen von $\mathfrak{p}_1, \ldots, \mathfrak{p}_\sigma$, $\mathfrak{p}_1', \ldots, \mathfrak{p}_\sigma'$ darstellen. In diesem Falle wird, wenn die in H vorkommenden Functionen keinen weiteren Bedingungen unterliegen sollen, die Elimination der Coordinaten $p_1, \ldots, p_\varrho$ und deren Ableitungen aus den ϱ Gleichungen und den σ Lagrange'schen Gleichungen

$$\frac{\partial H}{\partial \mathfrak{p}_s} - \frac{d}{dt} \frac{\partial H}{\partial \mathfrak{p}_s'} = \mathfrak{P}_s \qquad (s = 1, 2, \ldots, \sigma)$$

dann und nur dann wieder auf Lagrange'sche Gleichungen von der Form

$$\frac{\partial \mathfrak{H}}{\partial \mathfrak{p}_s} - \frac{d}{dt}\frac{\partial \mathfrak{H}}{\partial \mathfrak{p}_s'} = \mathfrak{P}_s \qquad (s = 1, 2, \ldots, \sigma)$$

führen, worin $\mathfrak{H}$ ein kinetisches Potential erster Ordnung von $\mathfrak{p}_1, \ldots, \mathfrak{p}_\sigma, \mathfrak{p}_1', \ldots, \mathfrak{p}_\sigma'$ darstellt, wenn $\sigma = 1$, also im Ganzen $\varrho + 1$ Bewegungsgleichungen in dem Systeme enthalten sind, und die äussern Kräfte $P_1, \ldots, P_\varrho$ entweder Null oder Constanten sind.

Ist $\sigma > 1$, so müssen die Gleichungen (20) erfüllt sein, und es wird dann, wenn

$$\sum_{1}^{\varrho}(p_r')\frac{\partial \varphi_r}{\partial \mathfrak{p}_s} = K_s, \qquad \sum_{1}^{\varrho}(p_r')\frac{\partial \varphi_r}{\partial \mathfrak{p}_s'} = L_s$$

gesetzt wird, die Grösse

(28) $$Q_s = K_s - \frac{dL_s}{dt}$$

die dritten Ableitungen von $\mathfrak{p}_1, \ldots, \mathfrak{p}_\sigma$ nicht enthalten, also L_s von den zweiten Ableitungen dieser Grössen unabhängig sein müssen, während K_s die zweiten Ableitungen linear enthält. Stellt man nun mit dieser Gleichung die aus (19) unter der Voraussetzung des Nullwerdens der Kräfte $P_1, \ldots, P_\varrho$ sich ergebende Beziehung

$$\sum_{1}^{\sigma} \mathfrak{p}_s' K_s + \sum_{1}^{\sigma} \mathfrak{p}_s'' L_s = 0$$

zusammen, so führt die Forderung der Existenz der Gleichung

$$Q_s = K_s - \frac{dL_s}{dt} = \frac{\partial \mathfrak{H}_1}{\partial \mathfrak{p}_s} - \frac{d}{dt}\frac{\partial \mathfrak{H}_1}{\partial \mathfrak{p}_s'},$$

wenn diese mit $\mathfrak{p}_s'$ multiplicirt und die Summation nach s von 1 bis σ ausgeführt wird, zu

$$\sum_{1}^{\sigma} \mathfrak{p}_s' \frac{\partial \mathfrak{H}_1}{\partial \mathfrak{p}_s} - \sum_{1}^{\sigma} \mathfrak{p}_s' \frac{d}{dt}\frac{\partial \mathfrak{H}_1}{\partial \mathfrak{p}_s'} = \sum_{1}^{\sigma} \mathfrak{p}_s' K_s - \sum_{1}^{\sigma} \mathfrak{p}_s' \frac{dL_s}{dt}$$

$$= -\frac{d}{dt}\sum_{1}^{\sigma} \mathfrak{p}_s' L_s$$

oder da

$$\sum_{1}^{\sigma} \mathfrak{p}_s' \frac{\partial \mathfrak{H}_1}{\partial \mathfrak{p}_s} - \sum_{1}^{\sigma} \mathfrak{p}_s' \frac{d}{dt} \frac{\partial \mathfrak{H}_1}{\partial \mathfrak{p}_s'} = \frac{d}{dt}\left(\mathfrak{H}_1 - \sum_{1}^{\sigma} \mathfrak{p}_s' \frac{\partial \mathfrak{H}_1}{\partial \mathfrak{p}_s'}\right)$$

ist, durch Integration zu

(29) $$\sum_{1}^{\sigma} \mathfrak{p}_s' \frac{\partial \mathfrak{H}_1}{\partial \mathfrak{p}_s'} = \mathfrak{H}_1 + \sum_{1}^{\sigma} \mathfrak{p}_s' L_s,$$

und diese partielle Differentialgleichung liefert durch Integration $\mathfrak{H}$ als Function von $\mathfrak{p}_s$ und $\mathfrak{p}_s'$, da L die zweiten Ableitungen nicht enthielt. Auf die Bedingungen näher einzugehen, welche die $\varphi_1, \ldots, \varphi_\varrho$ erfüllen müssen, damit die Gleichungen (20) identisch befriedigt werden, ist von keinem Interesse, es mag genügen für $\varrho = 2$ die Bedingung in der Form

$$\frac{\partial \varphi_1}{\partial \mathfrak{p}_1'} \frac{\partial \varphi_2}{\partial \mathfrak{p}_2} - \frac{\partial \varphi_1}{\partial \mathfrak{p}_2'} \frac{\partial \varphi_2}{\partial \mathfrak{p}_1} = 0$$

anzugeben.

Setzen wir hierin wieder $\sigma = 1$, so ist das in dem oben ausgesprochenen Satze als stets existirend nachgewiesene kinetische Potential erster Ordnung $\mathfrak{H}$ nach (29) durch die Gleichung gegeben

$$\mathfrak{p}' \frac{\partial \mathfrak{H}_1}{\partial \mathfrak{p}'} - \mathfrak{H}_1 = \mathfrak{p}' L \quad \text{oder} \quad \mathfrak{H}_1 = \mathfrak{p}' \int \frac{L}{\mathfrak{p}'} d\mathfrak{p}' + \psi(\mathfrak{p}) \mathfrak{p}',$$

worin $\psi(\mathfrak{p})$ eine willkürliche Function von $\mathfrak{p}$ bedeutet, also z. B. für $\varrho = 2$, da in diesem Falle, wie aus den nach t differentiirten Gleichungen (16) unmittelbar hervorgeht,

$$L = \mathfrak{p}'\left(\frac{\partial \varphi_1}{\partial \mathfrak{p}'} \frac{\partial \varphi_2}{\partial \mathfrak{p}} - \frac{\partial \varphi_2}{\partial \mathfrak{p}'} \frac{\partial \varphi_1}{\partial \mathfrak{p}}\right)$$

ist, für den Fall, dass $P_1 = P_2 = 0$ ist, das kinetische Potential $\mathfrak{H}$ der Gleichung (18) gemäss in der Form gegeben

$$\mathfrak{H} = \mathfrak{p}' \int \left(\frac{\partial \varphi_1}{\partial \mathfrak{p}'} \frac{\partial \varphi_2}{\partial \mathfrak{p}} - \frac{\partial \varphi_2}{\partial \mathfrak{p}'} \frac{\partial \varphi_1}{\partial \mathfrak{p}}\right) d\mathfrak{p}' + \psi(\mathfrak{p}) \mathfrak{p}' + \varphi(\mathfrak{p}, \mathfrak{p}').$$

Nachdem damit die Annahme, dass die ersten ϱ Lagrange'schen Gleichungen vollständige nach der Zeit genommene Differentialquotienten darstellen, erledigt ist, sollen nunmehr die beiden einzigen Fälle in Betracht gezogen werden, in denen noch eine Elimination der Coordinaten möglich ist, und die dadurch definirt sind, dass entweder in den ersten ϱ Gleichungen die Grössen $p_1, \ldots, p_\varrho, p_1', \ldots, p_\varrho'$ nicht explicite enthalten sind, und die Werthe von $p_1'', \ldots, p_\varrho''$ aus diesen ermittelt und in die weiteren σ Bewegungsgleichungen eingesetzt werden, oder dass die zweiten Ableitungen von $p_1, \ldots, p_\varrho$ in den ersten ϱ Gleichungen nicht vorkommen — wobei festgehalten wird, dass das neue kinetische Potential wieder erster Ordnung sein soll, während die ohne jede Bedingung stets mögliche Elimination einer willkürlichen Anzahl von Coordinaten, wie wir später sehen werden, auf völlig andere Formen des Eliminationsresultates führt. Sind also

1) die Gleichungen

$$\frac{\partial H}{\partial p_r} - \frac{d}{dt}\frac{\partial H}{\partial p_r'} = P_r,$$

worin P_r gegebene Functionen von t sind, oder

$$(30) \quad \frac{\partial H}{\partial p_r} - \sum_1^\varrho \frac{\partial^2 H}{\partial p_r' \partial p_\delta} p_\delta' - \sum_1^\varrho \frac{\partial^2 H}{\partial p_r' \partial p_\delta'} p_\delta'' - \sum_1^\sigma \frac{\partial^2 H}{\partial p_r' \partial \mathfrak{p}_e} \mathfrak{p}_e'$$

$$- \sum_1^\sigma \frac{\partial^2 H}{\partial p_r' \partial \mathfrak{p}_e'} \mathfrak{p}_e'' = P_r$$

von den Coordinaten $p_1, \ldots, p_\varrho$ und deren ersten Ableitungen frei, so müssen es offenbar auch die Grössen

$$\frac{\partial^2 H}{\partial p_r' \partial p_\delta'} \quad \text{und} \quad \frac{\partial^2 H}{\partial p_r' \partial \mathfrak{p}_e'}$$

sein und also die Form haben

$$\frac{\partial^2 H}{\partial p_r' \partial p_\delta'} = \omega_{r\delta}(\mathfrak{p}_1, \ldots, \mathfrak{p}_\sigma, \mathfrak{p}_1', \ldots, \mathfrak{p}_\sigma'),$$

$$\frac{\partial^2 H}{\partial p_r' \partial \mathfrak{p}_e'} = \Omega_{re}(\mathfrak{p}_1, \ldots, \mathfrak{p}_\sigma, \mathfrak{p}_1', \ldots, \mathfrak{p}_\sigma'),$$

und somit, da

$$\frac{\partial^3 H}{\partial p_r' \partial p_\delta' \partial \mathfrak{p}_e'} = \frac{\partial \omega_{r\delta}}{\partial \mathfrak{p}_e'} = \frac{\partial \Omega_{re}}{\partial p_\delta'} = 0$$

ist, $\omega_{r\delta}$ von $\mathfrak{p}'_\epsilon$ unabhängig und daher

(31) $$\frac{\partial^2 H}{\partial p'_r \partial p'_\delta} = \omega_{r\delta}(\mathfrak{p}_1, \ldots, \mathfrak{p}_\sigma)$$

sein. Da aber auch der übrige Theil von (30) von den Ableitungen der ϱ Coordinaten frei sein muss, also für $\lambda = 1, 2, \ldots, \varrho$ der nach p'_λ genommene Differentialquotient

$$\frac{\partial^2 H}{\partial p_r \partial p'_\lambda} - \frac{\partial^2 H}{\partial p'_r \partial p_\lambda} - \sum_1^\varrho \frac{\partial^3 H}{\partial p'_r \partial p_\delta \partial p'_\lambda} p'_\delta - \sum_1^\sigma \frac{\partial^3 H}{\partial p'_r \partial \mathfrak{p}_\epsilon \partial p'_\lambda} \mathfrak{p}'_\epsilon = 0$$

identisch befriedigt sein muss, so folgt

$$\frac{\partial^2 H}{\partial p_r \partial p'_\lambda} - \frac{\partial^2 H}{\partial p'_r \partial p_\lambda} - \sum_1^\sigma \frac{\partial \omega_{r\lambda}}{\partial \mathfrak{p}_\epsilon} \mathfrak{p}'_\epsilon = 0$$

oder da $\omega_{r\lambda} = \omega_{\lambda r}$ ist, identisch

(32) $$\frac{\partial^2 H}{\partial p_r \partial p'_\lambda} = \frac{\partial^2 H}{\partial p_\lambda \partial p'_r}, \quad \sum_1^\sigma \frac{\partial \omega_{r\lambda}}{\partial \mathfrak{p}_\epsilon} \mathfrak{p}'_\epsilon = 0,$$

und daraus $\omega_{r\lambda} = 2 c_{r\lambda}$, worin $c_{r\lambda} = c_{\lambda r}$ eine Constante bedeutet, so dass nach (31) sich für das kinetische Potential

(33) $$H = \sum_{1}^{\varrho} {}_{r,\delta}\, c_{r\delta}\, p'_r p'_\delta + \sum_1^\varrho p'_\delta\, \nu_\delta(p_1, \ldots, \mathfrak{p}_1, \ldots, \mathfrak{p}'_1, \ldots)$$
$$+ N(p_1, \ldots, \mathfrak{p}_1, \ldots, \mathfrak{p}'_1, \ldots)$$

ergiebt, worin die Functionen ν der ersten der Gleichungen (32) gemäss zunächst der Bedingung

(34) $$\frac{\partial \nu_\delta}{\partial p_r} = \frac{\partial \nu_r}{\partial p_\delta}$$

genügen, und die ersten ϱ Bewegungsgleichungen die Form annehmen

(35) $$-2 \sum_1^\varrho c_{r\delta}\, p''_\delta + \frac{\partial N}{\partial p_r} - \sum_1^\sigma \frac{\partial \nu_r}{\partial \mathfrak{p}_\eta} \mathfrak{p}'_\eta - \sum_1^\sigma \frac{\partial \nu_r}{\partial \mathfrak{p}'_\eta} \mathfrak{p}''_\eta = P_r,$$

die aber noch nicht von $p_1, \ldots, p_\varrho$ frei sind. Damit dies der

Fall ist, muss zunächst der Coefficient von p_η'' von diesen Grössen unabhängig und somit

(36) $\quad \nu_r = R_r(\mathfrak{p}_1, \ldots, \mathfrak{p}_1', \ldots) + Q_r(p_1, \ldots, \mathfrak{p}_1, \ldots)$

sein, worin die Functionen Q_r der Gleichung (34) zufolge der Bedingung unterliegen

(37) $$\frac{\partial Q_{r_1}}{\partial p_{r_2}} = \frac{\partial Q_{r_2}}{\partial p_{r_1}};$$

ist dies erfüllt, so müssen noch die beiden mittleren Posten der Gleichung (35) von $p_1, \ldots, p_\varrho$ frei sein und daher mit Benutzung von (36)

$$\frac{\partial N}{\partial p_r} - \sum_1^\sigma {}_\eta \frac{\partial Q_r}{\partial \mathfrak{p}_\eta} \mathfrak{p}_\eta' = T_r(\mathfrak{p}_1, \ldots, \mathfrak{p}_1', \ldots)$$

oder

(38) $\quad N = \displaystyle\sum_1^\sigma {}_\eta \mathfrak{p}_\eta' \int \left(\frac{\partial Q_1}{\partial \mathfrak{p}_\eta} dp_1 + \cdots + \frac{\partial Q_\varrho}{\partial \mathfrak{p}_\eta} dp_\varrho \right) + p_1 T_1 + \cdots$
$\qquad\qquad + p_\varrho T_\varrho + U(\mathfrak{p}_1, \ldots, \mathfrak{p}_1', \ldots),$

worin unter dem Integral vermöge (37) ein vollständiges Differential nach den Variabeln $p_1, \ldots, p_\varrho$ steht. Setzen wir aus (36) und (38) die Werthe von ν_r und N in (33) ein, so ergiebt sich als nothwendige Bedingung dafür, dass die ersten ϱ Lagrange'schen Gleichungen von den Grössen $p_1, \ldots, p_1', \ldots$ frei sein sollen, die folgende Form des kinetischen Potentials

$$H = \sum_1^\varrho {}_{r,\delta}\, c_{r\delta}\, p_r' p_\delta' + \sum_1^\varrho {}_\delta\, p_\delta' (R_\delta + Q_\delta)$$
$$+ \sum_1^\sigma {}_\eta \mathfrak{p}_\eta' \int \left(\frac{\partial Q_1}{\partial \mathfrak{p}_\eta} dp_1 + \cdots + \frac{\partial Q_\varrho}{\partial \mathfrak{p}_\eta} dp_\varrho \right) + \sum_1^\varrho {}_r\, p_r T_r + U,$$

worin alle Functionen willkürlich, nur die Q der Bedingung (37) unterworfen sind, oder da wieder

$$\sum_1^\varrho {}_\delta\, p_\delta' Q_\delta + \sum_1^\sigma {}_\eta \mathfrak{p}_\eta' \int \left(\frac{\partial Q_1}{\partial \mathfrak{p}_\eta} dp_1 + \cdots + \frac{\partial Q_\varrho}{\partial \mathfrak{p}_\eta} dp_\varrho \right)$$

ein vollständiger nach t genommener Differentialquotient ist,

$$(39) \quad H = \sum_{1}^{\varrho}{}_{r,\delta}\, c_{r\delta}\, p'_r p'_\delta + \sum_{1}^{\varrho}{}_{\delta}\, p'_\delta R_\delta + \sum_{1}^{\varrho}{}_{r}\, p_r T_r + U,$$

und umgekehrt nehmen, wie unmittelbar ersichtlich, nach (39) die ersten ϱ Bewegungsgleichungen die Form an

$$(40) \quad -2\sum_{1}^{\varrho}{}_{\delta}\, c_{r\delta}\, p''_\delta - \sum_{1}^{\sigma}{}_{s}\, \frac{\partial R_r}{\partial \mathfrak{p}_s}\, \mathfrak{p}'_s - \sum_{1}^{\sigma}{}_{s}\, \frac{\partial R_r}{\partial \mathfrak{p}'_s}\, \mathfrak{p}''_s + T_r = P_r,$$

worin $p_1, \ldots, p'_1, \ldots$ fehlen, und wir finden somit,

dass die nothwendige und hinreichende Bedingung dafür, dass die ersten ϱ Lagrange'schen Gleichungen von den Coordinaten $p_1, \ldots, p_\varrho$ und deren ersten Ableitungen frei sind, die ist, dass das kinetische Potential die durch (39) dargestellte Form hat.

Setzt man die gefundene Form von H in die zweite Reihe der σ Lagrange'schen Gleichungen ein, so ergiebt sich unmittelbar

$$(41) \quad -\sum_{1}^{\varrho}{}_{\delta}\, p''_\delta \frac{\partial R_\delta}{\partial \mathfrak{p}'_s} + \sum_{1}^{\varrho}{}_{\delta}\, p'_\delta \left(\frac{\partial R_\delta}{\partial \mathfrak{p}_s} - \frac{d}{dt}\frac{\partial R_\delta}{\partial \mathfrak{p}'_s}\right) - \sum_{1}^{\varrho}{}_{r}\, p'_r \frac{\partial T_r}{\partial \mathfrak{p}'_s}$$
$$+ \sum_{1}^{\varrho}{}_{r}\, p_r \left(\frac{\partial T_r}{\partial \mathfrak{p}_s} - \frac{d}{dt}\frac{\partial T_r}{\partial \mathfrak{p}'_s}\right) + \frac{\partial U}{\partial \mathfrak{p}_s} - \frac{d}{dt}\frac{\partial U}{\partial \mathfrak{p}'_s} = \mathfrak{P}_s,$$

worin nunmehr die aus (40) sich ergebenden Werthe von $p''_1, \ldots, p''_\varrho$ einzusetzen sind. Da aber diese Substitution die Grössen p und p' selbst nicht wieder einführt, und die zweite Reihe der Lagrange'schen Gleichungen nur die Coordinaten $\mathfrak{p}_1, \ldots, \mathfrak{p}_\sigma$ und deren Ableitungen enthalten soll, so dürfen die Grössen $p_1, \ldots, p'_1, \ldots$ in (41) gar nicht vorkommen, und es müssen somit die Beziehungen

$$(42) \quad \frac{\partial T_r}{\partial \mathfrak{p}_s} - \frac{d}{dt}\frac{\partial T_r}{\partial \mathfrak{p}'_s} = 0$$

und

$$(43) \quad \frac{\partial R_r}{\partial \mathfrak{p}_s} - \frac{d}{dt}\frac{\partial R_r}{\partial \mathfrak{p}'_s} - \frac{\partial T_r}{\partial \mathfrak{p}'_s} = 0$$

identisch befriedigt sein. Nach Hülfsatz 3. erfordert aber die Gleichung (42) für T_r die Form

(44) $\quad -T_r = T_{1r}(\mathfrak{p}_1, \ldots)\,\mathfrak{p}_1' + \cdots + T_{\sigma r}(\mathfrak{p}_1, \ldots)\,\mathfrak{p}_\sigma' + c_r,$

worin c_r eine Constante, und

$$\frac{\partial T_{s_1 r}}{\partial \mathfrak{p}_s} = \frac{\partial T_{s r}}{\partial \mathfrak{p}_{s_1}}$$

ist, wonach (43) in

$$\frac{d}{dt}\frac{\partial R_r}{\partial \mathfrak{p}_s'} = \frac{\partial R_r}{\partial \mathfrak{p}_s} + T_{sr}$$

übergeht und daher

(45) $\quad R_r = R_{1r}(\mathfrak{p}_1, \ldots)\,\mathfrak{p}_1' + \cdots + R_{\sigma r}(\mathfrak{p}_1, \ldots)\,\mathfrak{p}_\sigma' + \overline{R}_r(\mathfrak{p}_1, \ldots)$

nach sich zieht, worin

(46) $\quad \dfrac{\partial R_{s_1 r}}{\partial \mathfrak{p}_s} = \dfrac{\partial R_{s r}}{\partial \mathfrak{p}_{s_1}}, \qquad T_{sr} + \dfrac{\partial \overline{R}_r}{\partial \mathfrak{p}_s} = 0$

ist. Die Bewegungsgleichungen (41) nehmen somit die Form an

(47) $\quad -\displaystyle\sum_1^\varrho \mathfrak{p}_\delta'' R_{s\delta} + \dfrac{\partial U}{\partial \mathfrak{p}_s} - \dfrac{d}{dt}\dfrac{\partial U}{\partial \mathfrak{p}_s'} = \mathfrak{P}_s,$

während das kinetische Potential (39) in

$$H = \sum_{1}^{\varrho}{}_{,\delta}\, c_{r\delta}\,\mathfrak{p}_r'\mathfrak{p}_\delta' + \sum_{1}^{\varrho}{}_{\delta}\,\mathfrak{p}_\delta'(R_{1\delta}\,\mathfrak{p}_1' + \cdots + R_{\sigma\delta}\,\mathfrak{p}_\sigma' + \overline{R}_\delta)$$
$$+ \sum_{1}^{\varrho} \mathfrak{p}_r \left(\frac{\partial \overline{R}_r}{\partial \mathfrak{p}_1}\,\mathfrak{p}_1' + \cdots + \frac{\partial \overline{R}_r}{\partial \mathfrak{p}_\sigma}\,\mathfrak{p}_\sigma' + c_r \right) + U$$

oder wieder durch Subtraction des vollständigen nach t genommenen Differentialquotienten

$$\frac{d}{dt}\sum_1^\varrho \mathfrak{p}_r \overline{R}_r$$

in

$$H = \sum_{1}^{\varrho}{}_{,\delta}\, c_{r\delta}\,\mathfrak{p}_r'\mathfrak{p}_\delta' + \sum_{1}^{\varrho}{}_{r}\, c_r\,\mathfrak{p}_r$$
$$+ \sum_{1}^{\varrho}{}_{r}\, \mathfrak{p}_r'(R_{1r}\,\mathfrak{p}_1' + \cdots + R_{\sigma r}\,\mathfrak{p}_\sigma') + U$$

übergeht. Setzt man endlich in die Gleichungen (47) die aus der mit Hülfe von (44), (45), (46) umgeformten Gleichung (40)

$$-2\sum_{1}^{\varrho}{}_{\delta}\, c_{r\delta}\, p_{\delta}'' - \frac{d}{dt}\sum_{1}^{\sigma}{}_{s}\, R_{sr}\, p_{s}' - c_r = P_r$$

sich ergebenden Werthe von $p_1'', \ldots, p_\varrho''$ ein, so zeigt eine leichte Rechnung, dass, wenn man

$$W = \frac{1}{2}\sum_{1}^{\sigma}{}_{\nu,\mu}\, p_\nu'\, p_\mu' \{(C_{11} R_{\mu 1} + \cdots + C_{\varrho 1} R_{\mu \varrho})\, R_{\nu 1} + \cdots \\ + (C_{1\varrho} R_{\mu 1} + \cdots + C_{\varrho\varrho} R_{\mu\varrho})\, R_{\nu\varrho}\} \\ - \sum_{1}^{\varrho}{}_{\mu}\left(C_\mu + \sum_{1}^{\varrho}{}_{s}\, C_{\mu s}\, P_s\right)\int (R_{1\mu}\, dp_1 + \cdots + R_{\sigma\mu}\, dp_\sigma)$$

setzt, worin die Grössen $C_{rs} = C_{sr}$ sämmtlich Constanten sind und unter dem Integral vermöge (46) vollständige Differentialausdrücke stehen,

$$-\sum_{1}^{\varrho}{}_{\delta}\, p_{\delta}''\, R_{s\delta} = \frac{\partial W}{\partial p_s} - \frac{d}{dt}\frac{\partial W}{\partial p_s'}.$$

wird, und die zweite Reihe der Lagrange'schen Gleichungen somit, wenn

$$U + W = \mathfrak{H}$$

gesetzt wird, in

$$\frac{\partial \mathfrak{H}}{\partial p_s} - \frac{d}{dt}\frac{\partial \mathfrak{H}}{\partial p_s'} = \mathfrak{P}_s. \qquad (s = 1, 2, \ldots, \sigma)$$

übergeht. Fassen wir die gewonnenen Resultate zusammen, so ergiebt sich der folgende Satz:

Die nothwendige und hinreichende Bedingung dafür, dass die ersten ϱ Lagrange'schen Gleichungen von den Coordinaten $p_1, \ldots, p_\varrho$ und deren ersten Ableitungen frei sind, ist die, dass das kinetische Potential die Form hat

$$H = \sum_{1}^{\varrho}{}_{r,\delta}\, c_{r\delta}\, p_r'\, p_\delta' + \sum_{1}^{\varrho}{}_{r}\, p_r'\, R_r + \sum_{1}^{\varrho}{}_{r}\, p_r\, T_r + U,$$

Erweitertes Princip der verborgenen Bewegung.

worin R, T, U willkürliche Functionen von $\mathfrak{p}_1, \ldots, \mathfrak{p}_1', \ldots$ sind, und $c_{r\delta} = c_{\delta r}$ ist.

Fügt man ferner die Forderung hinzu, dass auch die weiteren Lagrange'schen Gleichungen von $p_1, \ldots, p_\varrho, p_1', \ldots, p_\varrho'$ unabhängig sind, so ergiebt sich als nothwendige und hinreichende Bedingung die Form des kinetischen Potentials

$$H = \sum_{1}^{\varrho}{}_{r,\delta}\, c_{r\delta}\, p_r'\, p_\delta' + \sum_{1}^{\varrho}{}_r c_r p_r$$
$$+ \sum_{1}^{\varrho}{}_r p_r'(R_{1r}\, \mathfrak{p}_1' + \cdots + R_{\sigma r}\, \mathfrak{p}_\sigma') + U,$$

worin c_r Constanten, R_{sr} Functionen von $\mathfrak{p}_1, \ldots, \mathfrak{p}_\sigma$ bedeuten, welche nur der Bedingung unterliegen, dass

$$\frac{\partial R_{s_1 r}}{\partial \mathfrak{p}_s} = \frac{\partial R_{s r}}{\partial \mathfrak{p}_{s_1}}$$

ist und U eine beliebige Function von $\mathfrak{p}_1, \ldots, \mathfrak{p}_1', \ldots$ darstellt. In diesem Falle liefert die Elimination der Grössen $p_1'', \ldots, p_\varrho''$ zwischen den sämmtlichen Bewegungsgleichungen für die letzten σ dieser Gleichungen in den Coordinaten $\mathfrak{p}_1, \ldots, \mathfrak{p}_\sigma$ und deren Ableitungen wiederum Gleichungen der Lagrange'schen Form

$$\frac{\partial \mathfrak{H}}{\partial \mathfrak{p}_s} - \frac{d}{dt}\frac{\partial \mathfrak{H}}{\partial \mathfrak{p}_s'} = \mathfrak{P}_s, \qquad (s = 1, 2, \ldots, \sigma),$$

worin das kinetische Potential die Form hat

$$\mathfrak{H} = U + \frac{1}{2}\sum_{1}^{\sigma}{}_{\nu,\mu}\, \mathfrak{p}_\nu' \mathfrak{p}_\mu' \{(C_{11}R_{\mu 1} + \cdots + C_{\varrho 1}R_{\mu \varrho})R_{\nu 1} + \cdots$$
$$+ (C_{1\varrho}R_{\mu 1} + \cdots + C_{\varrho\varrho}R_{\mu\varrho})R_{\nu\varrho}\}$$
$$- \sum_{1}^{\varrho}{}_\mu \left(C_\mu + \sum_{s}^{\varrho} C_{\mu s} P_s\right) \int (R_{1\mu}\, d\mathfrak{p}_1 + \cdots + R_{\sigma\mu}\, d\mathfrak{p}_\sigma),$$

worin $C_{mn} = C_{nm}$ und C_μ beliebige Constanten darstellen.

Hierbei ist wesentlich zu bemerken, dass dieser Fall auch Anwendung in der Mechanik wägbarer Massen findet, da H Glieder zweiter Dimension in den Ableitungen $p_1', \ldots, p_\varrho'$ ent-

Erweitertes Princip der verborgenen Bewegung.

hält und somit entweder selbst das kinetische Potential eines Problems der Mechanik ist, wenn die linearen Glieder dieser Grössen darin nicht vorkommen, da die Bedingungsgleichungen die Zeit nicht explicite enthalten sollten, oder wenn diese vorkommen, das kinetische Potential eines Problems mit verborgener Bewegung im Helmholtz'schen Sinne sein kann, wenn die Coefficienten der linearen Glieder Constanten sind *).

---

*) Mit Rücksicht auf die späteren Untersuchungen mag als Beispiel zu dem oben behandelten Fall ein System von nur zwei Lagrange-schen Bewegungsgleichungen in p und $\mathfrak{p}$ vorgelegt sein, dessen kinetisches Potential somit nach der oben gefundenen nothwendigen und hinreichenden Form durch

$$H = cp'^2 + R_1 p' \mathfrak{p}' + kp + U$$

dargestellt sein wird, worin c und k beliebige Constanten, R_1 eine beliebige Function von $\mathfrak{p}$, und U eine solche von $\mathfrak{p}$ und $\mathfrak{p}'$ ist, und die Elimination von p, p', p'' zwischen den beiden Bewegungsgleichungen wird dann und nur dann wiederum eine Lagrange'sche Gleichung liefern, deren Potential von der ersten Ordnung und zwar, wenn P Null ist, durch

$$\mathfrak{H} = U - \frac{1}{4c} R_1{}^2 \mathfrak{p}'^2 - \frac{k}{2c} \int R_1 \, d\mathfrak{p}$$

dargestellt ist. Für die Mechanik wägbarer Massen müsste H nur Glieder zweiter Dimension in p' und $\mathfrak{p}'$ enthalten, und wenn man

$$U = U_0(\mathfrak{p}) + U_1(\mathfrak{p}) \mathfrak{p}' + U_2(\mathfrak{p}) \mathfrak{p}'^2$$

setzt, so müsste $U_1(\mathfrak{p}) = 0$ sein; es nehmen somit das ursprüngliche und transformirte kinetische Potential die Form an

$$H = cp'^2 + R_1(\mathfrak{p}) p' \mathfrak{p}' + \mathfrak{p}'^2 U_2(\mathfrak{p}) + kp + U_0(\mathfrak{p})$$

und

$$\mathfrak{H} = \mathfrak{p}'^2 \left(U_2(\mathfrak{p}) - \frac{1}{4c} R_1{}^2(\mathfrak{p}) \right) + U_0(\mathfrak{p}) - \frac{k}{2c} \int R_1(\mathfrak{p}) \, d\mathfrak{p},$$

und es folgt somit, dass dieser Fall keine verborgene Bewegung im Helmholtz'schen Sinne darstellt, da $\mathfrak{H}$ lineare Glieder in $\mathfrak{p}'$ nicht enthält. Für den gefundenen Werth von H lauten die beiden Bewegungsgleichungen

$$2cp'' + R_1(\mathfrak{p}) \mathfrak{p}'' + R_1'(\mathfrak{p}) \mathfrak{p}'^2 - k = 0$$

und

$$R_1(\mathfrak{p}) p' + 2\mathfrak{p}'' U_2(\mathfrak{p}) + \mathfrak{p}'^2 U_2'(\mathfrak{p}) - U_0'(\mathfrak{p}) = \mathfrak{P},$$

Sind

2) die ersten ϱ Lagrange'schen Gleichungen von den Grössen $p_1'', \ldots, p_\varrho''$ frei, so wird unter Voraussetzung der Ausschliessung der Integration der Gleichungen nur die Annahme zulässig sein, dass diese Gleichungen ausserdem noch entweder von den ϱ Coordinaten oder von deren ersten Ableitungen unabhängig sind.

Die Unabhängigkeit der ϱ Bewegungsgleichungen von den zweiten Ableitungen erfordert zunächst für das kinetische Potential, da dessen zweite partielle Ableitungen nach $p_1', \ldots, p_\varrho'$ genommen verschwinden müssen, die Form

$$(48) \quad H = \varphi_1(p_1, \ldots, \mathfrak{p}_1, \ldots, \mathfrak{p}_1', \ldots) p_1' + \cdots$$
$$+ \varphi_\varrho(p_1, \ldots, \mathfrak{p}_1, \ldots, \mathfrak{p}_1', \ldots) p_\varrho'$$
$$+ \varphi(p_1, \ldots, \mathfrak{p}_1, \ldots, \mathfrak{p}_1', \ldots),$$

und führt die ersten ϱ Bewegungsgleichungen in

$$(49) \quad \left(\frac{\partial \varphi_1}{\partial p_r} - \frac{\partial \varphi_r}{\partial p_1}\right) p_1' + \cdots + \left(\frac{\partial \varphi_\varrho}{\partial p_r} - \frac{\partial \varphi_r}{\partial p_\varrho}\right) p_\varrho'$$
$$+ \frac{\partial \varphi}{\partial p_r} - \frac{\partial \varphi_r}{\partial \mathfrak{p}_1} \mathfrak{p}_1' - \cdots - \frac{\partial \varphi_r}{\partial \mathfrak{p}_1'} \mathfrak{p}_1'' - \cdots = P_r$$

über. Sollen nun diese Gleichungen

a) von den Coordinaten $p_1, \ldots, p_\varrho$ unabhängig sein, so muss dies auch für die Coefficienten von $\mathfrak{p}_s''$ der Fall sein und es wird daher φ_r die Form haben

---

und die Elimination von $\mathfrak{p}''$ liefert die Gleichung

$$\mathfrak{p}''\left(2\,U_2(\mathfrak{p}) - \frac{1}{2c} R_1(\mathfrak{p})^2\right) + \mathfrak{p}'^2\left(U_2'(\mathfrak{p}) - \frac{1}{2c} R_1(\mathfrak{p}) R_1'(\mathfrak{p})\right)$$
$$+ \frac{k}{2c} R_1(\mathfrak{p}) - U_0'(\mathfrak{p}) = \mathfrak{P},$$

welche sich auch für den angegebenen Werth von $\mathfrak{H}$ in der Form darstellen lässt

$$\frac{\partial \mathfrak{H}}{\partial \mathfrak{p}} - \frac{d}{dt} \frac{\partial \mathfrak{H}}{\partial \mathfrak{p}'} = \mathfrak{P}.$$

154 Erweitertes Princip der verborgenen Bewegung.

(50) $\quad \varphi_r = \omega_r(\mathfrak{p}_1, \ldots, \mathfrak{p}_1', \ldots) + \Omega_r(p_1, \ldots, \mathfrak{p}_1, \ldots),$

und die Bewegungsgleichungen (49) werden in

$$\left(\frac{\partial \Omega_1}{\partial p_r} - \frac{\partial \Omega_r}{\partial p_1}\right) p_1' + \cdots + \left(\frac{\partial \Omega_\varrho}{\partial p_r} - \frac{\partial \Omega_r}{\partial p_\varrho}\right) p_\varrho' + \frac{\partial \varphi}{\partial p_r} - \frac{\partial \omega_r}{\partial \mathfrak{p}_1} \mathfrak{p}_1' - \cdots$$
$$- \frac{\partial \Omega_r}{\partial \mathfrak{p}_1} \mathfrak{p}_1' - \cdots - \frac{\partial \omega_r}{\partial \mathfrak{p}_1'} \mathfrak{p}_1'' - \cdots = P_r$$

übergehen; da nun aber die Coefficienten von $p_1', \ldots, p_\varrho'$ für sich ebenso wie der übrig bleibende Theil der Gleichung von den ϱ ersten Coordinaten unabhängig sein müssen, so wird die letzte Gleichung, wenn

(51) $\quad\quad \dfrac{\partial \Omega_{r_1}}{\partial p_r} - \dfrac{\partial \Omega_r}{\partial p_{r_1}} = \omega_{r r_1}(\mathfrak{p}_1, \ldots, \mathfrak{p}_\sigma)$

und

(52) $\quad \dfrac{\partial \varphi}{\partial p_r} - \dfrac{\partial \Omega_r}{\partial \mathfrak{p}_1} \mathfrak{p}_1' - \cdots - \dfrac{\partial \Omega_r}{\partial \mathfrak{p}_\sigma} \mathfrak{p}_\sigma' = \overline{\Omega}_r(\mathfrak{p}_1, \ldots, \mathfrak{p}_1', \ldots),$

also

(53) $\quad \varphi = \mathfrak{p}_1' \int \left(\dfrac{\partial \Omega_1}{\partial \mathfrak{p}_1} dp_1 + \cdots + \dfrac{\partial \Omega_\varrho}{\partial \mathfrak{p}_1} dp_\varrho\right) + \cdots$
$$+ \mathfrak{p}_\sigma' \int \left(\frac{\partial \Omega_1}{\partial \mathfrak{p}_\sigma} dp_1 + \cdots + \frac{\partial \Omega_\varrho}{\partial \mathfrak{p}_\sigma} dp_\varrho\right)$$
$$+ \overline{\Omega}_1 p_1 + \cdots + \overline{\Omega}_\varrho p_\varrho + \psi(\mathfrak{p}_1, \ldots, \mathfrak{p}_1', \ldots)$$

gesetzt, und zugleich berücksichtigt wird, dass nach (52)

$$\frac{\partial^2 \Omega_r}{\partial \mathfrak{p}_s \partial p_{r_1}} = \frac{\partial^2 \Omega_{r_1}}{\partial \mathfrak{p}_s \partial p_r},$$

also nach (51)

$$\omega_{r r_1} = c_{r r_1}$$

ist, worin $c_{r r_1} = - c_{r_1 r}$ eine Constante bedeutet und $c_{rr} = 0$ ist, in

(54) $\quad c_{r1} p_1' + \cdots + c_{r\varrho} p_\varrho' + \overline{\Omega}_r - \dfrac{\partial \omega_r}{\partial \mathfrak{p}_1} \mathfrak{p}_1' - \cdots$
$$- \frac{\partial \omega_r}{\partial \mathfrak{p}_1'} \mathfrak{p}_1'' - \cdots = P_r$$

übergehen, die nun in der That von $p_1, \ldots, p_\varrho$ frei ist.

Da nun mit Einführung eben dieser Grössen das kinetische Potential vermöge (48) die Form annimmt

$$H = (\omega_1 + \Omega_1) p_1' + \cdots + (\omega_\varrho + \Omega_\varrho) p_\varrho'$$
$$+ \sum_1^\sigma p_\delta' \int \left(\frac{\partial \Omega_1}{\partial \mathfrak{p}_\delta} dp_1 + \cdots + \frac{\partial \Omega_\varrho}{\partial \mathfrak{p}_\delta} dp_\varrho\right)$$
$$+ \overline{\Omega}_1 p_1 + \cdots + \overline{\Omega}_\varrho p_\varrho + \psi,$$

oder, da $\omega_{rr_1} = c_{rr_1}$ ist, vermöge der Gleichung (51) aus den zur Herleitung von (5) angegebenen Gründen

(55) $H = \sum_1^\varrho p_r' \{ C_{r\,r+1} p_{r+1} + C_{r\,r+2} p_{r+2} + \cdots + C_{r\varrho} p_\varrho + \omega_r \}$
$$+ \overline{\Omega}_1 p_1 + \cdots + \overline{\Omega}_\varrho p_\varrho + \psi,$$

worin $C_{r\,r+1}, \ldots, C_{r\varrho}$ willkürliche Constanten bedeuten — welche, wie unmittelbar zu sehen, *nicht nur die nothwendige sondern auch die hinreichende Bedingung dafür ist, dass die ersten ϱ Lagrange'schen Gleichungen von den Coordinaten $p_1, \ldots, p_\varrho$ und deren zweiten Ableitungen unabhängig sind* — so gehen die weiteren σ Bewegungsgleichungen in

(56) $$\sum_1^\varrho p_r' \left(\frac{\partial \omega_r}{\partial \mathfrak{p}_s} - \frac{d}{dt} \frac{\partial \omega_r}{\partial \mathfrak{p}_s'}\right) - \sum_1^\varrho p_r'' \frac{\partial \omega_r}{\partial \mathfrak{p}_s'}$$
$$+ \sum_1^\varrho p_r \left(\frac{\partial \overline{\Omega}_r}{\partial \mathfrak{p}_s} - \frac{d}{dt} \frac{\partial \overline{\Omega}_r}{\partial \mathfrak{p}_s'}\right) - \sum_1^\varrho p_r' \frac{\partial \overline{\Omega}_r}{\partial \mathfrak{p}_s'}$$
$$+ \frac{\partial \psi}{\partial \mathfrak{p}_s} - \frac{d}{dt} \frac{\partial \psi}{\partial \mathfrak{p}_s'} = \mathfrak{P}_s.$$

über. Sollen nun die Grössen $p_1, \ldots, p_\varrho$ und deren Ableitungen aus (54) eliminirt werden können, so muss (56) von $p_1, \ldots, p_\varrho$ selbst frei sein, also

$$\frac{\partial \overline{\Omega}_r}{\partial \mathfrak{p}_s} - \frac{d}{dt} \frac{\partial \overline{\Omega}_r}{\partial \mathfrak{p}_s'} = 0$$

identisch erfüllt sein, woraus wieder nach Hülfssatz 3.

$$\overline{\mathfrak{Q}}_r = \Phi_{1r}(\mathfrak{p}_1, \ldots)\mathfrak{p}_1' + \cdots + \Phi_{\sigma r}(\mathfrak{p}_1, \ldots)\mathfrak{p}_\sigma' + C_r$$

folgt, worin C_r eine Constante und

(57) $$\frac{\partial \Phi_{sr}}{\partial \mathfrak{p}_{s_1}} = \frac{\partial \Phi_{s_1 r}}{\partial \mathfrak{p}_s}$$

ist, und es gehen somit die beiden Gleichungen (54) und (56) in

(58) $C_{1r} \mathfrak{p}_1' + C_{2r} \mathfrak{p}_2' + \cdots + C_{r-1\,r} \mathfrak{p}_{r-1}' - C_{r\,r+1} \mathfrak{p}_{r+1}'$
$- C_{r\,r+2} \mathfrak{p}_{r+2}' - \cdots - C_{r\varrho} \mathfrak{p}_\varrho' + C_r - \mathfrak{p}_1'\left(\frac{\partial \omega_r}{\partial \mathfrak{p}_1} - \Phi_{1r}\right) - \cdots$
$- \mathfrak{p}_\sigma'\left(\frac{\partial \omega_r}{\partial \mathfrak{p}_\sigma} - \Phi_{\sigma r}\right) - \frac{\partial \omega_r}{\partial \mathfrak{p}_1'} \mathfrak{p}_1'' - \cdots - \frac{\partial \omega_r}{\partial \mathfrak{p}_\sigma'} \mathfrak{p}_\sigma'' = P_r$

und

(59) $-\frac{\partial \omega_1}{\partial p_s} \mathfrak{p}_1'' - \cdots - \frac{\partial \omega_\varrho}{\partial \mathfrak{p}_s'} \mathfrak{p}_\varrho'' + \mathfrak{p}_1'\left(\frac{\partial \omega_1}{\partial \mathfrak{p}_s} - \frac{d}{dt}\frac{\partial \omega_1}{\partial \mathfrak{p}_s'}\right) + \cdots$
$+ \mathfrak{p}_\varrho'\left(\frac{\partial \omega_\varrho}{\partial \mathfrak{p}_s} - \frac{d}{dt}\frac{\partial \omega_\varrho}{\partial \mathfrak{p}_s'}\right) + \mathfrak{p}_1' \Phi_{s1} + \cdots + \mathfrak{p}_\varrho' \Phi_{s\varrho}$
$+ \left(\frac{\partial \psi}{\partial \mathfrak{p}_s} - \frac{d}{dt}\frac{\partial \psi}{\partial \mathfrak{p}_s'}\right) = \mathfrak{P}_s$

über, während das kinetische Potential H nach (55) die Form annimmt

(60) $H = \sum_{1}^{\varrho} \mathfrak{p}_r' \{C_{r\,r+1} \mathfrak{p}_{r+1} + C_{r\,r+2} \mathfrak{p}_{r+2} + \cdots + C_{r\varrho} \mathfrak{p}_\varrho + \omega_r\}$
$+ \mathfrak{p}_1(\Phi_{11} \mathfrak{p}_1' + \cdots + \Phi_{\sigma 1} \mathfrak{p}_\sigma' + C_1) + \cdots$
$+ \mathfrak{p}_\varrho(\Phi_{1\varrho} \mathfrak{p}_1' + \cdots + \Phi_{\sigma\varrho} \mathfrak{p}_\sigma' + C_\varrho) + \psi;$

setzt man nun die Werthe von $\mathfrak{p}_1', \ldots, \mathfrak{p}_\varrho'$ und die daraus hergeleiteten von $\mathfrak{p}_1'', \ldots, \mathfrak{p}_\varrho''$ aus (58) in die σ Gleichungen (59) ein, so ist zu untersuchen, ob diese Gleichungen wieder die Lagrange'sche Form annehmen, und welches ihr kinetisches Potential ist. Um zunächst die geringste Anzahl willkürlicher Funktionen in den drei letzten Gleichungen zu haben, setze man

$$\int(\Phi_{1r} d\mathfrak{p}_1 + \cdots + \Phi_{\sigma r} d\mathfrak{p}_\sigma) = \Phi_r(\mathfrak{p}_1, \ldots, \mathfrak{p}_\sigma),$$

was der Gleichung (57) zufolge erlaubt ist, und es gehen die ϱ Gleichungen (58) in

Erweitertes Princip der verborgenen Bewegung.

$$(61) \quad C_{1r} p_1' + C_{2r} p_2' + \cdots + C_{r-1\,r} p_{r-1}' - C_{r\,r+1} p_{r+1}'$$
$$- C_{r\,r+2} p_{r+2}' - \cdots - C_{r\varrho} p_\varrho' + C_r = \frac{d(\omega_r - \Phi_r)}{dt} + P_r$$

und die Gleichungen (59) in

$$(62) \quad \frac{\partial (p_1' \omega_1 + \cdots + p_\varrho' \omega_\varrho)}{\partial \mathfrak{p}_s} - \frac{d}{dt} \frac{\partial (p_1' \omega_1 + \cdots + p_\varrho' \omega_\varrho)}{\partial \mathfrak{p}_s'} + p_1' \frac{\partial \Phi_1}{\partial \mathfrak{p}_s} + \cdots$$
$$+ p_\varrho' \frac{\partial \Phi_\varrho}{\partial \mathfrak{p}_s} + \frac{\partial \psi}{\partial \mathfrak{p}_s} - \frac{d}{dt} \frac{\partial \psi}{\partial \mathfrak{p}_s'} = \mathfrak{P}_s$$

über, während das kinetische Potential die Form annimmt

$$(63) \quad H = \sum_1^\varrho p_r' \{ C_{r\,r+1} p_{r+1} + C_{r\,r+2} p_{r+2} + \cdots + C_{r\varrho} p_\varrho + \omega_r \}$$
$$+ p_1 \left(\frac{d\Phi_1}{dt} + C_1 \right) + \cdots + p_\varrho \left(\frac{d\Phi_\varrho}{dt} + C_\varrho \right) + \psi.$$

Da sich aber die Gleichung (61) auf die Gestalt bringen lässt

$$\frac{d}{dt} \{ C_{1r} p_1 + C_{2r} p_2 + \cdots + C_{r-1\,r} p_{r-1} - C_{r\,r+1} p_{r+1}$$
$$- C_{r\,r+2} p_{r+2} - \cdots - C_{r\varrho} p_\varrho - \omega_r + \Phi_r \} = P_r - C_r,$$

worin Φ_r eine Function von $\mathfrak{p}_1, \ldots, \mathfrak{p}_\sigma$, und ω_r eine solche von $\mathfrak{p}_1, \ldots, \mathfrak{p}_\sigma$, $\mathfrak{p}_1', \ldots, \mathfrak{p}_\sigma'$ ist, so werden wir auf den oben behandelten Fall geführt, in welchem die linken Seiten der ersten ϱ Lagrange'schen Gleichungen sich als vollständige nach t genommene Differentialquotienten darstellen lassen, in welchen die Basis des Differentials von $p_1', \ldots, p_\varrho'$ unabhängig ist, und für diese Formen war gezeigt worden, dass für beliebige ϱ und für $\sigma = 1$, wenn die äussern Kräfte P Null oder Constanten sind, die letzte Bewegungsgleichung wieder die Lagrange'sche Form annimmt, während für $\sigma > 1$ dies im Allgemeinen nicht statthat, sondern bestimmte Beziehungen zwischen den im kinetischen Potential enthaltenen Functionen erfordert.

Wir finden somit,

dass die nothwendige und hinreichende Bedingung dafür, dass ϱ Lagrange'sche Gleichungen von den zweiten Ableitungen der

Coordinaten $\mathfrak{p}_1, \ldots, \mathfrak{p}_\varrho$ *und von diesen selbst unabhängig sind, dass ferner die sämmtlichen anderen Bewegungsgleichungen die Coordinaten* $\mathfrak{p}_1, \ldots, \mathfrak{p}_\varrho$ *ebenfalls nicht enthalten, die ist, dass das kinetische Potential die Form besitzt*

$$H = \sum_1^\varrho \mathfrak{p}'_r \{C_{r\,r+1}\mathfrak{p}_{r+1} + C_{r\,r+2}\mathfrak{p}_{r+2} + \cdots + C_{r\varrho}\mathfrak{p}_\varrho + \omega_r\}$$
$$+ \mathfrak{p}_1\left(\frac{d\Phi_1}{dt} + C_1\right) + \cdots + \mathfrak{p}_\varrho\left(\frac{d\Phi_\varrho}{dt} + C_\varrho\right) + \psi,$$

worin $C_1, \ldots, C_\varrho, C_{r\,r+1}, \ldots, C_{r\varrho}$ *Constanten sind,* $\omega_1, \ldots, \omega_\varrho$ *und* ψ *Functionen von* $\mathfrak{p}_1, \ldots, \mathfrak{p}'_1, \ldots$ *und* $\Phi_1, \ldots, \Phi_\varrho$ *Functionen von* $\mathfrak{p}_1, \ldots, \mathfrak{p}_\sigma$ *bedeuten*, oder, wie leicht durch Hinzufügung eines nach t genommenen vollständigen Differentialquotienten ersichtlich ist, *die äquivalente Form*

$$H = \sum_1^\varrho \mathfrak{p}'_r \{C_{r\,r+1}\mathfrak{p}_{r+1} + C_{r\,r+2}\mathfrak{p}_{r+2} + \cdots + C_{r\varrho}\mathfrak{p}_\varrho + \Psi_r\}$$
$$+ \sum_1^\varrho C_r \mathfrak{p}_r + \psi,$$

worin Ψ_r *und* ψ *willkürliche Functionen von* $\mathfrak{p}_1, \ldots, \mathfrak{p}_\sigma, \mathfrak{p}'_1, \ldots, \mathfrak{p}'_\sigma$ *darstellen. In diesem Falle gehen die ersten* ϱ *Lagrange'schen Gleichungen in die vollständigen Differentialausdrücke*

$$\frac{d}{dt}[C_{1r}\mathfrak{p}_1 + C_{2r}\mathfrak{p}_2 + \cdots + C_{r-1\,r}\mathfrak{p}_{r-1} - C_{r\,r+1}\mathfrak{p}_{r+1}$$
$$- C_{r\,r+2}\mathfrak{p}_{r+2} - \cdots - C_{r\varrho}\mathfrak{p}_\varrho - \Psi_r] = P_r + C_r$$

über, während die Reihe der folgenden Bewegungsgleichungen die Gestalt annimmt

$$\sum_1^\varrho \mathfrak{p}'_r\left(\frac{\partial \Psi_r}{\partial \mathfrak{p}_s} - \frac{d}{dt}\frac{\partial \Psi_r}{\partial \mathfrak{p}'_s}\right) - \sum_1^\varrho \mathfrak{p}''_r \frac{\partial \Psi_r}{\partial \mathfrak{p}'_s} + \frac{\partial \psi}{\partial \mathfrak{p}_s} - \frac{d}{dt}\frac{\partial \psi}{\partial \mathfrak{p}'_s} = \mathfrak{P}_s,$$

und diese Gleichungen lassen sich für beliebige ϱ *und* $\sigma = 1$, *wenn* $P_1, \ldots, P_\varrho$ *Null oder Constanten sind, auf die Lagrange'sche Normalform*

$$\frac{\partial \mathfrak{H}}{\partial \mathfrak{p}_1} - \frac{d}{dt}\frac{\partial \mathfrak{H}}{\partial \mathfrak{p}'_1} = \mathfrak{P}_1$$

Erweitertes Princip der verborgenen Bewegung. 159

mit dem kinetischen Potential erster Ordnung $\mathfrak{H}$ reduciren, während für $\sigma > 1$ Bedingungen zwischen den im kinetischen Potential enthaltenen Functionen hinzutreten müssen.

Dieser Fall ist somit wieder, wie aus der Form des kinetischen Potentials H hervorgeht, in der Mechanik wägbarer Massen ausgeschlossen.

Die Unabhängigkeit der ϱ Lagrange'schen Gleichungen von den Grössen $p_1'', \ldots, p_\varrho''$ hatte die Form (48) für das kinetische Potential erfordert, und es blieb nur noch der Fall zu betrachten übrig, dass

b) eben diese Gleichungen von den Grössen $p_1', \ldots, p_\varrho'$ unabhängig sind, und eine Elimination der Werthe der Coordinaten $p_1, \ldots, p_\varrho$ und der daraus hervorgehenden Ableitungen derselben aus der folgenden Reihe der Bewegungsgleichungen vollzogen wird.

Aus der Form (49) der ersten ϱ Bewegungsgleichungen folgt, dass die Unabhängigkeit derselben von den Grössen $p_1', \ldots, p_\varrho'$ die Bedingungen nach sich zieht

$$(64) \qquad \frac{\partial \varphi_r}{\partial p_1} = \frac{\partial \varphi_1}{\partial p_r}, \ldots, \frac{\partial \varphi_r}{\partial p_\varrho} = \frac{\partial \varphi_\varrho}{\partial p_r},$$

und daher diese Gleichungen selbst die Form annehmen

$$(65)\ \frac{\partial \varphi}{\partial p_r} - \frac{\partial \varphi_r}{\partial \mathfrak{p}_1} \mathfrak{p}_1' - \cdots - \frac{\partial \varphi_r}{\partial \mathfrak{p}_\sigma} \mathfrak{p}_\sigma' - \frac{\partial \varphi_r}{\partial \mathfrak{p}_1'} \mathfrak{p}_1'' - \cdots - \frac{\partial \varphi_r}{\partial \mathfrak{p}_\sigma'} \mathfrak{p}_\sigma'' = P_r,$$

worin $\varphi_1, \ldots, \varphi_\varrho, \varphi$ von $p_1, \ldots, \mathfrak{p}_1, \ldots, \mathfrak{p}_1', \ldots$ abhängen, und das kinetische Potential die Form besitzt

$$(66) \qquad H = \varphi_1 p_1' + \cdots + \varphi_\varrho p_\varrho' + \varphi.$$

Mögen sich nun aus den ϱ Gleichungen (65) die Werthe ergeben

$$(67) \qquad p_r = \omega_r(t, \mathfrak{p}_1, \ldots, \mathfrak{p}_1', \ldots, \mathfrak{p}_1'', \ldots),$$

woraus

$$(68)\ p_r' = \frac{\partial \omega_r}{\partial t} + \sum_1^\sigma \frac{\partial \omega_r}{\partial \mathfrak{p}_\lambda} \mathfrak{p}_\lambda' + \sum_1^\sigma \frac{\partial \omega_r}{\partial \mathfrak{p}_\lambda'} \mathfrak{p}_\lambda'' + \sum_1^\sigma \frac{\partial \omega_r}{\partial \mathfrak{p}_\lambda''} \mathfrak{p}_\lambda''',$$

$$(69) \quad p_r'' = \frac{\partial^2 \omega_r}{\partial t^2} + 2 \sum_1^\sigma \left(\frac{\partial^2 \omega_r}{\partial t \partial \mathfrak{p}_\lambda} \mathfrak{p}_\lambda' + \frac{\partial^2 \omega_r}{\partial t \partial \mathfrak{p}_\lambda'} \mathfrak{p}_\lambda'' + \frac{\partial^2 \omega_r}{\partial t \partial \mathfrak{p}_\lambda''} \mathfrak{p}_\lambda''' \right)$$

$$+ \sum_1^\sigma \mathfrak{p}_\lambda' \left(\frac{\partial^2 \omega_r}{\partial \mathfrak{p}_\lambda \partial \mathfrak{p}_1} \mathfrak{p}_1' + \cdots + \frac{\partial^2 \omega_r}{\partial \mathfrak{p}_\lambda \partial \mathfrak{p}_1'} \mathfrak{p}_1'' + \cdots + \frac{\partial^2 \omega_r}{\partial \mathfrak{p}_\lambda \partial \mathfrak{p}_1''} \mathfrak{p}_1''' + \cdots \right)$$

$$+ \sum_1^\sigma \frac{\partial \omega_r}{\partial \mathfrak{p}_\lambda} \mathfrak{p}_\lambda'' + \sum_1^\sigma \mathfrak{p}_\lambda'' \left(\frac{\partial^2 \omega_r}{\partial \mathfrak{p}_\lambda' \partial \mathfrak{p}_1} \mathfrak{p}_1' + \cdots + \frac{\partial^2 \omega_r}{\partial \mathfrak{p}_\lambda' \partial \mathfrak{p}_1'} \mathfrak{p}_1'' + \cdots + \frac{\partial^2 \omega_r}{\partial \mathfrak{p}_\lambda' \partial \mathfrak{p}_1''} \mathfrak{p}_1''' + \cdots \right)$$

$$+ \sum_1^\sigma \frac{\partial \omega_r}{\partial \mathfrak{p}_\lambda'} \mathfrak{p}_\lambda''' + \sum_1^\sigma \mathfrak{p}_\lambda''' \left(\frac{\partial^2 \omega_r}{\partial \mathfrak{p}_\lambda'' \partial \mathfrak{p}_1} \mathfrak{p}_1' + \cdots + \frac{\partial^2 \omega_r}{\partial \mathfrak{p}_\lambda'' \partial \mathfrak{p}_1'} \mathfrak{p}_1'' + \cdots + \frac{\partial^2 \omega_r}{\partial \mathfrak{p}_\lambda'' \partial \mathfrak{p}_1''} \mathfrak{p}_1''' + \cdots \right.$$

$$+ \sum_1^\sigma \frac{\partial \omega_r}{\partial \mathfrak{p}_\lambda''} \mathfrak{p}_\lambda''''$$

folgen, und setzt man diese Werthe in das Gleichungsystem

$$\frac{\partial H}{\partial \mathfrak{p}_s} - \frac{d}{dt} \frac{\partial H}{\partial \mathfrak{p}_s'} = \mathfrak{P}_s$$

oder

$$(70) \quad p_1' \frac{\partial \varphi_1}{\partial \mathfrak{p}_s} + \cdots + \frac{\partial \varphi}{\partial \mathfrak{p}_s} - \frac{\partial \varphi_1}{\partial \mathfrak{p}_s'} p_1'' - \cdots - \frac{d}{dt} \frac{\partial \varphi}{\partial \mathfrak{p}_s'}$$

$$- p_1' \left(\frac{\partial^2 \varphi_1}{\partial \mathfrak{p}_s' \partial \mathfrak{p}_1} \mathfrak{p}_1' + \cdots + \frac{\partial^2 \varphi_1}{\partial \mathfrak{p}_s' \partial \mathfrak{p}_1} \mathfrak{p}_1' + \cdots + \frac{\partial^2 \varphi_1}{\partial \mathfrak{p}_s' \partial \mathfrak{p}_1'} \mathfrak{p}_1'' + \cdots \right)$$

$$- p_2' \left(\frac{\partial^2 \varphi_2}{\partial \mathfrak{p}_s' \partial \mathfrak{p}_1} \mathfrak{p}_1' + \cdots + \frac{\partial^2 \varphi_2}{\partial \mathfrak{p}_s' \partial \mathfrak{p}_1} \mathfrak{p}_1' + \cdots + \frac{\partial^2 \varphi_2}{\partial \mathfrak{p}_s' \partial \mathfrak{p}_1'} \mathfrak{p}_1'' + \cdots \right) - \cdots = \mathfrak{P}_s$$

ein, so folgt unter der Voraussetzung, dass die σ Gleichungen wiederum ein kinetisches Potential erster Ordnung haben sollen, dass die Coefficienten von $\mathfrak{p}_s''''$ und $\mathfrak{p}_s'''$ verschwinden müssen. Daraus ergiebt sich aber zunächst, wie leicht zu sehen, dass die identischen Gleichungen bestehen müssen

$$(71) \quad \left(\frac{\partial \varphi_1}{\partial \mathfrak{p}_s'} \right) \frac{\partial \omega_1}{\partial \mathfrak{p}_\lambda''} + \left(\frac{\partial \varphi_2}{\partial \mathfrak{p}_s'} \right) \frac{\partial \omega_2}{\partial \mathfrak{p}_\lambda''} + \cdots + \left(\frac{\partial \varphi_\varrho}{\partial \mathfrak{p}_s'} \right) \frac{\partial \omega_\varrho}{\partial \mathfrak{p}_\lambda''} = 0$$
$$(s, \lambda = 1, 2, \ldots, \sigma),$$

worin die eingeklammerten Grössen wieder die Werthe derselben nach der Substitution bezeichnen sollen, und somit, wenn wir wieder wie früher die Fälle ausschliessen, welche spezielle Beziehungen zwischen den Functionen $\varphi_1, \varphi_2, \ldots, \varphi_\varrho$ bedingen,

(72) $\quad \left(\dfrac{\partial \varphi_1}{\partial \mathfrak{p}_s'}\right) = 0, \left(\dfrac{\partial \varphi_2}{\partial \mathfrak{p}_s'}\right) = 0, \ldots, \left(\dfrac{\partial \varphi_\varrho}{\partial \mathfrak{p}_s'}\right) = 0;$

dann folgt aber aus der identischen Gleichung (65)

(73) $\quad \left(\dfrac{\partial \varphi}{\partial \mathfrak{p}_r}\right) - \left(\dfrac{\partial \varphi_r}{\partial \mathfrak{p}_1}\right) \mathfrak{p}_1' - \cdots - \left(\dfrac{\partial \varphi_r}{\partial \mathfrak{p}_\sigma}\right) \mathfrak{p}_\sigma' = P_r,$

dass die p_r die $\mathfrak{p}_s''$ nicht enthalten dürfen, dass also

(74) $\quad p_r = \omega_r(t, \mathfrak{p}_1, \ldots, \mathfrak{p}_1', \ldots)$ oder $\dfrac{\partial \omega_r}{\partial \mathfrak{p}_s''} = 0$

sein wird. Da nun in dem Ausdrucke (69) die mit $\mathfrak{p}_\lambda'''$ multiplicirte Klammer verschwindet, so wird der Coefficient von $\mathfrak{p}_\lambda'''$ nach der Substitution der Werthe (67), (68), (69) in (70), da p_r' wegen (74) $\mathfrak{p}_\lambda'''$ auch nicht mehr enthält, vermöge (72) Null sein, also weder $\mathfrak{p}_\lambda''''$ noch $\mathfrak{p}_\lambda'''$ in den σ Lagrange'schen Gleichungen enthalten sein.

Da aber mit Beibehaltung der Klammerbezeichnung

$$\dfrac{\partial \left(\dfrac{\partial \varphi_r}{\partial \mathfrak{p}_s'}\right)}{\partial \mathfrak{p}_\lambda} = 0 = \left(\dfrac{\partial^2 \varphi_r}{\partial \mathfrak{p}_s' \partial \mathfrak{p}_\lambda}\right) + \left(\dfrac{\partial^2 \varphi_r}{\partial \mathfrak{p}_s' \partial p_1}\right) \dfrac{\partial \omega_1}{\partial \mathfrak{p}_\lambda} + \cdots$$

$$\dfrac{\partial \left(\dfrac{\partial \varphi_r}{\partial \mathfrak{p}_s'}\right)}{\partial \mathfrak{p}_\lambda'} = 0 = \left(\dfrac{\partial^2 \varphi_r}{\partial \mathfrak{p}_s' \partial \mathfrak{p}_\lambda'}\right) + \left(\dfrac{\partial^2 \varphi_r}{\partial \mathfrak{p}_s' \partial p_1}\right) \dfrac{\partial \omega_1}{\partial \mathfrak{p}_\lambda'} + \cdots,$$

und durch Multiplication mit $\mathfrak{p}_\lambda'$, $\mathfrak{p}_\lambda''$, durch Addition der Gleichungen und Summation nach λ sich nach (68), wenn wir der Kürze halber annehmen, dass die ω_r von t unabhängig also die P_r Null oder Constanten sind,

$$\sum_1^\sigma \left\{ \left(\dfrac{\partial^2 \varphi_r}{\partial \mathfrak{p}_s' \partial \mathfrak{p}_\lambda}\right) \mathfrak{p}_\lambda' + \left(\dfrac{\partial^2 \varphi_r}{\partial \mathfrak{p}_s' \partial \mathfrak{p}_\lambda'}\right) \mathfrak{p}_\lambda'' \right\}$$

$$= -\left(\dfrac{\partial^2 \varphi_r}{\partial \mathfrak{p}_s' \partial p_1}\right) \sum_1^\sigma \left(\dfrac{\partial \omega_1}{\partial \mathfrak{p}_\lambda} \mathfrak{p}_\lambda' + \dfrac{\partial \omega_1}{\partial \mathfrak{p}_\lambda'} \mathfrak{p}_\lambda''\right)$$

$$-\left(\dfrac{\partial^2 \varphi_r}{\partial \mathfrak{p}_s' \partial p_2}\right) \sum_1^\sigma \left(\dfrac{\partial \omega_2}{\partial \mathfrak{p}_\lambda} \mathfrak{p}_\lambda' + \dfrac{\partial \omega_2}{\partial \mathfrak{p}_\lambda'} \mathfrak{p}_\lambda''\right) - \cdots$$

$$= -\left(\dfrac{\partial^2 \varphi_r}{\partial \mathfrak{p}_s' \partial p_1}\right) p_1' - \left(\dfrac{\partial^2 \varphi_r}{\partial \mathfrak{p}_s' \partial p_2}\right) p_2' - \cdots$$

ergiebt, so werden die mit $\mathfrak{p}_1', \mathfrak{p}_2', \ldots$ multiplicirten Klammern in der Gleichung (70) verschwinden, und die σ Lagrange-schen Gleichungen nach der Substitution somit die Form annehmen

$$(75) \quad (p_1')\left(\frac{\partial \varphi_1}{\partial \mathfrak{p}_s}\right) + \cdots + (p_\varrho')\left(\frac{\partial \varphi_\varrho}{\partial \mathfrak{p}_s}\right) + \left(\frac{\partial \varphi}{\partial \mathfrak{p}_s}\right) - \frac{d}{dt}\left(\frac{\partial \varphi}{\partial \mathfrak{p}_s'}\right) = \mathfrak{P}_s$$

oder

$$\left(\frac{\partial \varphi_1}{\partial \mathfrak{p}_s}\right)\left(\frac{\partial \omega_1}{\partial \mathfrak{p}_1}\mathfrak{p}_1' + \cdots + \frac{\partial \omega_1}{\partial \mathfrak{p}_1'}\mathfrak{p}_1'' + \cdots\right) + \cdots$$
$$+ \left(\frac{\partial \varphi_\varrho}{\partial \mathfrak{p}_s}\right)\left(\frac{\partial \omega_\varrho}{\partial \mathfrak{p}_1}\mathfrak{p}_1' + \cdots + \frac{\partial \omega_\varrho}{\partial \mathfrak{p}_1'}\mathfrak{p}_1'' + \cdots\right) + \left(\frac{\partial \varphi}{\partial \mathfrak{p}_s}\right) - \frac{d}{dt}\left(\frac{\partial \varphi}{\partial \mathfrak{p}_s'}\right) = \mathfrak{P}_s.$$

Da aber

$$\frac{\partial(\varphi)}{\partial \mathfrak{p}_s} = \left(\frac{\partial \varphi}{\partial \mathfrak{p}_s}\right) + \left(\frac{\partial \varphi}{\partial p_1}\right)\frac{\partial \omega_1}{\partial \mathfrak{p}_s} + \cdots, \quad \frac{\partial(\varphi)}{\partial \mathfrak{p}_s'} = \left(\frac{\partial \varphi}{\partial \mathfrak{p}_s'}\right) + \left(\frac{\partial \varphi}{\partial p_1}\right)\frac{\partial \omega_1}{\partial \mathfrak{p}_s'} + \cdots,$$

so wird

$$\left(\frac{\partial \varphi}{\partial \mathfrak{p}_s}\right) - \frac{d}{dt}\left(\frac{\partial \varphi}{\partial \mathfrak{p}_s'}\right) = \frac{\partial(\varphi)}{\partial \mathfrak{p}_s} - \frac{d}{dt}\frac{\partial(\varphi)}{\partial \mathfrak{p}_s'}$$
$$- \sum_1^\varrho \left(\frac{\partial \varphi}{\partial p_r}\right)\frac{\partial \omega_r}{\partial \mathfrak{p}_s} + \frac{d}{dt}\sum_1^\varrho \left(\frac{\partial \varphi}{\partial p_r}\right)\frac{\partial \omega_r}{\partial \mathfrak{p}_s'}$$

sein, und daher, um zu untersuchen, ob sich die Gleichungen (75) wieder in die Lagrange'sche Form setzen lassen, nur festzustellen sein, ob sich mit Benutzung der Gleichung (73) die identische Beziehung

$$(76) \quad \sum_1^\varrho \left(\frac{\partial \varphi_r}{\partial \mathfrak{p}_s}\right)\left(\frac{\partial \omega_r}{\partial \mathfrak{p}_1}\mathfrak{p}_1' + \cdots + \frac{\partial \omega_r}{\partial \mathfrak{p}_1'}\mathfrak{p}_1'' + \cdots\right)$$
$$- \sum_1^\varrho \left(\frac{\partial \varphi}{\partial p_r}\right)\frac{\partial \omega_r}{\partial \mathfrak{p}_s} + \frac{d}{dt}\sum_1^\varrho \left(\frac{\partial \varphi}{\partial p_r}\right)\frac{\partial \omega_r}{\partial \mathfrak{p}_s'} = \frac{\partial K}{\partial \mathfrak{p}_s} - \frac{d}{dt}\frac{\partial K}{\partial \mathfrak{p}_s'}$$

erfüllen lässt, wenn K eine Function von $\mathfrak{p}_1, \ldots, \mathfrak{p}_1', \ldots$ sein soll. Setzt man nun

$$-\frac{\partial K}{\partial \mathfrak{p}_s'} - \sum_1^\varrho \frac{\partial \omega_r}{\partial \mathfrak{p}_s'}\left(\frac{\partial \varphi}{\partial p_r}\right) = L,$$

so dass (76) in

$$(77) \quad \frac{dL}{dt} = \sum_{1}^{\varrho}{}_r \left(\frac{\partial \varphi_r}{\partial \mathfrak{p}_s}\right) \left(\frac{\partial \omega_r}{\partial \mathfrak{p}_1} \mathfrak{p}_1' + \cdots + \frac{\partial \omega_r}{\partial \mathfrak{p}_1'} \mathfrak{p}_1'' + \cdots\right)$$
$$- \sum_{1}^{\varrho}{}_r \left(\frac{\partial \varphi}{\partial p_r}\right) \frac{\partial \omega_r}{\partial \mathfrak{p}_s} - \frac{\partial K}{\partial \mathfrak{p}_s}$$

übergeht, so folgt mit Berücksichtigung des Werthes von $\left(\frac{\partial \varphi}{\partial p_r}\right)$, wie die Gleichung (73) ihn ergiebt, dass die Coefficienten von $\mathfrak{p}_\delta''$ und $\mathfrak{p}_s''$ auf beiden Seiten der Gleichung (77) die Beziehungen liefern

$$\frac{\partial L}{\partial \mathfrak{p}_\delta'} = \sum_{1}^{\varrho}{}_r \left(\frac{\partial \varphi_r}{\partial \mathfrak{p}_s}\right) \frac{\partial \omega_r}{\partial \mathfrak{p}_\delta'}, \quad \frac{\partial L}{\partial \mathfrak{p}_s'} = \sum_{1}^{\varrho}{}_r \left(\frac{\partial \varphi_r}{\partial \mathfrak{p}_s}\right) \frac{\partial \omega_r}{\partial \mathfrak{p}_s'},$$

woraus wieder

$$(78) \quad \sum_{1}^{\varrho}{}_r \frac{\partial}{\partial \mathfrak{p}_s'} \left[\left(\frac{\partial \varphi_r}{\partial \mathfrak{p}_s}\right) \frac{\partial \omega_r}{\partial \mathfrak{p}_\delta'}\right] = \sum_{1}^{\varrho}{}_r \frac{\partial}{\partial \mathfrak{p}_\delta'} \left[\left(\frac{\partial \varphi_r}{\partial \mathfrak{p}_s}\right) \frac{\partial \omega_r}{\partial \mathfrak{p}_s'}\right]$$

folgt. Für $\sigma > 1$ würde diese Gleichung somit wieder eine Beziehung zwischen den Functionen $\varphi_1, \ldots, \varphi_\varrho$ erfordern, was von vornherein bei der Untersuchung ausgeschlossen war; ist jedoch ϱ beliebig und $\sigma = 1$, so geht die linke Seite der Gleichung (76) vermöge (73) in

$$\sum_{1}^{\varrho}{}_r \left(\frac{\partial \varphi_r}{\partial \mathfrak{p}}\right) \left(\frac{\partial \omega_r}{\partial \mathfrak{p}} \mathfrak{p}' + \frac{\partial \omega_r}{\partial \mathfrak{p}'} \mathfrak{p}''\right) - \sum_{1}^{\varrho}{}_r \left(P_r + \left(\frac{\partial \varphi_r}{\partial \mathfrak{p}}\right) \mathfrak{p}'\right) \frac{\partial \omega_r}{\partial \mathfrak{p}}$$
$$+ \frac{d}{dt} \sum_{1}^{\varrho}{}_r \frac{\partial \omega_r}{\partial \mathfrak{p}'} \left(P_r + \left(\frac{\partial \varphi_r}{\partial \mathfrak{p}}\right) \mathfrak{p}'\right)$$

oder unter der Voraussetzung, dass die P_r Null oder Constanten sind, wenn man

$$(79) \quad K = -\mathfrak{p}' \int \sum_{1}^{\varrho}{}_r \frac{\partial \omega_r}{\partial \mathfrak{p}'} \left(\frac{\partial \varphi_r}{\partial \mathfrak{p}}\right) d\mathfrak{p}' - \sum_{1}^{\varrho}{}_r P_r \omega_r$$

setzt, in die verlangte Form

$$\frac{\partial K}{\partial \mathfrak{p}} - \frac{d}{dt}\frac{\partial K}{\partial \mathfrak{p}'}$$

über*), und wir finden somit,

dass die nothwendige und hinreichende Bedingung dafür, dass die ersten ϱ Lagrange'schen Gleichungen von den ersten und zweiten Ableitungen der Coordinaten $p_1, \ldots, p_\varrho$ unabhängig sind, die ist, dass das kinetische Potential die Form hat

$$H = \varphi_1(p_1, \ldots, \mathfrak{p}_1, \ldots, \mathfrak{p}_1', \ldots) p_1' + \cdots$$
$$+ \varphi_\varrho(p_1, \ldots, \mathfrak{p}_1, \ldots, \mathfrak{p}_1', \ldots) p_\varrho' + \varphi(p_1, \ldots, \mathfrak{p}_1, \ldots, \mathfrak{p}_1', \ldots).$$

Soll nun die Elimination von $p_1, \ldots, p_\varrho$ für die weiteren σ Bewegungsgleichungen wieder Gleichungen der Lagrange'schen Form mit einem kinetischen Potentiale erster Ordnung liefern, so ist, wenn nicht specielle Beziehungen zwischen den φ-Functionen

---

*) Sei z. B.

$$H = p'(\mathfrak{p}^2 + \mathfrak{p}^3 + \mathfrak{p}'^2 p + \mathfrak{p}') + 2\mathfrak{p}\mathfrak{p}'p - \mathfrak{p}'p^2 - p + 1,$$

so lautet die erste Lagrange'sche Gleichung, wenn die äussere Kraft Null ist,

$$2\mathfrak{p}'p + 1 = 0,$$

ist also von p' und p'' frei und liefert $p = -\dfrac{1}{2\mathfrak{p}'}$. Setzt man diesen Werth in die zweite Bewegungsgleichung

$$-2p\mathfrak{p}'\mathfrak{p}'' - 2\mathfrak{p}'p'^2 - 2\mathfrak{p}'pp'' - p'' + 2pp' = \mathfrak{P}$$

ein, so ergiebt sich

$$-\frac{\mathfrak{p}''}{2\mathfrak{p}'^2} = \mathfrak{P}.$$

Da aber im vorliegenden Falle

$$\varphi = 2\mathfrak{p}\mathfrak{p}'p - \mathfrak{p}'p^2 - p + 1,$$

also

$$(\varphi) = -\mathfrak{p} + \frac{1}{4\mathfrak{p}'} + 1,$$

ferner

$$\left(\frac{\partial \varphi_1}{\partial \mathfrak{p}}\right) = 2\mathfrak{p}, \qquad \frac{\partial \omega_1}{\partial \mathfrak{p}'} = \frac{1}{2\mathfrak{p}'^2},$$

so wird

$$\mathfrak{H} = \frac{1}{4\mathfrak{p}'} + 1,$$

wofür in der That

$$\frac{\partial \mathfrak{H}}{\partial \mathfrak{p}} - \frac{d}{dt}\frac{\partial \mathfrak{H}}{\partial \mathfrak{p}'} = \mathfrak{P}$$

ist.

bestehen sollen, nothwendig und hinreichend, dass $\sigma = 1$ und die Kräfte $P_1, \ldots, P_\varrho$ Null oder Constanten sind, und zwar nimmt dann diese Differentialgleichung die Form

$$\frac{\partial \mathfrak{H}}{\partial \mathfrak{p}} - \frac{d}{dt}\frac{\partial \mathfrak{H}}{\partial \mathfrak{p}'} = \mathfrak{P}$$

an, worin das kinetische Potential erster Ordnung

$$\mathfrak{H} = (\varphi) - \mathfrak{p}'\int \sum_{1}^{\varrho} \frac{\partial \omega_r}{\partial \mathfrak{p}'}\left(\frac{\partial \varphi_r}{\partial \mathfrak{p}}\right) d\mathfrak{p}' - \sum_{1}^{\varrho} P_r \omega_r$$

ist, und die eingeklammerten Ausdrücke die Werthe derselben nach Substitution der aus den ersten ϱ Bewegungsgleichungen hergeleiteten Ausdrücke der $p_1, \ldots, p_\varrho$ als Functionen von $\mathfrak{p}$ und $\mathfrak{p}'$ bedeuten.

Auch dieser Fall kann, wie aus der Form von H hervorgeht, in der Mechanik wägbarer Massen nicht vorkommen.

Somit sind alle Fälle untersucht, in denen die Beschaffenheit einer Reihe von Bewegungsgleichungen eines Systems mit einem kinetischen Potentiale erster Ordnung, ohne etwaige Integrationen auszuführen, die Elimination von Coordinaten gestattet, und wiederum auf Lagrange'sche Gleichungen mit einem kinetischen Potential erster Ordnung führt, somit auch alle Fälle der erweiterten verborgenen Bewegung ermittelt, welche kinetische Potentiale voraussetzen, die nur von den Coordinaten und deren ersten Ableitungen abhängen, und zwar ergeben sich als nothwendige und hinreichende Formen für die Möglichkeit dieser Elimination die folgenden fünf:

1) *wenn die den Coordinaten $p_1, \ldots, p_\varrho$ entsprechenden linken Seiten der Lagrange'schen Bewegungsgleichungen für ein von t freies kinetisches Potential vollständige nach der Zeit genommene Ableitungen von Functionen aller Coordinaten und deren ersten Ableitungen sind, die jedoch $p_1, \ldots, p_\varrho$ selbst nicht enthalten,*

$$H = \Omega\,(\mathfrak{p}_1, \ldots, \mathfrak{p}_\sigma,\ \mathfrak{p}_1', \ldots, \mathfrak{p}_\sigma',\ p_1', \ldots, p_\varrho'),$$

worin Ω eine willkürliche Function der eingeschlossenen Grössen darstellt,

2) *wenn unter derselben Voraussetzung der Darstellbarkeit der linken Seiten von ϱ Lagrange'schen Gleichungen als vollständige Differentialquotienten die Basisfunctionen dieser Differentialquotienten von $p_1', \ldots, p_\varrho'$ unabhängig sind, für $\varrho + 1$ Lagrange'sche Gleichungen*

$$H = \sum_{r}^{\varrho} p_r'(C_{r\,r+1} p_{r+1} + C_{r\,r+2} p_{r+2} + \cdots + C_{r\varrho} p_\varrho + \varphi_r) + \varphi,$$

worin $C_{r\,r+1}, \ldots, C_{r\varrho}$ willkürliche Constanten, und $\varphi_1, \ldots, \varphi_\varrho, \varphi$ beliebige Functionen von $\mathfrak{p}$ und $\mathfrak{p}'$ bedeuten,

3) *wenn die ersten $\varrho + \sigma$ Lagrange'schen Gleichungen von $p_1, \ldots, p_\varrho, p_1', \ldots, p_\varrho'$ frei sind,*

$$H = \sum_{r,\delta}^{\varrho} c_{r\delta} p_r' p_\delta' + \sum_{r}^{\varrho} p_r'(R_{1r} \mathfrak{p}_1' + R_{2r} \mathfrak{p}_2' + \cdots + R_{\sigma r} \mathfrak{p}_\sigma')$$
$$+ \sum_{r}^{\varrho} c_r p_r + U,$$

worin c_r und $c_{r\delta} = c_{\delta r}$ willkürliche Constanten, R_{sr} beliebige Functionen von $\mathfrak{p}_1, \ldots, \mathfrak{p}_\sigma$ bedeuten, die der Bedingung unterliegen

$$\frac{\partial R_{s_1 r}}{\partial \mathfrak{p}_s} = \frac{\partial R_{sr}}{\partial \mathfrak{p}_{s_1}}$$

und U eine beliebige Function von $\mathfrak{p}_1, \ldots, \mathfrak{p}_\sigma, \mathfrak{p}_1', \ldots, \mathfrak{p}_\sigma'$ darstellt,

4) *wenn die sämmtlichen $\varrho + \sigma$ Bewegungsgleichungen von $p_1, \ldots, p_\varrho$, die ersten ϱ Gleichungen ausserdem noch von $p_1'', \ldots, p_\varrho''$ frei sind, für $\sigma = 1$*

$$H = \sum_{r}^{\varrho} p_r'\{C_{r\,r+1} p_{r+1} + C_{r\,r+2} p_{r+2} + \cdots + C_{r\varrho} p_\varrho + \Psi_r\}$$
$$+ \sum_{r}^{\varrho} C_r p_r + \psi,$$

worin $C_1, \ldots, C_\varrho, C_{r\,r+1}, \ldots, C_{r\varrho}$ willkürliche Constanten sind, und Ψ_r sowohl wie ψ willkürliche Functionen von $\mathfrak{p}$ und $\mathfrak{p}'$ bedeuten,

5) *wenn die ersten ϱ Lagrange'schen Gleichungen von den ersten und zweiten Ableitungen der Coordinaten $p_1, \ldots, p_\varrho$ unabhängig sind, und nur $\varrho + 1$ Bewegungsgleichungen vorgelegt sind,*

$$H = \varphi_1(p_1, \ldots, p_\varrho, \mathfrak{p}, \mathfrak{p}')p_1' + \cdots + \varphi_\varrho(p_1, \ldots, p_\varrho, \mathfrak{p}, \mathfrak{p}')p_\varrho' \\ + \varphi(p_1, \ldots, p_\varrho, \mathfrak{p}, \mathfrak{p}'),$$

worin $\varphi_1, \ldots, \varphi_\varrho, \varphi$ willkürliche Functionen ihrer Argumente darstellen,

überall von einem vollständigen nach t genommenen Differentialquotienten einer willkürlichen Function aller Coordinaten abgesehen.

Die vorausgegangene Behandlung des Problems selbst zeigt, wie die Untersuchung auf kinetische Potentiale auszudehnen ist, welche beliebig hohe Ableitungen der Coordinaten enthalten, wie sie den bisherigen Untersuchungen zu Grunde gelegt wurden.

§ 16.

Helmholtz's Fall der unvollständigen Probleme.

Die von Helmholtz für die Mechanik wägbarer Massen gegebene Behandlung der unvollständigen Probleme lässt sich unmittelbar auf den Fall übertragen, in welchem das kinetische Potential H eine beliebige Function von $t, p_1, \ldots, p_\varrho, \mathfrak{p}_1, \ldots, \mathfrak{p}_\sigma$ und deren ersten Ableitungen ist.

Wird angenommen, dass

$$p_1 = c_1, \quad p_2 = c_2, \ldots, p_\varrho = c_\varrho,$$

worin die c_r Constanten bedeuten, mögliche Lösungen des Problems sind, und setzt man weiter voraus, dass die Glieder in H, in welchen $p_1', p_2', \ldots, p_\varrho'$ linear vorkommen, Coefficienten besitzen, welche nur von $p_1, p_2, \ldots, p_\varrho$, aber nicht von $t, \mathfrak{p}_1, \ldots, \mathfrak{p}_\sigma, \mathfrak{p}_1', \ldots, \mathfrak{p}_\sigma'$ abhängen, — in der Mechanik wägbarer Massen enthält H nur Glieder zweiter Dimension in $p_1', \ldots, p_\varrho', \mathfrak{p}_1', \ldots, \mathfrak{p}_\sigma'$, und es braucht also nur die von Helmholtz aufgestellte Bedingung

$$\frac{\partial^2 H}{\partial p_r' \partial p_s'} = 0$$

hinzuzukommen — so werden die ersten ϱ Lagrange'schen Gleichungen

$$\frac{\partial H}{\partial p_r} - \frac{d}{dt}\frac{\partial H}{\partial p_r'} = P_r$$

oder

$$\frac{\partial H}{\partial p_r} - \frac{\partial^2 H}{\partial p_r' \partial t} - \sum_1^{\varrho} \frac{\partial^2 H}{\partial p_r' \partial p_\lambda} p_\lambda' - \sum_1^{\varrho} \frac{\partial^2 H}{\partial p_r' \partial p_\lambda} p_\lambda''$$
$$- \sum_1^{\sigma} \frac{\partial^2 H}{\partial p_r' \partial \mathfrak{p}_s} \mathfrak{p}_s' - \sum_1^{\sigma} \frac{\partial^2 H}{\partial p_r' \partial \mathfrak{p}_s} \mathfrak{p}_s'' = P_r,$$

da denselben der Voraussetzung nach die Werthe

$$p_1' = p_2' = \cdots = p_\varrho' = 0$$

genügen, in

$$\left(\frac{\partial H}{\partial p_r}\right)_{p_1' = \cdots = p_\varrho' = 0} = P_r \qquad (r = 1, 2, \ldots, \varrho)$$

übergehen. Berechnet man aus diesen Gleichungen

$$p_1 = \omega_1(t, \mathfrak{p}_1, \ldots, \mathfrak{p}_\sigma, \mathfrak{p}_1', \ldots, \mathfrak{p}_\sigma'), \ldots$$
$$p_\varrho = \omega_\varrho(t, \mathfrak{p}_1, \ldots, \mathfrak{p}_\sigma, \mathfrak{p}_1', \ldots, \mathfrak{p}_\sigma')$$

und setzt diese Werthe in die σ weiteren Lagrange'schen Gleichungen ein, so erhält man mit Beibehaltung der früheren Bedeutung der Klammerausdrücke

(1) $$\left(\frac{\partial H}{\partial \mathfrak{p}_s}\right) - \frac{d}{dt}\left(\frac{\partial H}{\partial \mathfrak{p}_s'}\right) = \mathfrak{P}_s.$$

Da aber wieder

$$\frac{\partial (H)}{\partial \mathfrak{p}_s} = \left(\frac{\partial H}{\partial \mathfrak{p}_s}\right) + \sum_1^{\varrho} \left(\frac{\partial H}{\partial p_r}\right) \frac{\partial \omega_r}{\partial \mathfrak{p}_s} = \left(\frac{\partial H}{\partial \mathfrak{p}_s}\right) + \sum_1^{\varrho} P_r \frac{\partial \omega_r}{\partial \mathfrak{p}_s}$$

$$\frac{\partial (H)}{\partial \mathfrak{p}_s'} = \left(\frac{\partial H}{\partial \mathfrak{p}_s'}\right) + \sum_1^{\varrho} \left(\frac{\partial H}{\partial p_r}\right) \frac{\partial \omega_r}{\partial \mathfrak{p}_s'} = \left(\frac{\partial H}{\partial \mathfrak{p}_s'}\right) + \sum_1^{\varrho} P_r \frac{\partial \omega_r}{\partial \mathfrak{p}_s'},$$

so folgt aus (1) für den Fall, dass die P_r als Functionen von t gegeben sind,

$$\frac{\partial (H)}{\partial \mathfrak{p}_s} - \frac{d}{dt}\frac{\partial (H)}{\partial \mathfrak{p}_s'} - \left(\frac{\partial \sum_1^\varrho P_r \omega_r}{\partial \mathfrak{p}_s} - \frac{d}{dt}\frac{\partial \sum_1^\varrho P_r \omega_r}{\partial \mathfrak{p}_s'} \right) = \mathfrak{P}_s,$$

und es haben diese σ Bewegungsgleichungen somit, wenn

$$(H) - \sum_1^\varrho P_r \omega_r = \mathfrak{H}$$

gesetzt wird, die Lagrange'sche Form

$$\frac{\partial \mathfrak{H}}{\partial \mathfrak{p}_s} - \frac{d}{dt}\frac{\partial \mathfrak{H}}{\partial \mathfrak{p}_s'} = \mathfrak{P}_s \qquad (s = 1, 2, \ldots, \sigma),$$

worin $\mathfrak{H}$ wiederum ein kinetisches Potential erster Ordnung ist.

Sind somit unter den durch $\varrho + \sigma$ *Lagrange'sche Gleichungen* definirten Bewegungen eines Systems solche möglich, für welche $p_1, p_2, \ldots, p_\varrho$ Constanten sind, und besitzt das kinetische Potential H die Eigenschaft, dass die Glieder, in welchen $p_1', \ldots, p_\varrho'$ linear vorkommen, Coefficienten besitzen, welche nur von $p_1, p_2, \ldots, p_\varrho$, aber nicht von t, $\mathfrak{p}_1, \ldots, \mathfrak{p}_\sigma$, $\mathfrak{p}_1', \ldots, \mathfrak{p}_\sigma'$ abhängen, so wird man, wenn in den ersten ϱ Gleichungen $p_1' = p_2' = \cdots = p_\varrho' = 0$ gesetzt und die $p_1, \ldots, p_\varrho$ aus diesen durch t, $\mathfrak{p}_1, \ldots, \mathfrak{p}_\sigma$, $\mathfrak{p}_1', \ldots, \mathfrak{p}_\sigma'$ ausgedrückt in die σ weiteren Bewegungsgleichungen substituirt werden, wiederum σ *Lagrange'sche Gleichungen* mit einem kinetischen Potential erster Ordnung erhalten, das, wenn $\omega_1, \ldots, \omega_\varrho$ die substituirten Werthe sind, durch

$$\mathfrak{H} = (H) - \sum_1^\varrho P_r \omega_r$$

dargestellt ist.

Dieser Fall schliesst die Bedingungen der erweiterten *monocyclischen* Systeme ein.

Auf die Untersuchung weiterer Fälle, in denen auch andere mögliche Lösungen des Problems bekannt sind, soll hier nicht näher eingegangen werden.

§ 17.

Ueber die Erniedrigung der Anzahl der Coordinaten Lagrange'scher Bewegungsgleichungen durch Erhöhung der Ordnung des kinetischen Potentials.

Nachdem die Untersuchung der nothwendigen und hinreichenden Bedingungen für die Form eines kinetischen Potentials erster Ordnung dafür durchgeführt worden ist, dass die Elimination einer Anzahl von Coordinaten aus dem Systeme Lagrange'scher Bewegungsgleichungen auf eine geringere Anzahl von Lagrange'schen Gleichungen führt, denen wiederum ein kinetisches Potential erster Ordnung zu Grunde liegt — eine Untersuchung, die für die specielle Form der Trennung des kinetischen Potentials in actuelle und potentielle Energie für die Mechanik wägbarer Massen allein in Betracht kam — wird bei unsern allgemeineren Untersuchungen die wesentliche und interessante Frage in den Vordergrund treten, ob für ein System Lagrange'scher Bewegungsgleichungen mit einem kinetischen Potential oder Kräften bestimmter Ordnung durch Elimination von Coordinaten eine Reduction der Anzahl der Gleichungen möglich ist, wenn das neue System wiederum durch Lagrange'sche Gleichungen, aber für ein kinetisches Potential oder für Kräfte höherer Ordnung dargestellt werden soll, oder kürzer gefasst, ob für die Bewegung eines Systemes von Punkten unter dem Einfluss von Kräften einer bestimmten Ordnung die Bewegung eines Theiles dieser Punkte beschrieben werden kann durch die Einwirkung von Kräften höherer Ordnung.

Wir wollen zunächst den Fall von zwei Lagrange'schen Gleichungen mit den Coordinaten p und $\mathfrak{p}$ betrachten, welche zu einem kinetischen Potential erster Ordnung gehören, welches auch t explicite enthalten darf,

(1) $$\frac{\partial H}{\partial p} - \frac{d}{dt}\frac{\partial H}{\partial p'} = P,$$

(2) $$\frac{\partial H}{\partial \mathfrak{p}} - \frac{d}{dt}\frac{\partial H}{\partial \mathfrak{p}'} = \mathfrak{P},$$

Beziehung zwischen Anzahl d. Coordinaten u. Ordnung d. Potentials. 171

und annehmen, dass die erste dieser Gleichungen p'' nicht enthält, dass also

(3) $$\frac{\partial^2 H}{\partial p'^2} = 0$$

ist, so folgt unmittelbar, dass dieselbe auch von p' frei sein muss, da der partielle Differentialquotient der linken Seite derselben nach p' genommen

$$\frac{\partial^2 H}{\partial p \, \partial p'} - \frac{d}{dt} \frac{\partial^2 H}{\partial p'^2} - \frac{\partial^2 H}{\partial p' \partial p}$$

vermöge (3) identisch verschwindet, und H die Form hat

(4) $$H = f(t, p, \mathfrak{p}, \mathfrak{p}') p' + f_1(t, p, \mathfrak{p}, \mathfrak{p}'),$$

welche somit nothwendig und hinreichend dafür ist, dass die Lagrange'sche Gleichung von p' und p'' unabhängig ist.

Um nun die Coordinate p und ihre Ableitungen aus (1) und (2) zu eliminiren, folge aus (1)

(5) $$p = \omega(t, \mathfrak{p}, \mathfrak{p}', \mathfrak{p}''),$$

also

$$p' = \frac{\partial \omega}{\partial t} + \frac{\partial \omega}{\partial \mathfrak{p}} \mathfrak{p}' + \frac{\partial \omega}{\partial \mathfrak{p}'} \mathfrak{p}'' + \frac{\partial \omega}{\partial \mathfrak{p}''} \mathfrak{p}''',$$

$$p'' = \frac{\partial^2 \omega}{\partial t^2} + 2 \frac{\partial^2 \omega}{\partial t \, \partial \mathfrak{p}} \mathfrak{p}' + \cdots + \frac{\partial \omega}{\partial \mathfrak{p}''} \mathfrak{p}'''',$$

und setzt man diese Werthe für p, p', p'' in die zweite Lagrange'sche Gleichung (2) ein, so erhält man in den früher gebrauchten Bezeichnungen

(6) $$\left(\frac{\partial H}{\partial \mathfrak{p}}\right) - \frac{d}{dt}\left(\frac{\partial H}{\partial \mathfrak{p}'}\right) = \mathfrak{P}.$$

Substituirt man aber diese Werthe in H, so wird (H) eine Function von $t, \mathfrak{p}, \mathfrak{p}', \mathfrak{p}'', \mathfrak{p}'''$, welche $\mathfrak{p}'''$ nur linear enthält, so dass die Beziehungen bestehen

$$\frac{\partial (H)}{\partial \mathfrak{p}} = \left(\frac{\partial H}{\partial \mathfrak{p}}\right) + \left(\frac{\partial H}{\partial p}\right)\frac{\partial p}{\partial \mathfrak{p}} + \left(\frac{\partial H}{\partial p'}\right)\frac{\partial p'}{\partial \mathfrak{p}},$$

$$\frac{\partial (H)}{\partial \mathfrak{p}'} = \left(\frac{\partial H}{\partial \mathfrak{p}'}\right) + \left(\frac{\partial H}{\partial p}\right)\frac{\partial p}{\partial \mathfrak{p}'} + \left(\frac{\partial H}{\partial p'}\right)\frac{\partial p'}{\partial \mathfrak{p}'}$$

$$\frac{\partial (H)}{\partial \mathfrak{p}''} = \left(\frac{\partial H}{\partial p}\right)\frac{\partial p}{\partial \mathfrak{p}''} + \left(\frac{\partial H}{\partial p'}\right)\frac{\partial p'}{\partial \mathfrak{p}''}, \quad \frac{\partial (H)}{\partial \mathfrak{p}'''} = \left(\frac{\partial H}{\partial p'}\right)\frac{\partial p'}{\partial \mathfrak{p}'''},$$

oder da nach den Hülfsformeln des § 2.

$$\frac{\partial p'}{\partial \mathfrak{p}} = \frac{d}{dt}\frac{\partial p}{\partial \mathfrak{p}}, \quad \frac{\partial p'}{\partial \mathfrak{p}'} = \frac{d}{dt}\frac{\partial p}{\partial \mathfrak{p}'} + \frac{\partial p}{\partial \mathfrak{p}},$$

$$\frac{\partial p'}{\partial \mathfrak{p}''} = \frac{d}{dt}\frac{\partial p}{\partial \mathfrak{p}''} + \frac{\partial p}{\partial \mathfrak{p}'}, \quad \frac{\partial p'}{\partial \mathfrak{p}'''} = \frac{\partial p}{\partial \mathfrak{p}''}$$

ist,

$$\frac{\partial (H)}{\partial \mathfrak{p}} = \left(\frac{\partial H}{\partial \mathfrak{p}}\right) + \left(\frac{\partial H}{\partial p}\right)\frac{\partial p}{\partial \mathfrak{p}} + \left(\frac{\partial H}{\partial p'}\right)\frac{d}{dt}\frac{\partial p}{\partial \mathfrak{p}},$$

$$\frac{\partial (H)}{\partial \mathfrak{p}'} = \left(\frac{\partial H}{\partial \mathfrak{p}'}\right) + \left(\frac{\partial H}{\partial p}\right)\frac{\partial p}{\partial \mathfrak{p}'} + \left(\frac{\partial H}{\partial p'}\right)\left[\frac{d}{dt}\frac{\partial p}{\partial \mathfrak{p}'} + \frac{\partial p}{\partial \mathfrak{p}}\right],$$

$$\frac{\partial (H)}{\partial \mathfrak{p}''} = \left(\frac{\partial H}{\partial p}\right)\frac{\partial p}{\partial \mathfrak{p}''} + \left(\frac{\partial H}{\partial p'}\right)\left[\frac{d}{dt}\frac{\partial p}{\partial \mathfrak{p}''} + \frac{\partial p}{\partial \mathfrak{p}'}\right], \quad \frac{\partial (H)}{\partial \mathfrak{p}'''} = \left(\frac{\partial H}{\partial p'}\right)\frac{\partial p}{\partial \mathfrak{p}''}.$$

Hieraus folgt aber unmittelbar die Identität

$$\frac{\partial (H)}{\partial \mathfrak{p}} - \frac{d}{dt}\frac{\partial (H)}{\partial \mathfrak{p}'} + \frac{d^2}{dt^2}\frac{\partial (H)}{\partial \mathfrak{p}''} - \frac{d^3}{dt^3}\frac{\partial (H)}{\partial \mathfrak{p}'''} = \left(\frac{\partial H}{\partial p}\right) - \frac{d}{dt}\left(\frac{\partial H}{\partial p'}\right),$$

und die zweite Bewegungsgleichung (6) nimmt somit die Form an

(7) $\quad \dfrac{\partial (H)}{\partial \mathfrak{p}} - \dfrac{d}{dt}\dfrac{\partial (H)}{\partial \mathfrak{p}'} + \dfrac{d^2}{dt^2}\dfrac{\partial (H)}{\partial \mathfrak{p}''} - \dfrac{d^3}{dt^3}\dfrac{\partial (H)}{\partial \mathfrak{p}'''} = \mathfrak{P},$

beschreibt also die Bewegung der Coordinate $\mathfrak{p}$ mit Hülfe des kinetischen Potentials (H), welches von der dritten Ordnung, aber linear in $\mathfrak{p}'''$ ist. Nach dem Hamilton'schen Princip des § 6. wird also die Bewegungsgleichung (6), welche eine Differentialgleichung 4ter Ordnung ist, äquivalent sein der Variationsgleichung

(8) $\quad \delta \int\limits_{t_0}^{t_1} ((H) - \mathfrak{P}\mathfrak{p})\, dt = 0,$

was von vornherein hätte geschlossen werden können, wenn wir nicht die obige Deduction mit Rücksicht auf die früheren Auseinandersetzungen vorgezogen hätten. Aber es ist auch leicht zu zeigen, dass für das kinetische Potential dritter Ordnung ein solches zweiter Ordnung substituirt werden kann; denn da (H) in $\mathfrak{p}'''$ linear ist, also die Form hat

(9) $\quad (H) = F(t, \mathfrak{p}, \mathfrak{p}', \mathfrak{p}'')\,\mathfrak{p}''' + F_1(t, \mathfrak{p}, \mathfrak{p}', \mathfrak{p}''),$

so wird, wenn

Beziehung zwischen Anzahl d. Coordinaten u. Ordnung d. Potentials. 173

$$\psi = \int F(t, \mathfrak{p}, \mathfrak{p}', \mathfrak{p}'') d\mathfrak{p}''$$

gesetzt und

(10) $\quad K = \dfrac{d\psi}{dt} = \int \dfrac{\partial F}{\partial t} d\mathfrak{p}'' + \mathfrak{p}' \int \dfrac{\partial F}{\partial \mathfrak{p}} d\mathfrak{p}'' + \mathfrak{p}'' \int \dfrac{\partial F}{\partial \mathfrak{p}'} d\mathfrak{p}''$
$\qquad\qquad\qquad\qquad + F(t, \mathfrak{p}, \mathfrak{p}', \mathfrak{p}'') \mathfrak{p}'''$

bestimmt wird, weil K ein vollständiger nach t genommener Differentialquotient ist, nach Hülfsatz 3.

$$\delta \int_{t_0}^{t_1} K \, dt = 0$$

sein, und diese Gleichung somit von (8) abgezogen

$$\delta \int_{t_0}^{t_1} ((H) - K - \mathfrak{P}\mathfrak{p}) \, dt = \delta \int_{t_0}^{t_1} (\mathfrak{H} - \mathfrak{P}\mathfrak{p}) \, dt$$

liefern, worin

$$(H) - K = \mathfrak{H}$$

vermöge (9) und (10) ein kinetisches Potential zweiter Ordnung darstellt*).

---

*) Es geht aus der obigen Darstellung hervor, dass ein kinetisches Potential einer Variabeln und beliebiger Ordnung, welches die höchste Ableitung der Coordinate nur linear enthält, stets durch ein anderes kinetisches Potential von einer um eine Einheit niedrigeren Ordnung ersetzt werden kann, aber wir können diese Bemerkung noch allgemeiner fassen, so dass sie eine Ergänzung zu dem Hülfsatz 4. liefert, die wir erst an dieser Stelle hinzufügen, um ihre Anwendbarkeit deutlicher hervortreten zu lassen. Es waren oben die nothwendigen und hinreichenden Bedingungen dafür aufgestellt, dass eine von $t, p, p', \ldots, p^{(2\nu)}$ abhängige Function N ein kinetisches Potential M besitzt, oder dass eine von $t, p, p', \ldots, p^{(\nu)}$ abhängige Function M existirt, von der Beschaffenheit, dass

(α) $\qquad\qquad \delta \int_{t_0}^{t_1} M \, dt = \int_{t_0}^{t_1} N \delta p \, dt$

ist. Lässt man aber die Bedingung fallen, dass das kinetische Potential von der ν^{ten} Ordnung ist, und fragt nach den Existenzbedingungen für ein kinetisches Potential M beliebig höherer Ordnung ϱ, so dass

$$N = \dfrac{\partial M}{\partial p} - \dfrac{d}{dt}\dfrac{\partial M}{\partial p'} + \cdots + (-1)^{\varrho-1} \dfrac{d^{\varrho-1}}{dt^{\varrho-1}} \dfrac{\partial M}{\partial p^{(\varrho-1)}} + (-1)^{\varrho} \dfrac{d^{\varrho}}{dt^{\varrho}} \dfrac{\partial M}{\partial p^{(\varrho)}},$$

Wir finden somit,

dass wenn von zwei Lagrange'schen Gleichungen die eine derselben von der zweiten Ableitung der zugehörigen Coordinate unabhängig ist, die Elimination dieser Coordinate und deren

---

worin $\varrho > \nu$ ist, so ist zunächst leicht zu sehen, dass $\dfrac{\partial M}{\partial p^{(\varrho)}}$ von $p^{(\varrho)}$ unabhängig sein muss, weil sonst die rechte Seite die Ableitung $p^{(2\varrho)}$ enthalten müsste, während die linke Seite nur von der $2\nu^{\text{ten}}$ Ordnung ist. Hat nun aber M die Form

$$M = \varphi(t, p, p', \ldots, p^{(\varrho-1)})\, p^{(\varrho)} + \psi(t, p, p', \ldots, p^{(\varrho-1)}),$$

und bildet man die Function

$$\omega = \int \varphi(t, p, p', \ldots, p^{(\varrho-1)})\, dp^{(\varrho-1)},$$

so wird

$$K = \frac{d\omega}{dt} = \int \frac{\partial \varphi}{\partial t}\, dp^{(\varrho-1)} + p' \int \frac{\partial \varphi}{\partial p}\, dp^{(\varrho-1)} + \cdots$$
$$+ p^{(\varrho-1)} \int \frac{\partial \varphi}{\partial p^{(\varrho-2)}}\, dp^{(\varrho-1)} + \varphi \cdot p^{(\varrho)},$$

und da K ein vollständiger nach t genommener Differentialquotient, also

(β) $$\delta \int_{t_0}^{t_1} K\, dt = 0$$

ist, so liefert die Differenz der Gleichungen (α) und (β)

$$\delta \int_{t_0}^{t_1} (M - K)\, dt = \delta \int_{t_0}^{t_1} M_1\, dt = \int_{t_0}^{t_1} N\, \delta p\, dt,$$

worin M_1 somit ein kinetisches Potential von N ist, aber vermöge seines Werthes $M - K$ die Ableitung $p^{(\varrho)}$ nicht mehr enthält. Nun muss aus denselben Gründen, wenn noch $\varrho - 1 > \nu$ ist, M_1 linear in $p^{(\varrho-1)}$ sein, und in Folge dessen ist wieder ein neues kinetisches Potential M_2 herzuleiten, welches nur noch $p^{(\varrho-2)}$ enthält, u. s. w., so dass sich der Satz ergiebt:

Besitzt eine Function N, welche die Ableitungen bis zur $2\nu^{\text{ten}}$ Ordnung enthält, ein kinetisches Potential ϱ^{ter} Ordnung, worin $\varrho > \nu$ ist, so muss dasselbe die Ableitung $p^{(\varrho)}$ linear enthalten; befreit man dasselbe in der angegebenen Weise von $p^{(\varrho)}$, so darf das neu entstehende kinetische Potential $\varrho - 1^{\text{ter}}$ Ordnung $p^{(\varrho-1)}$ nur linear enthalten u. s. w., und man erkennt durch diese successive Reduction, dass, wenn eine Function N von der $2\nu^{\text{ten}}$ Ordnung überhaupt ein kinetisches Potential irgend

Beziehung zwischen Anzahl d. Coordinaten u. Ordnung d. Potentials. 175

Ableitungen aus den beiden Gleichungen auf eine Differentialgleichung vierter Ordnung führt, die ein kinetisches Potential zweiter Ordnung besitzt*),

dass also die Bewegung der zweiten Coordinate durch die Einwirkung einer Kraft der nächst höheren Ordnung beschrieben werden kann.

Es ist aber auch leicht zu sehen, *dass nicht nur die hinreichende sondern auch die nothwendige Bedingung dafür, dass*

---

welcher Ordnung besitzt, dasselbe auch ein kinetisches Potential r^{ter} Ordnung besitzen muss, die oben angegebenen nothwendigen und hinreichenden Bedingungen somit die Existenz eines kinetischen Potentials überhaupt charakterisirten.

Die Ausdehnung dieser Sätze auf kinetische Potentiale von mehreren Variabeln ist unmittelbar ersichtlich.

*) Sei z. B. das kinetische Potential erster Ordnung

$$H = \mathfrak{p}\mathfrak{p}'p' + \frac{\mathfrak{p}^2}{2}$$

gegeben, und sei $P = 0$, so dass die beiden Lagrange'schen Gleichungen lauten

$$\mathfrak{p} - \mathfrak{p}'^2 - \mathfrak{p}\mathfrak{p}'' = 0 \quad \text{und} \quad -\mathfrak{p}\mathfrak{p}'' = \mathfrak{P},$$

so wird die Elimination von $\mathfrak{p}$ und $\mathfrak{p}''$ die Gleichung liefern

$$-\mathfrak{p}(3\mathfrak{p}''^2 + 4\mathfrak{p}'\mathfrak{p}''' + \mathfrak{p}\mathfrak{p}'''') = \mathfrak{P}.$$

Bildet man aber

$$(H) = 4\mathfrak{p}\mathfrak{p}'^2\mathfrak{p}'' + \mathfrak{p}^2\mathfrak{p}'\mathfrak{p}''' + \frac{1}{2}\mathfrak{p}'^4 + \frac{1}{2}\mathfrak{p}^2\mathfrak{p}''^2,$$

so geht die Gleichung

$$\frac{\partial (H)}{\partial \mathfrak{p}} - \frac{d}{dt}\frac{\partial (H)}{\partial \mathfrak{p}'} + \frac{d^2}{dt^2}\frac{\partial (H)}{\partial \mathfrak{p}''} - \frac{d^3}{dt^3}\frac{\partial (H)}{\partial \mathfrak{p}'''} = \mathfrak{P}$$

in die eben erhaltene zweite transformirte Bewegungsgleichung über, in welcher nach der obigen Darstellung, wenn

$$\psi = \mathfrak{p}^2\mathfrak{p}'\mathfrak{p}'', \quad \text{also} \quad K = \mathfrak{p}^2\mathfrak{p}'\mathfrak{p}''' + 2\mathfrak{p}\mathfrak{p}'^2\mathfrak{p}'' + \mathfrak{p}^2\mathfrak{p}''^2$$

gesetzt wird, das kinetische Potential (H) durch

$$\mathfrak{H} = (H) - K = 2\mathfrak{p}\mathfrak{p}'^2\mathfrak{p}'' + \frac{1}{2}\mathfrak{p}'^4 - \frac{1}{2}\mathfrak{p}^2\mathfrak{p}''^2$$

ersetzt werden kann, für welches dieselbe Bewegungsgleichung durch

$$\frac{\partial \mathfrak{H}}{\partial \mathfrak{p}} - \frac{d}{dt}\frac{\partial \mathfrak{H}}{\partial \mathfrak{p}'} + \frac{d^2}{dt^2}\frac{\partial \mathfrak{H}}{\partial \mathfrak{p}''} = \mathfrak{P}$$

dargestellt wird.

ein kinetisches Potential dritter Ordnung auf eine Differentialgleichung vierter Ordnung führt, die ist, dass dasselbe linear in der dritten Ableitung sein muss,

denn, wenn in dem Ausdrucke

$$\frac{\partial \mathfrak{H}}{\partial \mathfrak{p}} - \frac{d}{dt}\frac{\partial \mathfrak{H}}{\partial \mathfrak{p}'} + \frac{d^2}{dt^2}\frac{\partial \mathfrak{H}}{\partial \mathfrak{p}''} - \frac{d^3}{dt^3}\frac{\partial \mathfrak{H}}{\partial \mathfrak{p}'''}$$

zunächst $\mathfrak{p}^{(V)}$ fehlen soll, so muss

$$\frac{\partial^2 \mathfrak{H}}{\partial \mathfrak{p}'''^2} = 0 \quad \text{oder} \quad \mathfrak{H} = \varphi(t, \mathfrak{p}, \mathfrak{p}', \mathfrak{p}'')\mathfrak{p}''' + \varphi_1(t, \mathfrak{p}, \mathfrak{p}', \mathfrak{p}'')$$

sein, und ist dies der Fall, so wird, da der Coefficient von $\mathfrak{p}^{(V)}$ nur aus den beiden letzten Gliedern des Ausdruckes entsteht, und derselbe, wie unmittelbar zu sehen, verschwindet, auch $\mathfrak{p}^{(V)}$ in der Differentialgleichung nicht enthalten sein.

Fehlt aber p'' nicht nur in der ersten sondern auch in der zweiten der beiden Lagrange'schen Gleichungen, so müssten die Bedingungen erfüllt sein

$$\frac{\partial^2 H}{\partial p''^2} = 0 \quad \text{und} \quad \frac{\partial^2 H}{\partial p' \partial p'} = 0,$$

und somit H die Form haben

$$H = f_1(t, p, \mathfrak{p})p' + f_2(t, p, \mathfrak{p}, \mathfrak{p}'),$$

so dass die beiden Differentialgleichungen lauten

$$-p'\frac{\partial f_1}{\partial \mathfrak{p}} - \frac{\partial f_1}{\partial t} + \frac{\partial f_2}{\partial p} = P$$

$$-\frac{\partial^2 f_2}{\partial \mathfrak{p}'^2}\mathfrak{p}'' - \frac{\partial^2 f_2}{\partial \mathfrak{p}'\partial p}p' - \frac{\partial^2 f_2}{\partial \mathfrak{p}'\partial \mathfrak{p}}\mathfrak{p}' - \frac{\partial^2 f_2}{\partial \mathfrak{p}'\partial t} + \frac{\partial f_2}{\partial \mathfrak{p}} + p'\frac{\partial f_1}{\partial \mathfrak{p}} = \mathfrak{P};$$

setzt man nun den aus der ersten dieser beiden Gleichungen sich ergebenden Werth

$$p = F(t, \mathfrak{p}, \mathfrak{p}')$$

in die zweite Gleichung ein, so ergiebt sich nur eine Differentialgleichung zweiter Ordnung in $\mathfrak{p}$, und da

$$H = f_1(t, F, \mathfrak{p})\left(\frac{\partial F}{\partial t} + \frac{\partial F}{\partial \mathfrak{p}}\mathfrak{p}' + \frac{\partial F}{\partial \mathfrak{p}'}\mathfrak{p}''\right) + f_2(t, F, \mathfrak{p}, \mathfrak{p}')$$

Beziehung zwischen Anzahl d. Coordinaten u. Ordnung d. Potentials. 177

in $\mathfrak{p}''$ *linear ist, so giebt es also in diesem Falle stets ein kinetisches Potential erster Ordnung**).

Enthält die Gleichung (2) *die Ableitungen* p'' *und* p' *nicht, so müssen die Bedingungen erfüllt sein*

$$\frac{\partial^2 H}{\partial p' \partial p'} = 0, \quad \frac{\partial^2 H}{\partial \mathfrak{p} \partial p'} = \frac{\partial^2 H}{\partial \mathfrak{p}' \partial p},$$

und daher

(11) $\qquad H = \varphi_1(t, p, \mathfrak{p}, p') + \varphi_2(t, p, \mathfrak{p}, \mathfrak{p}'),$

worin

$$\frac{\partial^2 \varphi_1}{\partial \mathfrak{p} \partial p'} = \frac{\partial^2 \varphi_2}{\partial p \partial \mathfrak{p}'} = \Omega(t, \mathfrak{p}, p),$$

also, wie leicht zu sehen,

(12) $\quad H = p' \omega_1(t, p, \mathfrak{p}) + \mathfrak{p}' \omega_2(t, p, \mathfrak{p}) + \omega_3(t, p, p')$
$\qquad\qquad + \omega_4(t, \mathfrak{p}, \mathfrak{p}') + \omega_5(t, p, \mathfrak{p}),$

worin

(13) $\qquad\qquad \dfrac{\partial \omega_1}{\partial \mathfrak{p}} = \dfrac{\partial \omega_2}{\partial p}$

sein muss; dann werden aber die beiden **Lagrange**'schen Gleichungen, wie unmittelbar folgt, lauten

(14) $\begin{cases} \dfrac{\partial \omega_3}{\partial p} + \dfrac{\partial \omega_5}{\partial p} - \dfrac{\partial \omega_1}{\partial t} - \dfrac{\partial^2 \omega_3}{\partial p' \partial t} - \dfrac{\partial^2 \omega_3}{\partial p' \partial p} p' - \dfrac{\partial^2 \omega_3}{\partial p'^2} p'' = P, \\ \dfrac{\partial \omega_4}{\partial \mathfrak{p}} + \dfrac{\partial \omega_5}{\partial \mathfrak{p}} - \dfrac{\partial \omega_2}{\partial t} - \dfrac{\partial^2 \omega_4}{\partial \mathfrak{p}' \partial t} - \dfrac{\partial^2 \omega_4}{\partial \mathfrak{p}' \partial \mathfrak{p}} \mathfrak{p}' - \dfrac{\partial^2 \omega_4}{\partial \mathfrak{p}'^2} \mathfrak{p}'' = \mathfrak{P}, \end{cases}$

und somit die erste von $\mathfrak{p}'$ *und* $\mathfrak{p}''$, *die zweite von* p' *und* p'' *unabhängig sein*.

Entnimmt man nun aus der zweiten Gleichung den Werth

$$p = f(t, \mathfrak{p}, \mathfrak{p}' \mathfrak{p}''),$$

---

*) Setzt man z. B.
$$f_1 = p^2 + p\mathfrak{p}, \quad f_2 = p\mathfrak{p}\mathfrak{p}'^2,$$
so lauten die Lagrange'schen Gleichungen
$$-p + \mathfrak{p}p' = 0, \quad -2p\mathfrak{p}\mathfrak{p}'' - 2p'\mathfrak{p}\mathfrak{p}' - p\mathfrak{p}'^2 + pp' = 0,$$
und das Eliminationsresultat
$$2\mathfrak{p}\mathfrak{p}'^3 + 3\mathfrak{p}^2 p' \mathfrak{p}'' = 0,$$
wofür das kinetische Potential die Form hat
$$\mathfrak{H} = -\frac{1}{2} \mathfrak{p}^2 \mathfrak{p}'^3.$$

indem man die äussern Kräfte P und $\mathfrak{P}$ als gegebene Functionen von t betrachtet, und substituirt diesen Werth nebst seinen Ableitungen in die erste Differentialgleichung, so erhält man eine Differentialgleichung vierter Ordnung in $\mathfrak{p}$, für welche das kinetische Potential H in eine Function übergeht, welche die Grösse $\mathfrak{p}'''$ im Allgemeinen nicht nur linear enthält, und für welche *also auch im Allgemeinen ein kinetisches Potential zweiter Ordnung nicht existiren wird*. Um nun zu untersuchen, unter welchen Bedingungen das Eliminationsresultat

$$Q = \left(\frac{\partial \omega_3(t, p, p')}{\partial p}\right) + \left(\frac{\partial \omega_5(t, p, \mathfrak{p})}{\partial p}\right) - \left(\frac{\partial \omega_1(t, p, \mathfrak{p})}{\partial t}\right) - \left(\frac{\partial^2 \omega_3(t, p, p')}{\partial p' \partial t}\right)$$
$$- (p')\left(\frac{\partial^2 \omega_3(t, p, p')}{\partial p \partial p'}\right) - (p'')\left(\frac{\partial^2 \omega_3(t, p, p')}{\partial p'^2}\right) - P = 0$$

ein kinetisches Potential zweiter Ordnung besitzt, bilde man

$$\frac{\partial Q}{\partial \mathfrak{p}'''} = -\left(\frac{\partial^3 \omega_3}{\partial p'^2 \partial t}\right)\frac{\partial f}{\partial \mathfrak{p}''} - \frac{df}{dt}\left(\frac{\partial^3 \omega_3}{\partial p \partial p'^2}\right)\frac{\partial f}{\partial \mathfrak{p}''} - \frac{d^2 f}{dt^2}\left(\frac{\partial^3 \omega_3}{\partial p'^3}\right)\frac{\partial f}{\partial \mathfrak{p}''}$$
$$-\left(\frac{\partial^2 \omega_3}{\partial p'^2}\right)\left(2\frac{d}{dt}\frac{\partial f}{\partial \mathfrak{p}''} + \frac{\partial f}{\partial \mathfrak{p}'}\right),$$
$$\frac{\partial Q}{\partial \mathfrak{p}''''} = -\left(\frac{\partial^2 \omega_3}{\partial p'^2}\right)\frac{\partial f}{\partial \mathfrak{p}''},$$

und es muss zunächst nach Gleichung (24) des § 3.

(15) $\quad \dfrac{\partial Q}{\partial \mathfrak{p}'''} - 2\dfrac{d}{dt}\dfrac{\partial Q}{\partial \mathfrak{p}''''} = \left(\dfrac{\partial^3 \omega_3}{\partial p'^2 \partial t}\right)\dfrac{\partial f}{\partial \mathfrak{p}''} + \dfrac{df}{dt}\left(\dfrac{\partial^3 \omega_3}{\partial p \partial p'^2}\right)\dfrac{\partial f}{\partial \mathfrak{p}''}$
$$+ \frac{d^2 f}{dt^2}\left(\frac{\partial^3 \omega_3}{\partial p'^3}\right)\frac{\partial f}{\partial \mathfrak{p}''} - \left(\frac{\partial^2 \omega_3}{\partial p'^2}\right)\frac{\partial f}{\partial \mathfrak{p}'} = 0$$

sein. Aus dieser Gleichung folgt aber, dass der Coefficient von $\mathfrak{p}''''$

$$\left(\frac{\partial f}{\partial \mathfrak{p}''}\right)\left(\frac{\partial^3 \omega_3}{\partial p'^3}\right) = 0, \quad \text{also} \quad \frac{\partial^3 \omega_3}{\partial p'^3} = 0$$

identisch erfüllt sein muss, also

$$\omega_3(t, p, p') = \Omega_1(t, p) p'^2 + \Omega_2(t, p) p' + \Omega_3(t, p)$$

ist, während der übrig bleibende Theil der Gleichung (15) die identisch zu befriedigende Bedingung vorschreibt

$$\frac{\partial \Omega_1}{\partial t}\frac{\partial f}{\partial \mathfrak{p}''} + \frac{df}{dt}\frac{\partial \Omega_1}{\partial p}\frac{\partial f}{\partial \mathfrak{p}''} - \Omega_1\frac{\partial f}{\partial \mathfrak{p}'} = 0;$$

da nun der Coefficient von $\mathfrak{p}'''$

$$\frac{\partial \Omega_1}{\partial p} = 0, \quad \text{also} \quad \Omega_1 = \Omega(t),$$

und danach

$$\Omega'(t)\frac{\partial f}{\partial p''} - \Omega(t)\frac{\partial f}{\partial p'} = 0$$

sein muss, so folgt, wenn wir nunmehr der Einfachheit wegen voraussetzen, dass t im kinetischen Potential nicht explicite enthalten ist, dass

$$\Omega(t) = a \quad \text{und} \quad \frac{\partial f}{\partial p'} = 0$$

ist. Wenn aber f die Ableitung p' nicht enthalten soll, so muss die linke Seite der zweiten Lagrange'schen Gleichung (14), welche unter den eben gemachten Voraussetzungen die Form annimmt

$$\frac{\partial \omega_4(\mathfrak{p},\mathfrak{p}')}{\partial \mathfrak{p}} + \frac{\partial \omega_5(p,\mathfrak{p})}{\partial \mathfrak{p}} - \frac{\partial^2 \omega_4(p,\mathfrak{p}')}{\partial \mathfrak{p}\,\partial \mathfrak{p}'}p' - \frac{\partial^2 \omega_4(p,\mathfrak{p}')}{\partial \mathfrak{p}'^2}p'' = \mathfrak{P},$$

von $\mathfrak{p}'$ unabhängig, also identisch

$$p'\frac{\partial^3 \omega_4(p,\mathfrak{p}')}{\partial \mathfrak{p}\,\partial \mathfrak{p}'^2} + p''\frac{\partial^3 \omega_4(p,\mathfrak{p}')}{\partial \mathfrak{p}'^3} = 0$$

sein, woraus

$$\frac{\partial^2 \omega_4(p,\mathfrak{p}')}{\partial \mathfrak{p}'^2} = c \quad \text{oder} \quad \omega_4(\mathfrak{p},\mathfrak{p}') = c\mathfrak{p}'^2 + \psi_1(\mathfrak{p})\mathfrak{p}' + \psi_2(\mathfrak{p})$$

folgt, und es nimmt daher nach Gleichung (12) das kinetische Potential die Form an

$$H = p'\omega_1(p,\mathfrak{p}) + \mathfrak{p}'\omega_2(p,\mathfrak{p}) + ap'^2 + \Omega_2(p)p' + \Omega_3(p)$$
$$+ c\mathfrak{p}'^2 + \psi_1(\mathfrak{p})\mathfrak{p}' + \psi_2(\mathfrak{p}) + \omega_5(p,\mathfrak{p})$$

oder mit Fortlassung der nach t genommenen vollständigen Differentialquotienten bei Berücksichtigung der Beziehung (13)

(16) $\quad H = ap'^2 + \Omega_3(p) + c\mathfrak{p}'^2 + \psi_2(\mathfrak{p}) + \omega_5(p,\mathfrak{p}),$

nach welcher die Lagrange'schen Gleichungen lauten

(17) $\quad \begin{cases} -2ap'' + \dfrac{\partial \Omega_3}{\partial p} + \dfrac{\partial \omega_5}{\partial p} = P, \\ -2c\mathfrak{p}'' + \dfrac{\partial \psi_2}{\partial \mathfrak{p}} + \dfrac{\partial \omega_5}{\partial \mathfrak{p}} = \mathfrak{P}. \end{cases}$

180 Beziehung zwischen Anzahl d. Coordinaten u. Ordnung d. Potentials.

Da aber dann das Eliminationsresultat Q, worin

(18) $$p = f(t, \mathfrak{p}, \mathfrak{p}'')$$

zu substituiren ist, in

$$Q = \left(\frac{\partial \Omega_2(p)}{\partial p}\right)_{p=f} + \left(\frac{\partial \omega_5(p, \mathfrak{p})}{\partial p}\right)_{p=f} - 2a\frac{d^2 f}{dt^2} - P = 0$$

übergeht, und, wie unmittelbar zu sehen, nach den Beziehungen (2) und (3) des § 2.

$$\frac{\partial Q}{\partial \mathfrak{p}'} = -4a\frac{d}{dt}\frac{\partial f}{\partial \mathfrak{p}},$$

$$\frac{\partial Q}{\partial \mathfrak{p}''} = \left(\frac{\partial^2 \Omega_2}{\partial p^2}\right)\frac{\partial f}{\partial \mathfrak{p}''} + \left(\frac{\partial^2 \omega_5}{\partial p^2}\right)\frac{\partial f}{\partial \mathfrak{p}''} - 2a\left[\frac{d^2}{dt^2}\frac{\partial f}{\partial \mathfrak{p}''} + \frac{\partial f}{\partial \mathfrak{p}}\right],$$

$$\frac{\partial Q}{\partial \mathfrak{p}'''} = -4a\frac{d}{dt}\frac{\partial f}{\partial \mathfrak{p}''}, \quad \frac{\partial Q}{\partial \mathfrak{p}''''} = -2a\frac{\partial f}{\partial \mathfrak{p}''}$$

ist, so wird die für die Existenz eines kinetischen Potentials zweiter Ordnung noch zu erfüllende Bedingungsgleichung (23) des § 3. die identisch zu befriedigende Gleichung liefern

$$2a\frac{d}{dt}\frac{\partial f}{\partial \mathfrak{p}} + \frac{d}{dt}\left\{\frac{\partial f}{\partial \mathfrak{p}''}\left[\left(\frac{\partial^2 \Omega_2}{\partial p^2}\right) + \left(\frac{\partial^2 \omega_5}{\partial p^2}\right)\right]\right\} = 0$$

oder

(19) $$2a\frac{\partial f}{\partial \mathfrak{p}} + \frac{\partial f}{\partial \mathfrak{p}''}\left[\left(\frac{\partial^2 \Omega_2}{\partial p^2}\right) + \left(\frac{\partial^2 \omega_5}{\partial p^2}\right)\right] = c,$$

worin c eine willkürliche Constante bedeutet. Da aber der Ausdruck (18) die zweite der Gleichungen (17) identisch befriedigen muss, also

(20) $$\frac{\partial \psi_2(\mathfrak{p})}{\partial \mathfrak{p}} + \left(\frac{\partial \omega_5(p, \mathfrak{p})}{\partial \mathfrak{p}}\right) - 2c\,\mathfrak{p}'' = 0$$

ist, so wird sich durch Differentiation der identischen Gleichung (20) nach $\mathfrak{p}$ und $\mathfrak{p}''$

$$\left(\frac{\partial^2 \omega_5}{\partial \mathfrak{p}^2}\right) + \left(\frac{\partial^2 \omega_5}{\partial \mathfrak{p}\,\partial p}\right)\frac{\partial f}{\partial \mathfrak{p}} + \frac{\partial^2 \psi_2(\mathfrak{p})}{\partial \mathfrak{p}^2} = 0, \quad \left(\frac{\partial^2 \omega_5}{\partial \mathfrak{p}\,\partial p}\right)\frac{\partial f}{\partial \mathfrak{p}''} - 2c = 0$$

ergeben, und durch Substitution der hieraus folgenden Werthe von $\frac{\partial f}{\partial \mathfrak{p}}$ und $\frac{\partial f}{\partial \mathfrak{p}''}$ in (19) die in $\mathfrak{p}$ und $\mathfrak{p}''$ also auch in $\mathfrak{p}$ und p identisch zu erfüllende Gleichung hervorgehen

Beziehung zwischen Anzahl d. Coordinaten u. Ordnung d. Potentials. 181

$$(21) \quad -a\left[\frac{\partial^2 \psi_2(\mathfrak{p})}{\partial \mathfrak{p}^2} + \frac{\partial^2 \omega_5(p, \mathfrak{p})}{\partial \mathfrak{p}^2}\right] + c\left[\frac{\partial^2 \Omega_2(p)}{\partial p^2} + \frac{\partial^2 \omega_5(p, \mathfrak{p})}{\partial p^2}\right] = C\frac{\partial^2 \omega_5(p, \mathfrak{p})}{\partial p \, \partial \mathfrak{p}}.$$

Setzt man hierin

$$(22) \quad \omega_5(p, \mathfrak{p}) + \psi_2(\mathfrak{p}) + \Omega_2(p) = F(p, \mathfrak{p}),$$

so geht die identisch zu befriedigende Gleichung (21) in

$$a\frac{\partial^2 F}{\partial \mathfrak{p}^2} + C\frac{\partial^2 F}{\partial \mathfrak{p} \, \partial p} - c\frac{\partial^2 F}{\partial p^2} = 0$$

über, deren allgemeines Integral, wenn

$$\lambda_1 = \frac{-C + \sqrt{C^2 + 4ac}}{2a}, \quad \lambda_2 = \frac{-C - \sqrt{C^2 + 4ac}}{2a}$$

gesetzt wird, durch

$$F(p, \mathfrak{p}) = \varphi(p - \lambda_1 \mathfrak{p}) + \psi(p - \lambda_2 \mathfrak{p})$$

dargestellt ist, worin φ und ψ willkürliche Functionen bedeuten, so dass nach (22) und (16) H die Form annimmt

$$H = a p'^2 + c \mathfrak{p}'^2 + \varphi(p - \lambda_1 \mathfrak{p}) + \psi(p - \lambda_2 \mathfrak{p}),$$

und wir somit den folgenden Satz erhalten:

Die nothwendige und hinreichende Bedingung dafür, dass in der Lagrange'schen Gleichung (2) p'' und p' nicht enthalten sind, und das kinetische Potential die Zeit nicht explicite enthält, dass ferner die Elimination von $\mathfrak{p}$ aus den beiden Lagrange'schen Gleichungen eine Differentialgleichung liefert, welche ein kinetisches Potential zweiter Ordnung besitzt, ist die, dass das ursprüngliche kinetische Potential — immer von nach t genommenen vollständigen Differentialquotienten beliebiger Functionen der Coordinaten abgesehen — die Form hat

$$H = a p'^2 + c \mathfrak{p}'^2 + \varphi(p - \lambda_1 \mathfrak{p}) + \psi(p - \lambda_2 \mathfrak{p}),$$

und somit die Lagrange'schen Gleichungen lauten

$$2 a p'' - \varphi'(p - \lambda_1 \mathfrak{p}) - \psi'(p - \lambda_2 \mathfrak{p}),$$
$$2 c \mathfrak{p}'' + \lambda_1 \varphi'(p - \lambda_1 \mathfrak{p}) + \lambda_2 \psi'(p - \lambda_2 \mathfrak{p}),$$

worin a und c beliebige Constanten, $\lambda_1 \cdot \lambda_2 = -\frac{c}{a}$, und φ sowie ψ willkürliche Functionen ihrer Argumente bedeuten.

Enthält die Lagrange'sche Gleichung (1) p'', *aber* p' *nicht, und fehlt* p' *auch in der Gleichung* (2), so dass man nach Elimination von p'' auch hier p durch $t, \mathfrak{p}, \mathfrak{p}', \mathfrak{p}''$ wird ausdrücken können, so muss den Bedingungen genügt werden

$$\frac{d}{dt}\frac{\partial^2 H}{\partial p'^2} = 0 \quad \text{und} \quad \frac{\partial^2 H}{\partial \mathfrak{p}\,\partial p'} - \frac{d}{dt}\frac{\partial^2 H}{\partial \mathfrak{p}'\,\partial p'} - \frac{\partial^2 H}{\partial \mathfrak{p}'\,\partial p} = 0,$$

und es folgt leicht *als nothwendige und hinreichende Bedingung dafür, dass die beiden Lagrange'schen Gleichungen* p' *nicht enthalten, die Form des kinetischen Potentials*

(23) $\quad H = a p'^2 + p' \mathfrak{p}' \omega_1(t, \mathfrak{p}) + p' \omega_2(t, p, \mathfrak{p})$

$$+ \mathfrak{p}' \int \frac{\partial \omega_2}{\partial \mathfrak{p}} dp - \mathfrak{p}' p \frac{\partial \omega_1}{\partial t} + \omega_3(t, \mathfrak{p}, \mathfrak{p}') + \omega_4(t, p, \mathfrak{p}),$$

worin a eine Constante und $\omega_1, \omega_2, \omega_3, \omega_4$ willkürliche Functionen ihrer Argumente bedeuten, so dass die beiden Lagrangeschen Gleichungen lauten:

(24) $\quad -2 a p'' - \omega_1 \mathfrak{p}'' - \mathfrak{p}'^2 \frac{\partial \omega_1}{\partial \mathfrak{p}} - 2\mathfrak{p}' \frac{\partial \omega_1}{\partial t} - \frac{\partial \omega_2}{\partial t} + \frac{\partial \omega_4}{\partial p} = P,$

(25) $\quad -\omega_1 p'' - \frac{\partial^2 \omega_3}{\partial \mathfrak{p}'^2} \mathfrak{p}'' - \mathfrak{p}' \frac{\partial^2 \omega_3}{\partial \mathfrak{p}'\,\partial \mathfrak{p}} - \frac{\partial^2 \omega_3}{\partial \mathfrak{p}'\,\partial t} + \frac{\partial \omega_3}{\partial \mathfrak{p}}$

$$- \int \frac{\partial^2 \omega_2}{\partial \mathfrak{p}\,\partial t} dp + p \frac{\partial^2 \omega_1}{\partial t^2} + \frac{\partial \omega_4}{\partial \mathfrak{p}} = \mathfrak{P}.$$

Wenn t im kinetischen Potential nicht explicite enthalten ist, also $\omega_1, \omega_2, \omega_3, \omega_4$ von t unabhängig sind, so enthalten die beiden Bewegungsgleichungen, wenn $\omega_4 = 0$ ist, p garnicht, und die Elimination von p'' liefert eine Differentialgleichung zweiter Ordnung in $\mathfrak{p}$, welcher Fall oben in der Theorie der verborgenen Bewegung behandelt wurde. Ist jedoch t in H enthalten, oder ω_4 von Null verschieden, so eliminire man p'' aus diesen beiden Gleichungen; dann liefert das Eliminationsresultat den Ausdruck

$$p = \omega(t, \mathfrak{p}, \mathfrak{p}', \mathfrak{p}'')$$

und durch Substitution in eine der beiden Gleichungen wiederum eine Differentialgleichung vierter Ordnung, für welche jedoch (H) das in $\mathfrak{p}'''$ quadratische Glied

$$a\left(\frac{\partial \omega}{\partial \mathfrak{p}''}\right)^2 \mathfrak{p}''''^2$$

enthält, und es wird somit im Allgemeinen in diesem Falle die *Differentialgleichung vierter Ordnung kein kinetisches Potential zweiter Ordnung besitzen* *).

Werfen wir nun die Frage auf, wann die aus den letzten beiden Lagrange'schen Gleichungen (24) und (25) durch Elimination von p und p'' sich ergebende Differentialgleichung vierter Ordnung ein kinetisches Potential zweiter Ordnung besitzt, unter der Voraussetzung, dass die äusseren Kräfte P_1 und P_2 Null sind und die in H enthaltenen Functionen t nicht explicite einschliessen, so werden für die Form

$$H = ap'^2 + p'\mathfrak{p}'\omega_1(\mathfrak{p}) + p'\omega_2(p, \mathfrak{p})$$
$$+ \mathfrak{p}'\int\frac{\partial \omega_2}{\partial \mathfrak{p}}\,dp + \omega_3(\mathfrak{p}, \mathfrak{p}') + \omega_4(p, \mathfrak{p})$$

---

*) Sei z. B.

$$\omega_1 = \mathfrak{p}, \quad \omega_2 = t\mathfrak{p}, \quad \omega_3 = 0, \quad \omega_4 = 0, \quad a = 1,$$

so lautet das kinetische Potential

$$H = p'^2 + \mathfrak{p}p'\mathfrak{p}' + t\mathfrak{p}p' + t\mathfrak{p}'p$$

oder

$$H = p'^2 + \mathfrak{p}p'\mathfrak{p}' - \mathfrak{p}p,$$

und die zugehörigen Lagrange'schen Gleichungen für verschwindende äussere Kräfte

$$2p'' + \mathfrak{p}\mathfrak{p}'' + \mathfrak{p}'^2 + \mathfrak{p} = 0 \quad \text{und} \quad \mathfrak{p}p'' + p = 0,$$

so dass die Elimination von p die Differentialgleichung vierter Ordnung liefert

$$\mathfrak{p}^2 \mathfrak{p}^{IV} + 6\mathfrak{p}\mathfrak{p}'\mathfrak{p}''' + 4\mathfrak{p}\mathfrak{p}''^2 + 7\mathfrak{p}'^2\mathfrak{p}'' + 3\mathfrak{p}\mathfrak{p}'' + 3\mathfrak{p}'^2 + \mathfrak{p} = 0;$$

dass diese ein kinetisches Potential zweiter Ordnung nicht besitzt, geht daraus hervor, dass, wenn die linke Seite derselben mit Q bezeichnet wird, die nach Hülfsatz 4. nothwendig zu befriedigende Gleichung

$$\frac{\partial Q}{\partial \mathfrak{p}'''} - 2\frac{d}{dt}\frac{\partial Q}{\partial \mathfrak{p}''''} = 0$$

nicht identisch erfüllt ist; das kinetische Potential H geht über in

$$(H) = \frac{1}{4}(\mathfrak{p}^2\mathfrak{p}''' + 4\mathfrak{p}\mathfrak{p}'\mathfrak{p}'' + \mathfrak{p}'^3 + 2\mathfrak{p}\mathfrak{p}')^2 + \frac{\mathfrak{p}\mathfrak{p}'}{2}(\mathfrak{p}^2\mathfrak{p}''' + 4\mathfrak{p}\mathfrak{p}'\mathfrak{p}'' + \mathfrak{p}'^3 + 2\mathfrak{p}\mathfrak{p}')$$
$$- \frac{\mathfrak{p}}{2}(\mathfrak{p}^2\mathfrak{p}'' + \mathfrak{p}\mathfrak{p}'^2 + \mathfrak{p}^2).$$

184 Beziehung zwischen Anzahl d. Coordinaten u. Ordnung d. Potentials.

oder mit Fortlassung des nach t genommenen vollständigen Differentialquotienten

$$p'\omega_2(p,\mathfrak{p}) + \mathfrak{p}'\int\frac{\partial\omega_2}{\partial\mathfrak{p}}\,dp = \frac{d}{dt}\int\omega_2(p,\mathfrak{p})\,dp$$

für die Form des kinetischen Potentials

(26) $\qquad H = a p'^2 + p'\mathfrak{p}'\omega_1(\mathfrak{p}) + \omega_3(\mathfrak{p},\mathfrak{p}') + \omega_4(p,\mathfrak{p})$

die Lagrange'schen Gleichungen lauten

(27) $\quad -2ap'' - \omega_1(\mathfrak{p})\mathfrak{p}'' - \mathfrak{p}'^2\dfrac{\partial\omega_1(\mathfrak{p})}{\partial\mathfrak{p}} + \dfrac{\partial\omega_4(p,\mathfrak{p})}{\partial p} = 0,$

(28) $\quad -\omega_1 p'' - \dfrac{\partial^2\omega_3(\mathfrak{p},\mathfrak{p}')}{\partial\mathfrak{p}'^2}\mathfrak{p}'' - \mathfrak{p}'\dfrac{\partial^2\omega_3(\mathfrak{p},\mathfrak{p}')}{\partial\mathfrak{p}'\,\partial\mathfrak{p}} + \dfrac{\partial\omega_3(\mathfrak{p},\mathfrak{p}')}{\partial\mathfrak{p}}$
$\qquad\qquad\qquad\qquad\qquad\qquad\qquad + \dfrac{\partial\omega_4(p,\mathfrak{p})}{\partial\mathfrak{p}} = 0,$

und die Elimination von p'' liefert zunächst

(29) $\quad \left(\omega_1^2 - 2a\dfrac{\partial^2\omega_3}{\partial\mathfrak{p}'^2}\right)\mathfrak{p}'' + \mathfrak{p}'^2\omega_1\dfrac{\partial\omega_1}{\partial\mathfrak{p}} - 2a\mathfrak{p}'\dfrac{\partial^2\omega_3}{\partial\mathfrak{p}\,\partial\mathfrak{p}'} + 2a\dfrac{\partial\omega_3}{\partial\mathfrak{p}}$
$\qquad\qquad\qquad + 2a\dfrac{\partial\omega_4}{\partial\mathfrak{p}} - \omega_1\dfrac{\partial\omega_4}{\partial p} = 0.$

Ergebe sich aus dieser Gleichung

(30) $\qquad\qquad p = F(\mathfrak{p},\mathfrak{p}',\mathfrak{p}''),$

nach welcher (H) in eine für $\mathfrak{p}'''$ quadratische Function übergeht, so wird die Substitution des Werthes (30) in (27) das Eliminationsresultat in der Form liefern

$$N = -2a\frac{d^2 F}{dt^2} - \omega_1(\mathfrak{p})\mathfrak{p}'' - \mathfrak{p}'^2\frac{\partial\omega_1(\mathfrak{p})}{\partial\mathfrak{p}} + \left(\frac{\partial\omega_4}{\partial p}\right)_{p=F} = 0,$$

und es ist die Frage zu beantworten, ob der Ausdruck N, welcher von der 4ten Ordnung in der Ableitung von $\mathfrak{p}$ ist, ein kinetisches Potential zweiter Ordnung besitzt. Aus der zweiten der beiden für die Existenz eines kinetischen Potentials zweiter Ordnung nothwendigen und hinreichenden Bedingungen (23) und (24) des § 3. folgt zunächst, weil nach den Hülfsformeln (2) und (3) des § 2.

$$\frac{\partial N}{\partial\mathfrak{p}'''} = -2a\left(2\frac{d}{dt}\frac{\partial F}{\partial\mathfrak{p}''} + \frac{\partial F}{\partial\mathfrak{p}'}\right) \text{ und } \frac{\partial N}{\partial\mathfrak{p}''''} = -2a\frac{\partial F}{\partial\mathfrak{p}''}$$

ist, dass jene Gleichung dann und nur dann erfüllt ist, wenn

Beziehung zwischen Anzahl d. Coordinaten u. Ordnung d. Potentials. 185

$$\frac{\partial F}{\partial \mathfrak{p}'} = 0,$$

also F von $\mathfrak{p}'$ unabhängig ist, oder dass die linke Seite von (29) $\mathfrak{p}'$ nicht enthalten darf; danach folgt unmittelbar, dass

$$\frac{\partial^2 \omega_2}{\partial \mathfrak{p}'^2} = 0 \quad \text{oder} \quad \omega_3(\mathfrak{p}, \mathfrak{p}') = \Omega_1(\mathfrak{p}) \mathfrak{p}'^2 + \Omega_2(\mathfrak{p}) \mathfrak{p}' + \Omega_3(\mathfrak{p})$$

und $\qquad \omega_1{}^2 - 4a\Omega_1 = c$

sein muss, worin c eine Constante bedeutet, und es gehen somit das kinetische Potential in

(31) $\qquad H = a p'^2 + \omega_1 p' \mathfrak{p}' + \dfrac{\omega_1{}^2 - c}{4a} \mathfrak{p}'^2 + \Omega_3 + \omega_4,$

und die Lagrange'schen Gleichungen in

(32) $\begin{cases} -2a p'' - \omega_1 \mathfrak{p}'' - \mathfrak{p}'^2 \dfrac{\partial \omega_1}{\partial \mathfrak{p}} + \dfrac{\partial \omega_4}{\partial p} = 0, \\ -\omega_1 p'' - \dfrac{\omega_1{}^2 - c}{2a} \mathfrak{p}'' - \dfrac{\omega_1}{2a} \dfrac{\partial \omega_1}{\partial \mathfrak{p}} \mathfrak{p}'^2 + \dfrac{\partial \Omega_3}{\partial \mathfrak{p}} + \dfrac{\partial \omega_4}{\partial \mathfrak{p}} = 0 \end{cases}$

über, also durch Elimination von p''

(33) $\qquad c\mathfrak{p}'' + 2a \dfrac{\partial \Omega_3}{\partial \mathfrak{p}} + 2a \dfrac{\partial \omega_4}{\partial \mathfrak{p}} - \omega_1 \dfrac{\partial \omega_4}{\partial p} = 0.$

Berechnet man hieraus

$$p = f(\mathfrak{p}, \mathfrak{p}''),$$

und setzt diesen Werth in die erste der Gleichungen (32) ein, so ergiebt sich als Eliminationsresultat

(34) $\qquad Q = -2a \dfrac{d^2 f}{dt^2} - \omega_1 \mathfrak{p}'' - \mathfrak{p}'^2 \dfrac{\partial \omega_1}{\partial \mathfrak{p}} + \left(\dfrac{\partial \omega_4}{\partial p}\right)_{p=f} = 0,$

und es ist zunächst die Gleichung (24) des § 3. durch die linke Seite erfüllt.

Da nun zur Existenz eines Potentials zweiter Ordnung auch die Gleichung (23) des § 3. befriedigt sein muss, und wiederum nach den Hülfsformeln (2) und (3) des § 2.

$$\frac{\partial Q}{\partial \mathfrak{p}'} = -4a \frac{d}{dt} \frac{\partial f}{\partial \mathfrak{p}} - 2\mathfrak{p}' \omega_1',$$

$$\frac{\partial Q}{\partial \mathfrak{p}''} = -2a \frac{d^2}{dt^2} \frac{\partial f}{\partial \mathfrak{p}''} - 2a \frac{\partial f}{\partial \mathfrak{p}} - \omega_1 + \left(\frac{\partial^2 \omega_4}{\partial p^2}\right) \frac{\partial f}{\partial \mathfrak{p}''},$$

$$\frac{\partial Q}{\partial \mathfrak{p}'''} = -4a \frac{d}{dt} \frac{\partial f}{\partial \mathfrak{p}''}, \qquad \frac{\partial Q}{\partial \mathfrak{p}''''} = -2a \frac{\partial f}{\partial \mathfrak{p}''}$$

ist, so muss die Gleichung

$$(35) \quad \frac{d}{dt}\left[2a\frac{\partial f}{\partial \mathfrak{p}} + \omega_1 + \left(\frac{\partial^2 \omega_4}{\partial p^2}\right)\frac{\partial f}{\partial \mathfrak{p}''}\right] = 0$$

identisch erfüllt sein. Bemerkt man aber, dass vermöge (33) die Gleichung

$$(36) \quad c\,\mathfrak{p}'' + 2a\frac{\partial \Omega_3(\mathfrak{p})}{\partial \mathfrak{p}} + 2a\left(\frac{\partial \omega_4}{\partial \mathfrak{p}}\right)_{p=f} - \omega_1\left(\frac{\partial \omega_4}{\partial p}\right)_{p=f} = 0$$

eine identische ist, und somit die nach $\mathfrak{p}''$ und $\mathfrak{p}$ genommenen Differentialquotienten die ebenfalls identischen Beziehungen liefern

$$c + \left\{2a\left(\frac{\partial^2 \omega_4}{\partial \mathfrak{p}\,\partial p}\right)_{p=f} - \omega_1\left(\frac{\partial^2 \omega_4}{\partial p^2}\right)_{p=f}\right\}\frac{\partial f}{\partial \mathfrak{p}''} = 0,$$

$$2a\frac{\partial^2 \Omega_3(\mathfrak{p})}{\partial \mathfrak{p}^2} + 2a\left(\frac{\partial^2 \omega_4}{\partial \mathfrak{p}^2}\right)_{p=f} - \omega_1\left(\frac{\partial^2 \omega_4}{\partial p\,\partial \mathfrak{p}}\right)_{p=f}$$
$$+ \left\{2a\left(\frac{\partial^2 \omega_4}{\partial \mathfrak{p}\,\partial p}\right)_{p=f} - \omega_1\left(\frac{\partial^2 \omega_4}{\partial p^2}\right)_{p=f}\right\}\frac{\partial f}{\partial \mathfrak{p}} - \frac{\partial \omega_1}{\partial \mathfrak{p}}\left(\frac{\partial \omega_4}{\partial p}\right)_{p=f} = 0,$$

so wird durch Substitution der hieraus sich ergebenden Werthe für $\frac{\partial f}{\partial \mathfrak{p}}$ und $\frac{\partial f}{\partial \mathfrak{p}''}$ in die integrirte Gleichung (35), wie leicht zu sehen, als nothwendige und hinreichende Bedingung dafür, dass ein kinetisches Potential zweiter Ordnung für das Eliminationsresultat sich ergiebt, die in p und $\mathfrak{p}$ identisch zu erfüllende Gleichung hervorgehen

$$(37) \quad 4a^2\frac{\partial^2 \Omega_3(\mathfrak{p})}{\partial \mathfrak{p}^2} + 4a^2\frac{\partial^2 \omega_4}{\partial \mathfrak{p}^2} - 2a\omega_1\frac{\partial^2 \omega_4}{\partial \mathfrak{p}\,\partial p} - 2a\frac{\partial \omega_1}{\partial \mathfrak{p}}\frac{\partial \omega_4}{\partial p} + c\frac{\partial^2 \omega_4}{\partial p^2}$$
$$= (\omega_1 + C)\left(2a\frac{\partial^2 \omega_4}{\partial \mathfrak{p}\,\partial p} - \omega_1\frac{\partial^2 \omega_4}{\partial p^2}\right),$$

worin C eine beliebige Constante bedeuten darf, und somit durch Differentiation nach p für ω_4 und ω_1 die partielle Differentialgleichung

$$(38) \quad 4a^2\frac{\partial^3 \omega_4}{\partial \mathfrak{p}^2\,\partial p} - 2a\omega_1\frac{\partial^3 \omega_4}{\partial \mathfrak{p}\,\partial p^2} - 2a\frac{\partial \omega_1}{\partial \mathfrak{p}}\frac{\partial^2 \omega_4}{\partial p^2} + c\frac{\partial^3 \omega_4}{\partial p^3}$$
$$= (\omega_1 + C)\left(2a\frac{\partial^3 \omega_4}{\partial \mathfrak{p}\,\partial p^2} - \omega_1\frac{\partial^3 \omega_4}{\partial p_3}\right).$$

Nimmt man $\omega_1 = \mu$ constant und setzt

$$\frac{2\mu + C}{2a} = 2\alpha, \quad \frac{c + \mu(\mu + C)}{4a^2} = \beta,$$

Beziehung zwischen Anzahl d. Coordinaten u. Ordnung d. Potentials. 187

so erhält man für ω_4 die partielle Differentialgleichung

$$\frac{\partial^2 \omega_4}{\partial \mathfrak{p}^2 \partial p} - 2\alpha \frac{\partial^2 \omega_4}{\partial \mathfrak{p} \partial p^2} + \beta \frac{\partial^2 \omega_4}{\partial p^2} = 0,$$

deren allgemeines Integral, wenn

$$\lambda_1, \lambda_2 = \alpha \pm \sqrt{\alpha^2 - \beta} = \frac{(2\mu + C) \pm \sqrt{C^2 - 4c}}{4a}$$

gesetzt wird, durch

$$\omega_4 = \Phi(p - \lambda_1 \mathfrak{p}) + \Psi(p - \lambda_2 \mathfrak{p}) + X(\mathfrak{p})$$

dargestellt ist, wenn Φ, Ψ, X willkürliche Functionen ihrer Argumente darstellen, und da vermöge (37)

$$\Omega_3(\mathfrak{p}) = -X(\mathfrak{p}) + C_1$$

folgt, worin C_1 eine Integrationsconstante bedeutet, so wird das kinetische Potential (31) in

(39) $\quad H = a p'^2 + \mu p' \mathfrak{p}' + \frac{\mu^2 - c}{4a} \mathfrak{p}'^2 + \Phi(p - \lambda_1 \mathfrak{p}) + \Psi(p - \lambda_2 \mathfrak{p})$

übergehen, worin a, μ, c, C beliebige Constanten bedeuten, und die beiden Lagrange'schen Gleichungen die Form annehmen

$$-2a p'' - \mu \mathfrak{p}'' + \Phi'(p - \lambda_1 \mathfrak{p}) + \Psi'(p - \lambda_2 \mathfrak{p}) = 0,$$

$$-\mu p'' - \frac{\mu^2 - c}{2a} \mathfrak{p}'' - \lambda_1 \Phi'(p - \lambda_1 \mathfrak{p}) - \lambda_2 \Psi'(p - \lambda_2 \mathfrak{p}) = 0.$$

Es ergiebt sich somit,

dass die nothwendige und hinreichende Bedingung dafür, dass in den beiden Lagrange'schen Gleichungen, für welche das kinetische Potential die Zeit t nicht explicite enthält, und die äusseren Kräfte Null sind, p' nicht enthalten ist, und die Elimination von p aus denselben eine Differentialgleichung in $\mathfrak{p}$ liefert, welche ein kinetisches Potential zweiter Ordnung besitzt, durch die Form des ursprünglichen kinetischen Potentials

$$H = a p'^2 + \omega_1(\mathfrak{p}) p' \mathfrak{p}' + \frac{\omega_1^2 - c}{4a} \mathfrak{p}'^2 + \Omega_3(\mathfrak{p}) + \omega_4(p, \mathfrak{p}),$$

also durch die zugehörigen Lagrange'schen Gleichungen

$$-2ap'' - \omega_1\mathfrak{p}'' - \mathfrak{p}'^2\frac{\partial\omega_1}{\partial\mathfrak{p}} + \frac{\partial\omega_4}{\partial p},$$
$$-\omega_1 p'' - \frac{\omega_1{}^2-c}{2a}\mathfrak{p}'' - \frac{\omega_1}{2a}\frac{\partial\omega_1}{\partial\mathfrak{p}}\mathfrak{p}'^2 + \frac{\partial\Omega_2}{\partial\mathfrak{p}} + \frac{\partial\omega_4}{\partial\mathfrak{p}} = 0$$

ausgedrückt ist, worin ω_1, ω_4, Ω *durch die Differentialgleichung* (37) *mit einander verbunden sind. Ist* ω_1 *eine Constante, fehlt also in den beiden Gleichungen auch* $\mathfrak{p}'$, *so mussten sich — wie unmittelbar ersichtlich — die dem vorigen Falle analogen Ausdrücke ergeben.*

Der nur noch allein mögliche Fall, dass in den beiden Lagrange'schen Gleichungen eine Coordinate z. B. p *fehlt*, kann auf die Untersuchungen des vorigen Paragraphen zurückgeführt werden, lässt sich aber auch sehr einfach direct erledigen. Wenn nämlich die erste Lagrange'sche Gleichung von p frei sein soll, so folgt unmittelbar

(40) $\qquad \dfrac{\partial H}{\partial p} = \varphi(t, p, \mathfrak{p})\, p' + \psi(t, p, \mathfrak{p}, \mathfrak{p}'),$

worin

(41) $\qquad \dfrac{\partial\psi}{\partial p} - \dfrac{\partial\varphi}{\partial t} - \mathfrak{p}'\dfrac{\partial\varphi}{\partial\mathfrak{p}} = 0$

ist; die Unabhängigkeit der zweiten Lagrange'schen Gleichung von p liefert aber die weitere Bedingung

(42) $\dfrac{\partial\varphi}{\partial\mathfrak{p}}p' + \dfrac{\partial\psi}{\partial\mathfrak{p}} - \dfrac{\partial^2\psi}{\partial\mathfrak{p}'\partial t} - p'\dfrac{\partial^2\psi}{\partial\mathfrak{p}'\partial p} - \mathfrak{p}'\dfrac{\partial^2\psi}{\partial\mathfrak{p}\partial\mathfrak{p}'} - \mathfrak{p}''\dfrac{\partial^2\psi}{\partial\mathfrak{p}'^2} = 0,$

die, da sie eine identische sein soll, zunächst

$$\frac{\partial^2\psi}{\partial\mathfrak{p}'^2} = 0,$$

also

$$\psi = \mathfrak{p}'\omega(t, p, \mathfrak{p}) + \chi(t, p, \mathfrak{p})$$

giebt. Danach folgt aber aus (41) und (42), dass

(43) $\qquad \dfrac{\partial\omega}{\partial p} = \dfrac{\partial\varphi}{\partial\mathfrak{p}}, \qquad \dfrac{\partial\chi}{\partial p} = \dfrac{\partial\varphi}{\partial t}, \qquad \dfrac{\partial\chi}{\partial\mathfrak{p}} = \dfrac{\partial\omega}{\partial t}$

sein muss, und dass somit nach (40) der Ausdruck für das kinetische Potential

$$H = p'\!\int\!\varphi(t, p, \mathfrak{p})\, dp + \mathfrak{p}'\!\int\!\omega(t, p, \mathfrak{p})\, dp + \int\!\chi(t, p, \mathfrak{p})\, dp \\ + F(t, \mathfrak{p}, p', \mathfrak{p}'),$$

Beziehung zwischen Anzahl d. Coordinaten u. Ordnung d. Potentials. 189

da nach (43) der Ausdruck

$$p'\int \varphi\, dp + \mathfrak{p}'\int \omega\, dp + \int \chi\, dp$$

einen vollständigen nach t genommenen Differentialquotienten darstellt, in

$$H = F(t, \mathfrak{p}, p', \mathfrak{p}')$$

übergeht. Da nun in der That die beiden hieraus hervorgehenden Lagrange'schen Gleichungen

$$\frac{d}{dt}\frac{\partial F}{\partial p'} = 0, \qquad \frac{\partial F}{\partial \mathfrak{p}} - \frac{d}{dt}\frac{\partial F}{\partial \mathfrak{p}'} = 0$$

von p unabhängig sind, und aus der ersten derselben

$$\frac{\partial F}{\partial p'} = h \quad \text{oder} \quad p' = \Omega(t, \mathfrak{p}, \mathfrak{p}')$$

sich ergiebt, worin h die Integrationsconstante bedeutet, so wird die Substitution dieses Werthes von p' in die zweite Gleichung der bekannten Bezeichnung gemäss die Beziehung

$$\left(\frac{\partial F}{\partial \mathfrak{p}}\right) - \frac{d}{dt}\left(\frac{\partial F}{\partial \mathfrak{p}'}\right) = 0$$

liefern, und daher, da

$$\frac{\partial (F)}{\partial \mathfrak{p}} = \left(\frac{\partial F}{\partial \mathfrak{p}}\right) + \left(\frac{\partial F}{\partial p'}\right)\frac{\partial p'}{\partial \mathfrak{p}} = \left(\frac{\partial F}{\partial \mathfrak{p}}\right) + h\frac{\partial \Omega}{\partial \mathfrak{p}},$$

$$\frac{\partial (F)}{\partial \mathfrak{p}'} = \left(\frac{\partial F}{\partial \mathfrak{p}'}\right) + \left(\frac{\partial F}{\partial p'}\right)\frac{\partial p'}{\partial \mathfrak{p}'} = \left(\frac{\partial F}{\partial \mathfrak{p}'}\right) + h\frac{\partial \Omega}{\partial \mathfrak{p}'}$$

ist, diese Gleichung die Form annehmen,

$$\frac{\partial}{\partial \mathfrak{p}}[(F) - h\Omega] - \frac{d}{dt}\frac{\partial}{\partial \mathfrak{p}'}[(F) - h\Omega] = 0,$$

und *somit das kinetische Potential der Eliminationsgleichung*

$$\mathfrak{H} = (F) - h\Omega$$

wiederum von der ersten Ordnung sein, wie schon aus den früheren Untersuchungen ersichtlich war.

Fassen wir wieder die hier gewonnenen Resultate zusammen, welche für die Elimination einer Coordinate zwischen zwei Lagrange'schen Gleichungen mit einem kinetischen Potential erster Ordnung für die resultirende Differentialgleichung die Existenz eines kinetischen Potentials zweiter Ordnung erkennen lassen, so ergiebt sich, dass

1) *wenn die zu p gehörige Lagrange'sche Gleichung von p'' unabhängig ist, also das kinetische Potential die Form hat*

$$H = f(t, p, \mathfrak{p}, \mathfrak{p}') p' + f_1(t, p, \mathfrak{p}, \mathfrak{p}'),$$

die durch Elimination von p und dessen Ableitungen hervorgehende Differentialgleichung vierter Ordnung in $\mathfrak{p}$ ein kinetisches Potential zweiter Ordnung besitzt; für den Fall, dass p'' auch in der zweiten Lagrange'schen Gleichung nicht enthalten ist, also

$$H = f(t, p, \mathfrak{p}) p' + f_1(t, p, \mathfrak{p}, \mathfrak{p}')$$

wird, besitzt die resultirende Differentialgleichung zweiter Ordnung in $\mathfrak{p}$ wiederum ein kinetisches Potential erster Ordnung,

2) *wenn in der zu $\mathfrak{p}$ gehörigen Lagrange'schen Gleichung p' und p'' nicht enthalten sind und das kinetische Potential die Zeit t nicht explicite enthält, die nothwendige und hinreichende Bedingung dafür, dass das Eliminationsresultat in $\mathfrak{p}$ ein kinetisches Potential zweiter Ordnung besitzt, die ist, dass H die Form hat*

$$H = a p'^2 + c \mathfrak{p}'^2 + \varphi(p - \lambda_1 \mathfrak{p}) + \psi(p - \lambda_2 \mathfrak{p}),$$

worin a und c beliebige Constanten, $\lambda_1 \cdot \lambda_2 = -\frac{c}{a}$, und φ sowohl wie ψ beliebige Functionen ihrer Argumente bedeuten,

3) *wenn in beiden Lagrange'schen Gleichungen p' fehlt, das kinetische Potential die Zeit t nicht explicite enthält und die äusseren Kräfte Null sind, sich als nothwendige und hinreichende Bedingung für die Existenz eines kinetischen Potentials zweiter Ordnung der Differentialgleichung vierter Ordnung in $\mathfrak{p}$ sich die Form des ursprünglichen kinetischen Potentials*

$$H = a p'^2 + \omega_1(\mathfrak{p}) p' \mathfrak{p}' + \frac{\omega_1^2 - c}{4a} \mathfrak{p}'^2 + \Omega_3(\mathfrak{p}) + \omega_4(p, \mathfrak{p})$$

ergiebt, worin a und c willkürliche Constanten und ω_1, ω_4, Ω durch die Differentialgleichung

Beziehung zwischen Anzahl d. Coordinaten u. Ordnung d. Potentials.

$$4a^2 \frac{\partial^2 \Omega_3(\mathfrak{p})}{\partial \mathfrak{p}^2} + 4a^2 \frac{\partial^2 \omega_4}{\partial \mathfrak{p}^2} - 2a\omega_1 \frac{\partial^2 \omega_4}{\partial \mathfrak{p} \partial p} - 2a \frac{\partial \omega_1}{\partial \mathfrak{p}} \frac{\partial \omega_4}{\partial p} + c \frac{\partial^2 \omega_4}{\partial p^2}$$
$$= (\omega_1 + C)\left(2a \frac{\partial^2 \omega_4}{\partial \mathfrak{p} \partial p} - \omega_1 \frac{\partial^2 \omega_4}{\partial p^2}\right),$$

worin C eine beliebige Constante bedeutet, mit einander verbunden sind,

4) *wenn endlich in beiden Lagrange'schen Gleichungen p nicht enthalten ist, also*

$$H = F(t, \mathfrak{p}, p', \mathfrak{p}')$$

wird, das kinetische Potential der Eliminationsgleichung wiederum von der ersten Ordnung ist,

überall von einem vollständigen nach t genommenen Differentialquotienten einer willkürlichen Function der Coordinaten p und $\mathfrak{p}$ abgesehen.

Dass für zwei Lagrange'sche Bewegungsgleichungen in der Mechanik wägbarer Massen die Elimination einer Coordinate nicht stets auf eine Lagrange'sche Gleichung mit einer Variabeln und einem kinetischen Potential zweiter Ordnung führt, geht schon aus dem einfachen Falle eines freien, in der Ebene sich bewegenden, einer Kräftefunction unterworfenen Punktes hervor, dessen kinetisches Potential

$$H = -\frac{m}{2}(x'^2 + y'^2) - U(x, y),$$

und dessen Bewegungsgleichungen somit

$$mx'' - \frac{\partial U}{\partial x} = 0, \quad my'' - \frac{\partial U}{\partial y} = 0$$

sind, da, wie aus dem dritten in diesem Paragraphen behandelten Falle ersichtlich ist, die Elimination von x aus den beiden Bewegungsgleichungen eine Bedingungsgleichung für die Kräftefunction ergibt, wenn die resultirende Differentialgleichung vierter Ordnung in y ein kinetisches Potential zweiter Ordnung besitzen soll. Auf die Einführung complexer Variabeln, durch welche das kinetische Potential für die beiden Variabeln p und $\mathfrak{p}$ in der Mechanik wägbarer Massen stets auf die Form gebracht werden kann

192 Beziehung zwischen Anzahl d. Coordinaten u. Ordnung d. Potentials.

$$H = \omega(p, \mathfrak{p})\, p'\mathfrak{p}' + \Omega(p, \mathfrak{p}),$$

die Lagrange'schen Gleichungen somit die Gestalt annehmen

$$\omega \mathfrak{p}'' + \mathfrak{p}'^2 \frac{\partial \omega}{\partial \mathfrak{p}} + \frac{\partial \Omega}{\partial p} = 0, \quad \omega p'' + p'^2 \frac{\partial \omega}{\partial p} + \frac{\partial \Omega}{\partial \mathfrak{p}} = 0,$$

und somit zu dem ersten in diesem Paragraphen behandelten Falle gehören, in welchem das Eliminationsresultat stets ein kinetisches Potential zweiter Ordnung besass, soll hier nicht näher eingegangen werden.

Aber wir können auch allgemein die Bedingungen aufstellen, welchen ein kinetisches Potential erster Ordnung H unterliegen muss, damit die Elimination der Coordinate p zwischen den beiden Lagrange'schen Gleichungen

(44) $$\frac{\partial H}{\partial p} - \frac{d}{dt}\frac{\partial H}{\partial p'} = 0,$$

(45) $$\frac{\partial H}{\partial \mathfrak{p}} - \frac{d}{dt}\frac{\partial H}{\partial \mathfrak{p}'} = 0$$

auf eine Differentialgleichung vierter Ordnung führt, welche ein kinetisches Potential zweiter Ordnung besitzt.

Differentiirt man nämlich jede der Gleichungen (44) und (45) zweimal nach t, so werden die so entstehenden sechs Gleichungen nach (2) und (3) des § 2. in die Form gesetzt werden können

(46) $$\begin{cases} 2\dfrac{\partial H}{\partial p} - \dfrac{\partial H'}{\partial p'} = 0, & 2\dfrac{\partial H}{\partial \mathfrak{p}} - \dfrac{\partial H'}{\partial \mathfrak{p}'} = 0, \\[4pt] 3\dfrac{\partial H'}{\partial p} - \dfrac{\partial H''}{\partial p'} = 0, & 3\dfrac{\partial H'}{\partial \mathfrak{p}} - \dfrac{\partial H''}{\partial \mathfrak{p}'} = 0, \\[4pt] 4\dfrac{\partial H''}{\partial p} - \dfrac{\partial H'''}{\partial p'} = 0, & 4\dfrac{\partial H''}{\partial \mathfrak{p}} - \dfrac{\partial H'''}{\partial \mathfrak{p}'} = 0, \end{cases}$$

und wird das Eliminationsresultat der fünf Grössen p, p', p'', p''', p^{IV} aus diesen sechs Gleichungen durch $Q = 0$ dargestellt, so werden die nothwendigen und hinreichenden Bedingungen dafür, dass ein kinetisches Potential zweiter Ordnung $\mathfrak{H}$ existirt, oder dass

$$Q = \frac{\partial \mathfrak{H}}{\partial \mathfrak{p}} - \frac{d}{dt}\frac{\partial \mathfrak{H}}{\partial \mathfrak{p}'} + \frac{d^2}{dt^2}\frac{\partial \mathfrak{H}}{\partial \mathfrak{p}''}$$

ist, bekanntlich die Form haben

Beziehung zwischen Anzahl d. Coordinaten u. Ordnung d. Potentials.

$$2\frac{\partial Q}{\partial \mathfrak{p}'} - 2\frac{d}{dt}\frac{\partial Q}{\partial \mathfrak{p}''} + \frac{d^2}{dt^2}\frac{\partial Q}{\partial \mathfrak{p}'''} = 0,$$

$$\frac{\partial Q}{\partial \mathfrak{p}'''} - 2\frac{d}{dt}\frac{\partial Q}{\partial \mathfrak{p}''''} = 0,$$

oder wiederum mit Hülfe von (2) und (3) des § 2.

$$5\frac{\partial Q}{\partial \mathfrak{p}'} - 4\frac{\partial Q'}{\partial \mathfrak{p}''} + \frac{\partial Q''}{\partial \mathfrak{p}'''} = 0,$$

$$3\frac{\partial Q}{\partial \mathfrak{p}'''} - 2\frac{\partial Q'}{\partial \mathfrak{p}''''} = 0,$$

und die Darstellung dieser Bedingungen in dem kinetischen Potential H mit Hülfe der Gleichungen (46) wird die nothwendigen und hinreichenden Bedingungen dafür ergeben, dass das Eliminationsresultat eine Lagrange'sche Gleichung für ein kinetisches Potential zweiter Ordnung ist.

Wir schliessen diese Untersuchungen noch mit einer allgemeinen Bemerkung, für welche der Kürze halber, ohne dass das Resultat geändert wird, ein kinetisches Potential ν^{ter} Ordnung H von nur zwei Variabeln p und $\mathfrak{p}$ zu Grunde gelegt werden mag, so dass die beiden Lagrange'schen Gleichungen, unter der Voraussetzung, dass die äusseren Kräfte Null sind, lauten:

$$\frac{\partial H}{\partial p} - \frac{d}{dt}\frac{\partial H}{\partial p'} + \frac{d^2}{dt^2}\frac{\partial H}{\partial p''} - \cdots + (-1)^\nu \frac{d^\nu}{dt^\nu}\frac{\partial H}{\partial p^{(\nu)}} = 0,$$

$$\frac{\partial H}{\partial \mathfrak{p}} - \frac{d}{dt}\frac{\partial H}{\partial \mathfrak{p}'} + \frac{d^2}{dt^2}\frac{\partial H}{\partial \mathfrak{p}''} - \cdots + (-1)^\nu \frac{d^\nu}{dt^\nu}\frac{\partial H}{\partial \mathfrak{p}^{(\nu)}} = 0.$$

Um die durch Elimination von p und dessen Ableitungen resultirende Differentialgleichung in der Variabeln $\mathfrak{p}$ zu erhalten, wird man jede der Gleichungen 2ν mal nach t differentiiren und aus den so entstehenden $4\nu + 2$ Gleichungen die $4\nu + 1$ Grössen $p, p', p'', \ldots, p^{(4\nu)}$ eliminiren, so dass das Eliminationsresultat die Form erhält

(47) $\qquad F(t, \mathfrak{p}, \mathfrak{p}', \mathfrak{p}'', \ldots, \mathfrak{p}^{(4\nu)}) = 0.$

Da aber die Lagrange'schen Gleichungen nach dem Hamilton'schen Princip

194 Beziehung zwischen Anzahl d. Coordinaten u. Ordnung d. Potentials.

$$\delta \int_{t_0}^{t_1} H\, dt = 0$$

machen, so wird, wenn man die aus dem System der differentiirten Lagrange'schen Gleichungen abgeleiteten Werthe von $p, p', p'', \ldots, p^{(2\nu)}$ als Functionen von $t, \mathfrak{p}, \mathfrak{p}', \ldots, \mathfrak{p}^{(4\nu)}$ in den Ausdruck H einsetzt und die sich so ergebende Function von $\mathfrak{p}$ und den Ableitungen bis zur $4\nu^{\text{ten}}$ Ordnung hin mit $\mathfrak{H}$ bezeichnet,

$$\delta \int_{t_0}^{t_1} \mathfrak{H}\, dt = 0$$

sein, und somit *die Differentialgleichung* (47) *von der $4\nu^{\text{ten}}$ Ordnung, wenn auch im Allgemeinen nicht ein kinetisches Potential $2\nu^{\text{ter}}$ Ordnung besitzen, doch eine Integralfunction der Differentialgleichung $8\nu^{\text{ter}}$ Ordnung*

$$\frac{\partial \mathfrak{H}}{\partial \mathfrak{p}} - \frac{d}{dt}\frac{\partial \mathfrak{H}}{\partial \mathfrak{p}'} + \frac{d^2}{dt^2}\frac{\partial \mathfrak{H}}{\partial \mathfrak{p}''} - \cdots + \frac{d^{4\nu}}{dt^{4\nu}}\frac{\partial H}{\partial \mathfrak{p}^{(4\nu)}} = 0$$

sein*).

---

*) Sei z. B.
$$H = -\frac{1}{2}(p'^2 + p'^2) - p^3 - p\mathfrak{p},$$

lauten also die Bewegungsgleichungen

$$p'' = 3p^2 + \mathfrak{p}, \quad \mathfrak{p}'' = p,$$

so ergiebt sich die Eliminationsgleichung in der Variabeln $\mathfrak{p}$
(6) $\qquad Q = \mathfrak{p}^{IV} - 3\mathfrak{p}''^2 - \mathfrak{p} = 0,$

und diese hat, da

$$\frac{\partial Q}{\partial \mathfrak{p}'} - \frac{dt}{dt}\frac{\partial Q}{\partial \mathfrak{p}''} + \frac{d^2}{dt^2}\frac{\partial Q}{\partial \mathfrak{p}'''} - \frac{d^3}{dt^3}\frac{\partial Q}{\partial \mathfrak{p}''''}$$

nicht identisch Null ist, kein kinetisches Potential zweiter Ordnung. Setzt man der zweiten Lagrange'schen Gleichung gemäss $p = \mathfrak{p}''$, $p' = \mathfrak{p}'''$ in H ein, so ergiebt sich

$$\mathfrak{H} = -\frac{1}{2}\mathfrak{p}'''^2 - \frac{1}{2}\mathfrak{p}'^2 - \mathfrak{p}''^3 - \mathfrak{p}\mathfrak{p}''$$

und somit

$$\frac{\partial \mathfrak{H}}{\partial \mathfrak{p}} - \frac{d}{dt}\frac{\partial \mathfrak{H}}{\partial \mathfrak{p}'} + \frac{d^2}{dt^2}\frac{\partial \mathfrak{H}}{\partial \mathfrak{p}''} - \frac{d^3}{dt^3}\frac{\partial \mathfrak{H}}{\partial \mathfrak{p}'''} = \mathfrak{p}^{(VI)} - 6\mathfrak{p}'''^2 - 6\mathfrak{p}''\mathfrak{p}^{(IV)} - \mathfrak{p}'' = 0,$$

wovon die Grösse Q eine Integralfunction ist.

§ 18.

Ueber das erweiterte Newton'sche Potential und die Verallgemeinerung der Laplace-Poisson'schen Differentialgleichung.

Sei W eine ganze Function der nach t genommenen Ableitungen $r', r'', \ldots, r^{(\nu)}$, worin

$$r^2 = (x-a)^2 + (y-b)^2 + (z-c)^2$$

ist, und werde angenommen, dass r selbst beliebig in dieselbe eintreten mag, so wird, wenn diese Function in Bezug auf $r^{(\nu)}$ von paarem Grade $2k$ ist und

$$\frac{\partial^2}{\partial x^{(\nu)2}} + \frac{\partial^2}{\partial y^{(\nu)2}} + \frac{\partial^2}{\partial z^{(\nu)2}} \quad \text{mit } \Delta_{\nu\nu}$$

bezeichnet wird, vermöge der Beziehungen

$$\frac{\partial r^{(\nu)}}{\partial x^{(\nu)}} = \frac{\partial r}{\partial x}, \quad \frac{\partial r^{(\nu)}}{\partial y^{(\nu)}} = \frac{\partial r}{\partial y}, \quad \frac{\partial r^{(\nu)}}{\partial z^{(\nu)}} = \frac{\partial r}{\partial z}$$

sich, wie unmittelbar zu sehen, da

$$\left(\frac{\partial r}{\partial x}\right)^2 + \left(\frac{\partial r}{\partial y}\right)^2 + \left(\frac{\partial r}{\partial z}\right)^2 = 1$$

ist,

$$\Delta_{\nu\nu} W = \frac{\partial^2 W}{\partial r^{(\nu)2}}$$

ergeben und somit in Bezug auf $r^{(\nu)}$ vom $2k-2^{\text{ten}}$ Grade sein, so dass der k-fach iterirte Ausdruck

$$\Delta_{\nu\nu}^k W = V$$

die Grösse $r^{(\nu)}$ garnicht mehr enthält und also der Coefficient von $r^{(\nu)2k}$ in W ist mit $(2k)!$ multiplicirt.

Ist dagegen W in Bezug auf $r^{(\nu)}$ von unpaarem Grade $2k+1$, so wird

$$\Delta_{\nu\nu}^k W = W_1$$

noch in Bezug auf $r^{(\nu)}$ vom ersten Grade sein, und wenn man sodann

$$\frac{\partial^2}{\partial x^{(\nu)} \partial x^{(\nu-1)}} + \frac{\partial^2}{\partial y^{(\nu)} \partial y^{(\nu-1)}} + \frac{\partial^2}{\partial z^{(\nu)} \partial z^{(\nu-1)}} \quad \text{mit } \Delta_{\nu,\nu-1}$$

bezeichnet, und beachtet, dass, wenn $\nu > 1$, vermöge der aus (2) und (3) des § 2. folgenden Beziehung

$$\frac{\partial r^{(\nu)}}{\partial x^{(\nu-1)}} = \nu \frac{\partial r'}{\partial x}$$

und der Relation

$$\frac{\partial r}{\partial x}\frac{\partial r}{\partial x'} + \frac{\partial r}{\partial y}\frac{\partial r}{\partial y'} + \frac{\partial r}{\partial z}\frac{\partial r}{\partial z'} = 0$$

der Ausdruck

$$\Delta_{\nu,\nu-1} W_1 = \frac{\partial^2 W_1}{\partial r^{(\nu)} \partial r^{(\nu-1)}}$$

von $r^{(\nu)}$ unabhängig ist, so wird sich

$$\Delta_{\nu,\nu-1} \Delta_{\nu,\nu}^k W = V$$

ergeben, worin V nur noch von $r, r', \ldots, r^{(\nu-1)}$ abhängt und den nach $r^{(\nu-1)}$ genommenen partiellen Differentialquotienten des Coefficienten von $r^{(\nu)2k+1}$ mit $(2k+1)!$ multiplicirt darstellt; für den Fall, dass $\nu = 1$ ist, wird aus

$$\Delta_{11} W = W_1$$

vermöge der Beziehung

$$\frac{\partial^2 r}{\partial x^2} + \frac{\partial^2 r}{\partial y^2} + \frac{\partial^2 r}{\partial z^2} = \frac{2}{r},$$

wie leicht zu sehen

$$\Delta_{10} W_1 = \frac{\partial^2 W_1}{\partial r \partial r'} + \frac{2}{r}\frac{\partial W_1}{\partial r'}$$

und somit wieder

$$\Delta_{10} \Delta_{11}^k W = V$$

folgen, worin V nur noch von r abhängt, und wenn in W der Coefficient von $r'^{2k+1} \varphi(r)$ war, den Werth

$$(2k+1)! \left(\varphi'(r) + \frac{2}{r} \varphi(r) \right)$$

hat.

Da man jetzt auf die Functionen V, welche nur noch $r, r', \ldots, r^{(\nu-1)}$ enthalten, dieselben Schlüsse anwenden kann, so folgt zunächst, dass, wie zur Bildung der obigen Gleichung für V nur diejenigen Glieder in W in Betracht kommen, welche die höchste Potenz von $r^{(\nu)}$ enthalten, für die Fortsetzung des Verfahrens unter diesen Gliedern wieder nur diejenigen von

Einfluss sein werden, welche die höchste Potenz von $r^{(\nu-1)}$ enthalten, u. s. w. und dass man somit durch Wiederholung des Verfahrens, wenn der allein in Betracht kommende Posten in W mit

$$r^{(\nu)\,\alpha_\nu} r^{(\nu-1)\,\alpha_\nu - 1} \ldots r''^{\alpha_2} r'^{\alpha_1} \varphi(r)$$

bezeichnet wird, schliesslich von einer nachher anzugebenden Constanten abgesehen, entweder auf

$$\varphi(r) \quad \text{oder auf} \quad \frac{\partial \varphi(r)}{\partial r} + \frac{2}{r} \varphi(r)$$

geführt wird, deren gemeinsame Form wir durch

$$\frac{\partial^{\varepsilon_1} \varphi(r)}{\partial r^{\varepsilon_1}} + \varepsilon_1 \frac{2}{r} \varphi(r)$$

darstellen können, wenn $\varepsilon_1 = 0$ oder 1 ist. Da aber endlich für jede Function V von r

$$\Delta_{00} V = \frac{\partial^2 V}{\partial r^2} + \frac{2}{r} \frac{\partial V}{\partial r}$$

ist, also

$$\Delta_{00} \left\{ \frac{\partial^{\varepsilon_1} \varphi(r)}{\partial r^{\varepsilon_1}} + \varepsilon_1 \frac{2}{r} \varphi(r) \right\} = \frac{\partial^{2+\varepsilon_1} \varphi(r)}{\partial r^{2+\varepsilon_1}} + \varepsilon_1 \frac{2}{r} \frac{\partial^2 \varphi(r)}{\partial r^2} + \frac{2}{r} \frac{\partial^{1+\varepsilon_1} \varphi(r)}{\partial r^{1+\varepsilon_1}}$$

wird, so erhalten wir die nachfolgende Ausdehnung der für eine Function W, welche nur von r abhängt, bekannten Transformation

$$\frac{\partial^2 W}{\partial x^2} + \frac{\partial^2 W}{\partial y^2} + \frac{\partial^2 W}{\partial z^2} = \frac{\partial^2 W}{\partial r^2} + \frac{2}{r} \frac{\partial W}{\partial r}:$$

Ist W eine in den Grössen $r, r', \ldots, r^{(\nu)}$ ganze Function, in welche r selbst beliebig eintreten kann, und greift man denjenigen Posten

$$r^{(\nu)\,\alpha_\nu} r^{(\nu-1)\,\alpha_\nu - 1} \ldots r''^{\alpha_2} r'^{\alpha_1} \varphi(r)$$

heraus, welcher die Eigenschaft hat, dass $r^{(\nu)\,\alpha_\nu}$ die höchste in W vorkommende Potenz von $r^{(\nu)}$ ist, $r^{(\nu-1)\,\alpha_\nu - 1}$ die höchste Potenz von $r^{(\nu-1)}$, die mit $r^{(\nu)\,\alpha_\nu}$ verbunden vorkommt, $r^{(\nu-2)\,\alpha_\nu - 2}$ die höchste Potenz von $r^{(\nu-2)}$ ist, welche mit $r^{(\nu)\,\alpha_\nu} r^{(\nu-1)\,\alpha_\nu - 1}$ verbunden vorkommt u. s. w., und welcher das höchste Glied von W genannt werden soll, so setze man

198 Ueber die erweiterte Laplace-Poisson'sche Differentialgl.

$$\alpha_\nu = 2\varkappa_\nu + \varepsilon_\nu$$
$$\alpha_{\nu-1} - \varepsilon_\nu = 2\varkappa_{\nu-1} + \varepsilon_{\nu-1},$$
$$\alpha_{\nu-2} - \varepsilon_{\nu-1} = 2\varkappa_{\nu-2} + \varepsilon_{\nu-2},$$
$$\cdots \cdots \cdots \cdots \cdots$$
$$\alpha_2 - \varepsilon_3 = 2\varkappa_2 + \varepsilon_2,$$
$$\alpha_1 - \varepsilon_2 = 2\varkappa_1 + \varepsilon_1,$$

worin die Grössen $\varepsilon_1, \varepsilon_2, \ldots, \varepsilon_\nu$ *die Zahlen* 0 *oder* 1 *bedeuten, und es wird sodann die der obigen Gleichung analoge Transformation die Form annehmen*

$$\Delta_{00}\Delta_{10}^{\varkappa_1}\Delta_{11}^{\varkappa_1}\Delta_{21}^{\varkappa_2}\Delta_{22}^{\varkappa_2}\ldots\Delta_{\nu-1\,\nu-2}^{\varkappa_{\nu-1}}\Delta_{\nu-1\,\nu-1}^{\varkappa_{\nu-1}}\Delta_{\nu\,\nu-1}^{\varkappa_\nu}\Delta_{\nu\,\nu}^{\varkappa_\nu}W$$
$$= \alpha_\nu!\,\alpha_{\nu-1}!\ldots\alpha_2!\,\alpha_1!\left\{\frac{\partial^{2+\varepsilon_1}\varphi(r)}{\partial r^{2+\varepsilon_1}} + \varepsilon_1\frac{2}{r}\frac{\partial^2\varphi(r)}{\partial r^2} + \frac{2}{r}\frac{\partial^{1+\varepsilon_1}\varphi(r)}{\partial r^{1+\varepsilon_1}}\right\}.$$

Um nun die Differentialgleichung einer Kräftefunction — in dem im § 4. definirten Sinne — einer endlichen oder unendlichen Anzahl von Centren für einen ausserhalb der Massen gelegenen Punkt in einer für alle r und für jede Anzahl derselben sich gleichbleibenden Gestalt zu erhalten, muss die rechte Seite der obigen Gleichung verschwinden, und daher $\varphi(r)$ einer der beiden Differentialgleichungen genügen

$$\frac{\partial^2\varphi(r)}{\partial r^2} + \frac{2}{r}\frac{\partial\varphi(r)}{\partial r} = 0$$

oder

$$\frac{\partial^3\varphi(r)}{\partial r^3} + \frac{4}{r}\frac{\partial^2\varphi(r)}{\partial r^2} = 0,$$

somit die Form haben

$$\varphi(r) = \frac{c}{r} + c_1 \quad \text{oder} \quad \varphi(r) = \frac{c}{r^2} + c_1 r + c_2,$$

und wir finden somit,

dass die erweiterte Laplace'sche Gleichung für alle nach r *und dessen nach* t *genommenen Ableitungen bis zur* ν^{ten} *Ordnung hin abhängigen Functionen* W, *die ganze Functionen dieser Ableitungen sind, und deren höchstes Glied den Coefficienten hat*

$$\frac{c}{r} + c_1 \quad \text{oder} \quad \frac{c}{r^2} + c_1 r + c_2,$$

die Form annimmt

(1) $\Delta_{00} \Delta_{10}^{x_1} \Delta_{11}^{x_1} \Delta_{21}^{x_2} \Delta_{22}^{x_2} \ldots \Delta_{\nu-1\,\nu-2}^{x_{\nu-1}} \Delta_{\nu-1\,\nu-1}^{x_{\nu-1}} \Delta_{\nu\nu-1}^{x_\nu} \Delta_{\nu\nu}^{x_\nu} W = 0.$

Die Annahme, dass W eine ganze Function von $r', r'', \ldots, r^{(\nu)}$ sei, in welche r selbst beliebig eintreten sollte, schloss die Möglichkeit aus, dass W für endliche Werthe der Ableitungen der Entfernung unendlich gross werden könnte für einen willkürlichen Werth von r.

Nennt man nunmehr für eine Kraft

$$R(r, r', r'', \ldots, r^{(2\nu)}),$$

welche von der Entfernung und deren nach der Zeit genommenen Ableitungen bis zur $2\nu^{ten}$ Ordnung hin abhängt und welche die Gleichungen

$$(1-(-1)^\varrho)\frac{\partial R}{\partial r^{(\varrho)}} - (\varrho+1)_1 \frac{d}{dt}\frac{\partial R}{\partial r^{(\varrho+1)}} + (\varrho+2)_2 \frac{d^2}{dt^2}\frac{\partial R}{\partial r^{(\varrho+2)}} - \cdots$$
$$+ (-1)^{2\nu-\varrho}(2\nu)_{2\nu-\varrho}\frac{d^{2\nu-\varrho}}{dt^{2\nu-\varrho}}\frac{\partial R}{\partial r^{(2\nu)}} = 0$$

für $\varrho = 1, 3, 5, \ldots, 2\nu - 1$ identisch befriedigt, die Kräftefunction W, welche der Gleichung genügt

$$R(r, r', r'', \ldots, r^{(2\nu)}) = \frac{\partial W}{\partial r} - \frac{d}{dt}\frac{\partial W}{\partial r'} + \cdots (-1)^\nu \frac{d^\nu}{dt^\nu}\frac{\partial W}{\partial r^{(\nu)}},$$

ein Potential, wenn diese von r und dessen ν Ableitungen abhängige Function als höchstes Glied — im oben angegebenen Sinne — einen Ausdruck von der Form

$$r^{(\nu)^{\alpha_\nu}} r^{(\nu-1)^{\alpha_{\nu-1}}} \ldots r''^{\alpha_2} r'^{\alpha_1}\left(\frac{c}{r} + c_1\right)$$

oder

$$r^{(\nu)^{\alpha_\nu}} r^{(\nu-1)^{\alpha_{\nu-1}}} \ldots r''^{\alpha_2} r'^{\alpha_1}\left(\frac{c}{r^2} + c_1 r + c_2\right)$$

hat, je nachdem die durch die Gleichungen

$$\alpha_\nu = 2\varkappa_\nu + \varepsilon_\nu, \quad \alpha_{\nu-1} - \varepsilon_\nu = 2\varkappa_{\nu-1} + \varepsilon_{\nu-1}, \ldots$$
$$\alpha_3 - \varepsilon_3 = 2\varkappa_2 + \varepsilon_2, \quad \alpha_1 - \varepsilon_2 = 2\varkappa_1 + \varepsilon_1,$$

in welchen die Grössen ε die Zahlen 0 oder 1 bedeuten, bestimmte Grösse

$$\varepsilon_1 = \alpha_1 - \alpha_2 + \alpha_3 - \alpha_4 + \cdots + (-1)^{\nu-1}\alpha_\nu \quad (\text{mod. } 2)$$

den Werth 0 oder 1 hat, so lautet die erweiterte Laplace'sche Gleichung für das allgemeine Newton'sche Potential

$$\Delta_{00} \Delta_{10}^{x_1} \Delta_{11}^{\epsilon_1} \Delta_{21}^{x_2} \Delta_{22}^{\epsilon_2} \ldots \Delta_{\nu-1\,\nu-2}^{\epsilon_{\nu-1}} \Delta_{\nu-1\,\nu-1}^{x_\nu-1} \Delta_{\nu\nu-1}^{\epsilon_\nu} \Delta_{\nu\nu}^{x_\nu} W = 0.$$

Für die Kräftefunction des Weber'schen Gesetzes

$$W = \frac{mm_1}{r}\left(1 + \frac{r'^2}{k^2}\right)$$

ist das höchste Glied

$$\frac{mm_1}{k^2} \frac{r'^2}{r},$$

und da $\nu = 1$, $\alpha_1 = 2$, also $\varkappa_1 = 1$ und $\varepsilon_1 = 0$ ist, so hat W die verlangte Form eines erweiterten Newton'schen Potentials und genügt der partiellen Differentialgleichung

(2) $$\Delta_{00} \Delta_{11} W = 0,^*)$$

oder

---

*) Für eine Kräftefunction von der Form

$$W = \frac{mm_1}{r}\left(1 + \frac{r'^\lambda}{k^2}\right),$$

für welche $\nu = 1$, $\alpha_1 = \lambda$, also ε_1 Null oder die Einheit ist, je nachdem λ grade oder ungrade, welche also nur für gradzahlige λ ein Potential in dem angegebenen Sinne ist, folgt, weil

$$\frac{\partial^2 r'}{\partial x^2} + \frac{\partial^2 r'}{\partial y^2} + \frac{\partial^2 r'}{\partial z^2} = -2\frac{r'}{r^2},$$

und wenn

$$x'^2 + y'^2 + z'^2 = v^2$$

gesetzt wird,

$$\left(\frac{\partial r'}{\partial x}\right)^2 + \left(\frac{\partial r'}{\partial y}\right)^2 + \left(\frac{\partial r'}{\partial z}\right)^2 = \frac{v^2 - r'^2}{r^2},$$

die Beziehung

$$\Delta_{00}\Delta_{00} W = \lambda(\lambda-1)(\lambda-2)(\lambda-3)\frac{r'^{\lambda-4}v^4}{r^5}$$
$$-2\lambda(\lambda-1)(\lambda-2)(\lambda+1)\frac{r'^{\lambda-2}v^2}{r^5} + \lambda(\lambda+1)(\lambda-2)(\lambda+3)\frac{r'^\lambda}{r^5},$$

so dass nur für $\lambda = 0$ und $\lambda = 2$, also nur für das Newton'sche und das Weber'sche Potential

$$\Delta_{00}\Delta_{00} W = 0$$

wird.

$$\frac{\partial^4 W}{\partial x^2 \partial x'^2} + \frac{\partial^4 W}{\partial x^2 \partial y'^2} + \frac{\partial^4 W}{\partial x^2 \partial z'^2}$$
$$+ \frac{\partial^4 W}{\partial y^2 \partial x'^2} + \frac{\partial^4 W}{\partial y^2 \partial y'^2} + \frac{\partial^4 W}{\partial y^2 \partial z'^2}$$
$$+ \frac{\partial^4 W}{\partial z^2 \partial x'^2} + \frac{\partial^4 W}{\partial z^2 \partial y'^2} + \frac{\partial^4 W}{\partial z^2 \partial z'^2} = 0.$$

Allgemein wird für jede Kräftefunction, welche nur von r und der ersten nach der Zeit genommenen Ableitung abhängt, die Kraft also eine Function von r, r', r'' ist, die Existenz eines erweiterten Newton'schen Potentials die Form derselben bedingen

(3) $W = \varphi_0(r) + \varphi_1(r) r' + \varphi_2(r) r'^2 + \cdots + \varphi_{2\varkappa-1}(r) r'^{2\varkappa-1} + \left(\frac{c}{r} + c_1\right) r'^{2\varkappa}$

oder

(4) $W = \varphi_0(r) + \varphi_1(r) r' + \varphi_2(r) r'^2 + \cdots + \varphi_{2\varkappa}(r) r'^{2\varkappa}$
$\qquad + \left(\frac{c}{r^3} + c_1 r + c_2\right) r'^{2\varkappa+1},$

worin $\varphi_0(r), \varphi_1(r), \ldots, \varphi_{2\varkappa}(r)$ willkürliche Functionen von r bedeuten, und es werden die entsprechenden Laplace'schen Gleichungen

(5) $\qquad \Delta_{00} \Delta_{11}^\varkappa W = 0 \quad \text{und} \quad \Delta_{00} \Delta_{10} \Delta_{11}^\varkappa W = 0$

lauten.

Um die erweiterte Poisson'sche Differentialgleichung für die Potentiale (3) und (4) zu ermitteln, genügt es bekanntlich, das Potential einer homogenen Vollkugel auf einen innerhalb derselben gelegenen Punkt zu bestimmen, und es soll deshalb zunächst die etwas allgemeinere Aufgabe behandelt werden,

das Potential einer in concentrischen Schichten homogenen und in ihren Massenelementen nach den Potentialen (3) *oder* (4) *wirkenden Kugelschale auf einen ausserhalb oder innerhalb gelegenen Punkt zu berechnen.*

Legt man den Anfangspunkt eines rechtwinkligen Coordinatensystems in den Mittelpunkt der Kugelschale, deren innere und äussere Radien mit R_0 und R_1 bezeichnet werden mögen, die Z-Axe durch den angezogenen Punkt, und die YZ-Ebene durch die Richtung, in welcher sich der Punkt in dem betrachteten Momente mit einer der Grösse und Richtung nach gegebenen Geschwindigkeit bewegt, so wird, wenn die Componenten derselben mit x', y', z' bezeichnet werden,

$$x' = 0, \quad v^2 = y'^2 + z'^2$$

sein. Bezeichnet man ferner die Coordinaten der Kugelschale mit a, b, c, und sei r die Entfernung des angezogenen Punktes von einem Punkte des Ringes, so folgt aus

$$r^2 = (x-a)^2 + (y-b)^2 + (z-c)^2,$$

worin $x=0$, $y=0$ zu setzen ist, durch Differentiation nach t mit Beibehaltung der Coordinaten a, b, c

$$rr' = (x-a)x' + (y-b)y' + (z-c)z'$$

oder für den angezogenen Punkt, der durch $x=0$, $y=0$, $x'=0$ charakterisirt ist,

$$rr' = -by' - cz' + zz'.$$

Führt man für die Coordinaten der Kugelschale Polarcoordinaten ein, so ist in bekannter Bezeichnung

$$a = \varrho \sin\vartheta \sin\varphi, \quad b = \varrho \sin\vartheta \cos\varphi, \quad c = \varrho \cos\vartheta,$$

und es geht die obige Beziehung in

$$(6) \qquad r' = zz'\frac{1}{r} - z'\frac{\varrho\cos\vartheta}{r} - y'\frac{\varrho\sin\vartheta\cos\varphi}{r}$$

über; es wird somit, da das wesentlich positive r durch

$$(7) \qquad r = \sqrt{z^2 + \varrho^2 - 2\varrho z \cos\vartheta}$$

definirt ist, das Potential der Kugelschale, deren in concentrischen Schichten constante, also nur mit ϱ variirende Dichtigkeit mit σ bezeichnet werden soll, mit Berücksichtigung von (3), (4), (6), (7) durch den Ausdruck gegeben sein

$$(8) \quad W = \int_{R_0}^{R_1}\int_0^\pi\int_0^{2\pi} \sigma\varrho^2 \sin\vartheta \sum_1^\lambda {}_i \left\{ \frac{\psi_i(\sqrt{z^2+\varrho^2-2\varrho z\cos\vartheta})}{(z^2+\varrho^2-2\varrho z\cos\vartheta)^{\frac{1}{2}}} \right.$$
$$\left. \cdot (zz' - z\varrho\cos\vartheta - y'\varrho\sin\vartheta\cos\varphi)^i \right\} d\varphi\, d\vartheta\, d\varrho,$$

wenn wir die Masse des angezogenen Punktes der Einheit

gleich nehmen und das Potential W in die (3) und (4) gemeinsame Form setzen

$$W = m\{\psi_0(r) + \psi_1(r)r' + \cdots + \psi_\lambda(r)r'^\lambda\},$$

worin m die Masse des anziehenden Punktes und je nachdem $\lambda = 2\varkappa$ oder $\lambda = 2\varkappa + 1$ ist, $\psi_{2\varkappa}(r) = \frac{c}{r} + c_1$ oder

$$\psi_{2\varkappa+1}(r) = \frac{c}{r^2} + c_1 r + c_2$$

zu setzen ist.

Legen wir zur Ausführung des Integrales der Einfachheit wegen das Weber'sche Potential zu Grunde, für welches

$$\lambda = 2, \quad \psi_0(r) = \frac{1}{r}, \quad \psi_1(r) = 0, \quad \psi_2(r) = \frac{1}{k^2 r}$$

ist, so ergiebt sich nach Ausführung der Integration für φ

$$(9) \quad W = 2\pi \int_{R_0}^{R_1}\!\!\int_0^\pi \frac{\sigma \varrho^2 \sin\vartheta\, d\vartheta\, d\varrho}{(z^2 + \varrho^2 - 2\varrho z \cos\vartheta)^{\frac{1}{2}}}$$

$$+ \frac{\pi}{k^2}\int_{R_0}^{R_1}\!\!\int_0^\pi \frac{2(zz' - \varrho z'\cos\vartheta)^2 + y'^2 \varrho^2 \sin^2\vartheta}{(z^2 + \varrho^2 - 2\varrho z\cos\vartheta)^{\frac{3}{2}}}\, \sigma\varrho^2 \sin\vartheta\, d\vartheta\, d\varrho.$$

Bezeichnen wir nun die nachfolgenden nach der Variabeln ϑ zwischen den Grenzen 0 und π genommenen Integrale Θ für einen ausserhalb der Kugelschale gelegenen Punkt mit Θ_a, für einen innerhalb des Hohlraumes gelegenen mit Θ_i, so ist, wie leicht zu sehen,

für $\Theta = \int_0^\pi \dfrac{\sin\vartheta\, d\vartheta}{(z^2 + \varrho^2 - 2\varrho z\cos\vartheta)^{\frac{1}{2}}},\quad \Theta_a = \dfrac{2}{z},\quad \Theta_i = \dfrac{2}{\varrho},$

für $\Theta = \int_0^\pi \dfrac{\sin\vartheta\, d\vartheta}{(z^2 + \varrho^2 - 2\varrho z\cos\vartheta)^{\frac{3}{2}}},\quad \Theta_a = \dfrac{2}{z}\dfrac{1}{z^2 - \varrho^2},\quad \Theta_i = \dfrac{2}{z}\dfrac{1}{\varrho^2 - z^2},$

für $\Theta = \int_0^\pi \dfrac{\sin\vartheta \cos\vartheta\, d\vartheta}{(z^2 + \varrho^2 - 2\varrho z\cos\vartheta)^{\frac{3}{2}}},\quad \Theta_a = \dfrac{2\varrho}{z^2(z^2 - \varrho^2)},\quad \Theta_i = \dfrac{2z}{\varrho^2(\varrho^2 - z^2)},$

für $\Theta = \int_0^\pi \frac{\sin\vartheta\cos^2\vartheta\, d\vartheta}{(z^2 + \varrho^2 - 2\varrho z\cos\vartheta)^{\frac{3}{2}}}$, $\Theta_a = \frac{2}{3z^3}\frac{z^2 + 2\varrho^2}{z^2 - \varrho^2}$,

$$\Theta_i = \frac{2}{3\varrho^3}\frac{\varrho^2 + 2z^2}{\varrho^2 - z^2},$$

und bezeichnet man auch die entsprechenden Potentialwerthe mit W_a und W_i, so ergiebt das Einsetzen dieser Integralwerthe in den Ausdruck (9) durch eine einfache Rechnung, wenn die Gesammtmasse der Kugelschale mit M bezeichnet wird,

$$W_a = M\left(\frac{1}{z} + \frac{z'^2}{k^2 z}\right) - \frac{4\pi}{3k^2}\frac{3z'^2 - v^2}{z^3}\int_{R_0}^{R_1}\sigma\varrho^4\, d\varrho$$

und

$$W_i = 4\pi\int_{R_0}^{R_1}\sigma\varrho\, d\varrho + \frac{4\pi}{3k^2}v^2\int_{R_0}^{R_1}\sigma\varrho\, d\varrho.$$

Hat somit der ausserhalb der Kugelschale, welche in concentrischen Schichten von constanter Dichtigkeit ist, gelegene Punkt die Entfernung l vom Mittelpunkt der Kugel, besitzt derselbe die Geschwindigkeit v und ist l' die Projection von v auf die Richtung von l, so ist der Werth der Potentiale durch die Ausdrücke gegeben

(10) $\quad W_a = M\left(\frac{1}{l} + \frac{l'^2}{k^2 l}\right) - \frac{4\pi}{3k^2}\frac{3l'^2 - v^2}{l^3}\int_{R_0}^{R_1}\sigma\varrho^4\, d\varrho$

und

(11) $\quad W_i = 4\pi\int_{R_0}^{R_1}\sigma\varrho\, d\varrho + \frac{4\pi}{3k^2}v^2\int_{R_0}^{R_1}\sigma\varrho\, d\varrho,$

die Potentiale hängen somit — wie schon aus der Symmetrie ersichtlich — nur von der Entfernung des angezogenen Punktes vom Mittelpunkte, von der Grösse der Geschwindigkeit desselben und von der Richtung der letzteren gegen die Verbindungslinie mit dem Mittelpunkte ab.

Der erste Posten des Potentials W_a ist nichts anderes als der Werth des Weber'schen Potentials der im Mittelpunkt vereinigten Masse des Kugelringes, und es ist dies auch der

Gesammtwerth des Potentials, wenn $v^2 = 3l'^2$, oder wenn der Winkel, den die Geschwindigkeit mit der nach dem Mittelpunkt geführten Verbindungslinie macht, $54^0\,44'$ ist.

Ferner ist unmittelbar ersichtlich, dass das Potential für einen im innern Hohlraum gelegenen Punkt unabhängig ist von der Lage des Punktes und der Richtung der Geschwindigkeit, und somit die Form hat

$$W_i = a + bv^2,$$

worin a und b Constanten sind.

Liegt der Punkt in der concentrischen Kugelschale selbst, dann möge das Potential mit W_m bezeichnet werden, und der Werth desselben wird, wenn man die Entfernung des Punktes vom Mittelpunkt der Kugel wieder mit l bezeichnet und das Potential aus dem W_a der zu l und R_0 und dem W_i der zu R_1 und l gehörigen Kugelschalen zusammensetzt, durch

$$(12)\quad W_m = 4\pi\left(\frac{1}{l} + \frac{l'^2}{k^2 l}\right)\int_{R_0}^{l}\sigma\varrho^2\,d\varrho - \frac{4\pi}{3k^2}\frac{3l'^2 - v^2}{l^3}\int_{R_0}^{l}\sigma\varrho^4\,d\varrho$$
$$+ 4\pi\int_{l}^{R_1}\sigma\varrho\,d\varrho + \frac{4\pi}{3k^2}v^2\int_{l}^{R_1}\sigma\varrho\,d\varrho$$

gegeben sein, wenn wieder, wie beim Newton'schen Potential, die Richtigkeit des Satzes erwiesen sein wird, dass das Potential

$$\int dm\left(\frac{1}{r} + \frac{r'^2}{k^2 r}\right)$$

für den ganzen unendlichen Raum und für endliche Werthe von r', auch für den Fall, dass der Punkt in die Masse selbst eintritt, endlich und stetig ist. Dies folgt aber unmittelbar daraus, dass, wenn man den Anfangspunkt der Coordinaten in den angezogenen Punkt x, y, z legt und Polarcoordinaten durch die Beziehungen

$$a - x = r\sin\vartheta\sin\varphi,\quad b - y = r\sin\vartheta\cos\varphi,\quad c - z = r\cos\vartheta$$

einführt, das Potential die Form annimmt

$$\iiint \sigma r^2 \sin\vartheta\left(\frac{1}{r} + \frac{r'^2}{k^2 r}\right)dr\,d\vartheta\,d\varphi,$$

aus der die Endlichkeit desselben, auch wenn $r = 0$ wird, ersichtlich ist, und genau ebenso folgt in bekannter Weise die Stetigkeit desselben in Bezug auf r und r'.

Dass die Potentiale W_a und W_i der erweiterten Laplaceschen Differentialgleichung Genüge leisten, ist unmittelbar ersichtlich, da

$$\frac{\partial W_a}{\partial x'} = \frac{2M}{k^2}\frac{l\,x}{l^2} - \frac{4\pi}{3k^2}\frac{6l'x - 2x'l}{l^4}\int_{R_0}^{R_1}\sigma\varrho^4\,d\varrho,$$

$$\frac{\partial^2 W_a}{\partial x'^2} = \frac{2M}{k^2}\frac{x^2}{l^3} - \frac{4\pi}{3k^2}\frac{6x^2 - l^2}{l^5}\int_{R_0}^{R_1}\sigma\varrho^4\,d\varrho,$$

also

$$\Delta_{11} W_a = \frac{2M}{k^2 l}$$

und

$$\frac{\partial W_i}{\partial x'} = \frac{8\pi}{3k^2} x'\int_{R_0}^{R_1}\sigma\varrho\,d\varrho, \quad \frac{\partial^2 W_i}{\partial x'^2} = \frac{8\pi}{3k^2}\int_{R_0}^{R_1}\sigma\varrho\,d\varrho,$$

also

$$\Delta_{11} W_i = \frac{8\pi}{k^2}\int_{R_0}^{R_1}\sigma\varrho\,d\varrho,$$

und somit
$$\Delta_{00}\Delta_{11} W_a = \Delta_{00}\Delta_{11} W_i = 0$$
ist.

Untersuchen wir nun das Potential einer homogenen Vollkugel auf einen Punkt im Innern derselben, welches nach (12) die Form annimmt

$$W_m = 2\pi\sigma\left(R^2 - \frac{l^2}{3}\right) + \frac{8\pi\sigma}{15k^2}l^2l'^2 + \frac{2\pi\sigma}{3k^2}R^2v^2 - \frac{2\pi\sigma}{5k^2}l^2v^2,$$

worin R der Radius der Kugel, σ die constante Dichtigkeit und l die Entfernung des angezogenen Punktes vom Mittelpunkt bedeutet, so wird sich aus

$$\frac{\partial W_m}{\partial x'} = \frac{16\sigma\pi}{15k^2}ll'x + \frac{4\pi\sigma}{3k^2}R^2 x' - \frac{4\pi\sigma}{5k^2}l^2 x',$$

$$\frac{\partial^2 W_m}{\partial x'^2} = \frac{16\sigma\pi}{15k^2}x^2 + \frac{4\pi\sigma}{3k^2}R^2 - \frac{4\pi\sigma}{5k^2}l$$

zunächst
$$V = \Delta_{11} W = -\frac{4\pi\sigma}{3k^2} l^2 + \frac{4\pi\sigma}{k^2} R^2$$
ergeben, und da
$$\frac{\partial V}{\partial x} = -\frac{8\pi\sigma}{3k^2} x, \quad \frac{\partial^2 V}{\partial x^2} = -\frac{8\pi\sigma}{3k^2}$$
ist,
$$\Delta_{00}\Delta_{11} W_m = -\frac{8\pi}{k^2}\sigma$$
folgen.

Benutzt man das eben gefundene Resultat, indem man in bekannter Weise, wenn der angezogene Punkt in der Masse selbst liegt, denselben, mit einer unendlich kleinen, als homogen anzunehmenden Kugel umgeben, ausscheidet, *so ergiebt sich als erweiterte Laplace-Poisson'sche Differentialgleichung für das durch den Ausdruck*
$$W = \frac{m}{r}\left(1 - \frac{r'^2}{k^2}\right)$$
definirte Weber'sche Potential die Gleichung
$$\Delta_{00}\Delta_{11} W = -\frac{8\pi}{k^2}\sigma,$$
worin σ die Dichtigkeit der anziehenden Masse an der Stelle bedeutet, an welcher sich der angezogene Punkt befindet.

Man könnte auch direct aus der erweiterten Laplace-schen Gleichung die Constante der Poisson'schen Gleichung für Potentiale beliebiger Ordnung herleiten, wir haben auf diesem Wege jedoch zugleich das Potential einer Kugelschale gefunden für Kräfte, die nach dem Weber'schen Gesetze wirken und werden nachher den Werth desselben zur Behandlung eines Bewegungsproblems benutzen.

§ 19.

Ueber die Bewegung eines von einer Kräftefunction erster Ordnung beeinflussten Punktes.

Wenn ein Punkt mit der Masse m_1 einer von einem Punkte mit der Masse m ausgehenden Kräftefunction
$$m m_1 F(r, r'),$$

208 Die Bewegung eines Punktes für eine Kräftefunction 1. Ordnung.

worin r die Entfernung der beiden Punkte bedeutet, oder einer durch den Ausdruck

$$mm_1\left(\frac{\partial F}{\partial r} - \frac{d}{dt}\frac{\partial F}{\partial r'}\right)$$

gegebenen Kraft unterworfen ist, so wird das kinetische Potential durch

$$H = -\frac{m_1}{2}(x'^2 + y'^2) - mm_1 F(r, r')$$

definirt, und die Bewegungsgleichungen werden

$$\frac{\partial H}{\partial x} - \frac{d}{dt}\frac{\partial H}{\partial x'} = 0, \quad \frac{\partial H}{\partial y} - \frac{d}{dt}\frac{\partial H}{\partial y'} = 0$$

sein, da die Bewegung des Punktes m_1 in der durch dessen Anfangslage und Anfangsgeschwindigkeit gelegten Ebene vor sich geht.

Da nun die in § 7. und § 10. aufgestellten Bedingungen der Gültigkeit der erweiterten Principe der lebendigen Kraft und der Flächen für die hier angenommene Form der Kräftefunction erfüllt sind, so werden die ersten Integrale der Bewegungsgleichungen lauten

$$y\frac{\partial H}{\partial x'} - x\frac{\partial H}{\partial y'} = \alpha$$

und

$$H - x'\frac{\partial H}{\partial x'} - y'\frac{\partial H}{\partial y'} = h,$$

worin die Flächenconstante und die Constante der lebendigen Kraft durch die Anfangslage und Anfangsgeschwindigkeit bestimmt sind, oder durch Einführung von Polarcoordinaten, wenn noch $m_1 = 1$ gesetzt wird,

$$r^2 \frac{d\vartheta}{dt} = \alpha$$

und

$$\frac{1}{2}\left(\left(\frac{dr}{dt}\right)^2 + r^2\left(\frac{d\vartheta}{dt}\right)^2\right) - mF(r, r') + mr'\frac{\partial F(r, r')}{\partial r'} = h.$$

Durch Elimination von $\frac{d\vartheta}{dt}$ folgt

$$r'^2 = 2h - \frac{2m\alpha^2}{r^2} F(r, r') - 2mr'\frac{\partial F(r, r')}{\partial r'},$$

und somit ist für alle diese Probleme t durch eine Quadratur als Function von r darstellbar wie beim Keppler'schen Problem. Für die Bewegung eines Punktes, der von einem festen Centrum mit der Kräftefunction

$$F(r, r') = \varphi_0(r) + \varphi_1(r) r' + \varphi_2(r) r'^2$$

angezogen wird, erhält man

$$t = \int_{r_0} \frac{r\sqrt{1 + 2m\varphi_2(r)}}{\sqrt{2hr^2 - \alpha^2 + 2mr^2\varphi_0(r)}} \, dr,$$

und ist diese Kräftefunction das Weber'sche Potential, also

$$F(r, r') = \frac{1}{r} + \frac{1}{k^2 r} r'^2,$$

so folgt für die Zeit das elliptische Integral

$$t = \int_{r_0} \frac{r^2 + \frac{2m}{k^2} r}{\sqrt{\left(r^2 + \frac{2m}{k^2} r\right)(2hr^2 + 2mr - \alpha^2)}} \, dr.$$

Legen wir das auf einen beweglichen Punkt ausgeübte kinetische Potential jetzt in der allgemeineren Form

$$H = f(r, r', v)$$

zu Grunde, worin

$$r^2 = x^2 + y^2 + z^2, \quad v^2 = x'^2 + y'^2 + z'^2$$

ist, so werden wiederum nach (10) im § 10. die drei Flächensätze (9) gelten

$$x\frac{\partial H}{\partial y'} - y\frac{\partial H}{\partial x'} = c_1, \quad y\frac{\partial H}{\partial z'} - z\frac{\partial H}{\partial y'} = c_2, \quad z\frac{\partial H}{\partial x'} - x\frac{\partial H}{\partial z'} = c_3$$

oder

$$\frac{1}{v}\frac{\partial H}{\partial v}(xy' - yx') = c_1, \quad \frac{1}{v}\frac{\partial H}{\partial v}(yz' - zy') = c_2,$$

$$\frac{1}{v}\frac{\partial H}{\partial v}(zx' - xz') = c_3,$$

woraus durch Einführung der Polarcoordinaten

$$x = r\sin\vartheta\cos\varphi, \quad y = r\sin\vartheta\sin\varphi, \quad z = r\cos\vartheta,$$

und wenn ausserdem zur Abkürzung

$$\frac{1}{v}\frac{\partial H}{\partial v} = H_1(r, r', v)$$

gesetzt wird, sich die drei Integralgleichungen

(1) $\begin{cases} H_1(r,r', \sqrt{r'^2+r^2\vartheta'^2+r^2\sin^2\vartheta\varphi'^2})\, r^2 \sin^2\vartheta\, \varphi' = c_1 \\ H_1(r,r', \sqrt{r'^2+r^2\vartheta'^2+r^2\sin^2\vartheta\varphi'^2}) \\ \qquad \cdot r^2(\sin\varphi\,\vartheta' + \sin\vartheta\cos\vartheta\cos\varphi\,\varphi') = c_2 \\ H_1(r,r', \sqrt{r'^2+r^2\vartheta'^2+r^2\sin^2\vartheta\varphi'^2}) \\ \qquad \cdot r^2(\cos\varphi\,\vartheta' - \sin\vartheta\cos\vartheta\sin\varphi\,\varphi') = c_3 \end{cases}$

ergeben, aus denen durch Elimination von ϑ' und φ' die Gleichung

$$c_1 \cos\vartheta - c_2 \sin\vartheta \cos\varphi + c_3 \sin\vartheta \sin\varphi = 0$$

oder

$$c_1 z - c_2 x + c_3 y = 0$$

folgt, nach welcher sich also der Punkt in der hierdurch definirten Ebene bewegt.

Da aber ferner das Energieprincip die Gleichung

$$H - x'\frac{\partial H}{\partial x'} - y'\frac{\partial H}{\partial y'} - z'\frac{\partial H}{\partial z'} = h,$$

oder da

$$x'\frac{\partial H}{\partial x'} = \frac{\partial H}{\partial v}\frac{x'^2}{v} + \frac{\partial H}{\partial r'}\frac{xx'}{r}, \quad y'\frac{\partial H}{\partial y'} = \frac{\partial H}{\partial v}\frac{y'^2}{v} + \frac{\partial H}{\partial r'}\frac{yy'}{r},$$

$$z'\frac{\partial H}{\partial z'} = \frac{\partial H}{\partial v}\frac{z'^2}{v} + \frac{\partial H}{\partial r'}\frac{zz'}{r}$$

ist,

$$H - v\frac{\partial H}{\partial v} - r'\frac{\partial H}{\partial r'} = h$$

liefert, welche in Polarcoordinaten, wenn

$$\frac{1}{r'}\frac{\partial H}{\partial r'} = H_2(r, r', v)$$

gesetzt wird, in

(2) $H(r, r', \sqrt{r'^2+r^2\vartheta'^2+r^2\sin^2\vartheta\varphi'^2})$
$\quad - (r'^2+r^2\vartheta'^2+r^2\sin^2\vartheta\varphi'^2)\, H_1(r, r', \sqrt{r'^2+r^2\vartheta'^2+r^2\sin^2\vartheta\varphi'^2})$
$\quad - r'^2 H_2(r, r', \sqrt{r'^2+r^2\vartheta'^2+r^2\sin^2\vartheta\varphi'^2}) = h$

Die Bewegung eines Punktes für eine Kräftefunction 1. Ordnung.

übergeht, so wird man leicht mit Hülfe der vier Integralgleichungen erster Ordnung das Problem auf Quadraturen zurückführen können. Setzt man nämlich

$$\frac{c_2}{c_1} = \varkappa_1,$$

so folgt aus den beiden ersten Gleichungen (1)

(3) $\quad \sin \varphi \dfrac{d\vartheta}{d\varphi} + \sin \vartheta \cos \vartheta \cos \varphi = \varkappa_1 \sin^2 \vartheta,$

oder wenn $\varkappa_2$ eine Integrationsconstante bedeutet,

(4) $\quad\quad \cotg \vartheta = \varkappa_2 \sin \varphi + \varkappa_1 \cos \varphi,$

so dass sich aus der ersten Gleichung (1) und (4)

(5) $\quad \sin^2\vartheta \left(\dfrac{d\varphi}{dt}\right)^2 = \dfrac{c_1^2}{r^4 H_1^2(r, r', \sqrt{r'^2 + r^2(\vartheta'^2 + \sin^2\vartheta \varphi'^2)})}$
$\quad\quad\quad\quad\quad\quad\quad\quad \cdot (1 + (\varkappa_2 \sin \varphi + \varkappa_1 \cos \varphi)^2)$

und aus (5) und (4)

(6) $\quad \left(\dfrac{d\vartheta}{dt}\right)^2 = \dfrac{c_1^2}{r^4 H_1^2(r, r', \sqrt{r'^2 + r^2(\vartheta'^2 + \sin^2\vartheta \varphi'^2)})}(\varkappa_1 \sin \varphi - \varkappa_2 \cos \varphi)^2,$

endlich aus (5) und (6)

(7) $\quad \vartheta'^2 + \sin^2\vartheta \varphi'^2 = \dfrac{c_1^2(1 + \varkappa_1^2 + \varkappa_2^2)}{r^4 H_1^2(r, r', \sqrt{r'^2 + r^2(\vartheta'^2 + \sin^2\vartheta \varphi'^2)})}$

ergiebt. Da aber die letztere Gleichung $\vartheta'^2 + \sin^2\vartheta \varphi'^2$ als Function von r und r' liefert, so folgt aus der Gleichung (2) der lebendigen Kraft eine Beziehung zwischen r und r'

$$r' = \omega(r, c_1^2(1 + \varkappa_1^2 + \varkappa_2^2), h),$$

und es ist somit zunächst t durch eine Quadratur in r in der Form darstellbar

$$t + \varkappa = \int \frac{dr}{\omega(r, c_1^2(1 + \varkappa_1^2 + \varkappa_2^2), h)}$$

oder $\quad\quad r = \Omega(t + \varkappa, c_1^2(1 + \varkappa_1^2 + \varkappa_2^2), h).$

Beachtet man ferner, dass $r, r', \vartheta'^2 + \sin^2\vartheta \varphi'^2$ nunmehr bekannte Functionen von t sind, und vermöge (4)

$$(\varkappa_1 \sin \varphi - \varkappa_2 \cos \varphi)^2 = \frac{(1 + \varkappa_1^2 + \varkappa_2^2) \sin^2\vartheta - 1}{\sin^2\vartheta}$$

ist, so wird die Gleichung (6) die Form annehmen

14*

212 Die Bewegung eines Punktes für eine Kräftefunction 1. Ordnung.

$$\int \frac{\sin \vartheta \, d\vartheta}{\sqrt{(1 + \varkappa_1{}^2 + \varkappa_2{}^2)\sin^2 \vartheta - 1}} = \int \chi(t+\varkappa, \, c_1{}^2(1+\varkappa_1{}^2+\varkappa_2{}^2), h) \, dt + \lambda$$

und also auch ϑ durch Quadraturen bestimmt sein, wonach sich dann φ aus der Gleichung (4) unmittelbar ergiebt; die Ausdrücke für r, ϑ, φ als Functionen von t enthalten dann, wie es sein muss, die 6 Integrationsconstanten $\varkappa$, $\varkappa_1$, $\varkappa_2$, h, c_1, λ, und

es ist somit die Integration aller Bewegungsgleichungen, welchen ein kinetisches Potential erster Ordnung zu Grunde liegt, das nur von der Entfernung des bewegten Punktes von einem festen Centrum, deren nach der Zeit genommenen Ableitung und der Geschwindigkeit desselben abhängt, stets auf einfache aus dem kinetischen Potential zusammengesetzte Quadraturen zurückführbar.

Wir wollen nun mit Hülfe dieses Satzes die Bewegung eines Punktes untersuchen, der von den Massenelementen einer in concentrischen Schichten homogenen Kugelschale nach dem Weber'schen Gesetze angezogen wird und sich ausserhalb des Ringes oder innerhalb des Hohlraumes befindet.

Werde die Kugelschale durch zwei Kugeln mit den Radien R_0 und R_1 begrenzt, bezeichnet ferner σ die als Function der Entfernung ϱ vom Mittelpunkt gegebene Dichtigkeit der Kugelschichten, und setzt man

$$N = 4\pi \int_{R_0}^{R_1} \sigma \varrho^4 \, d\varrho,$$

während M die Masse der Kugelschale bezeichnet, so ist, wenn r die Entfernung eines ausserhalb der Schale befindlichen Punktes vom Mittelpunkte, r' die nach der Zeit genommene Ableitung und v die Geschwindigkeit des Punktes bezeichnet, das von der Kugelschale auf den Punkt mit der Masse 1 ausgeübte Potential nach (10) des § 18.

$$W_a = M\left(\frac{1}{r} + \frac{r'^2}{k^2 r}\right) - \frac{N}{3k^2} \frac{3r'^2 - v^2}{r^3},$$

und das kinetische Potential

$$H = -T - W_a$$

Die Bewegung eines Punktes für eine Kräftefunction 1. Ordnung.

nimmt somit in diesem Falle die Form an
$$H = -\tfrac{1}{2} v^2 - M\left(\tfrac{1}{r} + \tfrac{r'^2}{k^2 r}\right) + \tfrac{N}{3k^2} \tfrac{3r'^2 - v^2}{r^3},$$
welche in der oben behandelten
$$H = f(r, r', v)$$
enthalten ist.

Bemerkt man nun, dass nach den oben gegebenen Definitionen
$$H_1 = \tfrac{1}{v} \tfrac{\partial H}{\partial v} = -1 - \tfrac{2N}{3k^2} \tfrac{1}{r^3},$$
$$H_2 = \tfrac{1}{r'} \tfrac{\partial H}{\partial r'} = -\tfrac{2M}{k^2} \tfrac{1}{r} + \tfrac{2N}{k^2} \tfrac{1}{r^3}$$
ist, so wird die Gleichung (2), welche das Energieprincip darstellt, lauten

(8) $\quad \tfrac{1}{2} v^2 - M\left(\tfrac{1}{r} - \tfrac{r'^2}{k^2 r}\right) + \tfrac{N}{3k^2} \tfrac{v^2 - 3r'^2}{r^3} = h,$

während die Gleichung (7), wenn mit r^3 multiplicirt und r'^2 auf beiden Seiten hinzuaddirt wird, in

(9) $\quad v^2 = \dfrac{c_1{}^2 (1 + \varkappa_1{}^2 + \varkappa_2{}^2) r^4}{\left(r^3 + \tfrac{2N}{3k^2}\right)^2} + r'^2$

übergeht. Setzt man nun den Werth von v^2 aus (9) in (8) ein, so ergiebt sich

$$t + \varkappa = \int \frac{\sqrt{\left(r^3 + \tfrac{2N}{3k^2}\right)\left(r^3 + \tfrac{2M}{k^2} r^2 - \tfrac{4N}{3k^2}\right)}}{r\sqrt{2\left(r^3 + \tfrac{2N}{3k^2}\right)(M + hr) - c_1{}^2(1 + \varkappa_1{}^2 + \varkappa_2{}^2) r^2}} \, dr,$$

und aus (6)
$$\int \frac{\sin \vartheta \, d\vartheta}{\sqrt{(1 + \varkappa_1{}^2 + \varkappa_2{}^2) \sin^2 \vartheta - 1}}$$
$$= \int \frac{c_1 \sqrt{r^3 + \tfrac{2M}{k^2} r^2 - \tfrac{4N}{3k^2}}}{\sqrt{\left(r^3 + \tfrac{2N}{3k^2}\right)\left(2\left(r^3 + \tfrac{2N}{3k^2}\right)(M + hr) - c_1{}^2(1 + \varkappa_1{}^2 + \varkappa_2{}^2) r^2\right)}} \, dr + \lambda,$$

wodurch alle Bestimmungsstücke auf Quadraturen zurückgeführt sind.

214 Die erweiterte Poisson'sche Unstetigkeitsgleichung.

Was endlich die Bewegung eines im Hohlraum befindlichen Punktes betrifft, so ist das Potential der Kugelschale auf einen Punkt im Innern, nach (11) des § 18., wenn

$$4\pi\int_{R_0}^{R_1} \sigma\varrho\, d\varrho = A$$

gesetzt wird,

$$W_i = A\left(1 + \frac{v^2}{3k^2}\right),$$

und es gehen somit die Bewegungsgleichungen

$$\frac{d^2x}{dt^2} = \frac{\partial W_i}{\partial x} - \frac{d}{dt}\frac{\partial W_i}{\partial x'}$$

und die beiden analogen in

$$x'' = \frac{2A}{3k^2}x'', \quad y'' = \frac{2A}{3k^2}y'', \quad z'' = \frac{2A}{3k^2}z''$$

über, woraus $x'' = 0$, $y'' = 0$, $z'' = 0$ folgt; wir finden daher, dass sich ein Punkt innerhalb des Hohlraumes einer Kugelschale, deren Massenelemente denselben nach dem Weber'schen Gesetze anziehen, in grader Linie mit constanter Geschwindigkeit bewegt.

§ 20.

Ueber die Erweiterung der Poisson'schen Unstetigkeitsgleichung.

Im Anschluss an die im § 18. hergeleitete Ausdehnung der Laplace-Poisson'schen Differentialgleichung auf Potentiale höherer Ordnung soll endlich noch die Form der erweiterten Poisson'schen Unstetigkeitsgleichung nebst einigen dahin gehörigen Anwendungen untersucht werden, und es wird genügen, diese Betrachtungen für das Weber'sche Potential durchzuführen.

Bezeichnet man mit U das Potential von Massen, die einen Raum stetig erfüllen und einen Punkt von der Masse 1 nach dem Weber'schen Potentiale

$$W = \frac{m}{r}\left(1 + \frac{r'^2}{k^2}\right)$$

Die erweiterte Poisson'sche Unstetigkeitsgleichung. 215

anziehen, sei $d\tau$ ein Element dieses Raumes, σ die Dichtigkeit in demselben und r seine Entfernung von dem angezogenen Punkte x, y, z, so folgt zunächst, dass

$$U = \iiint \frac{\sigma d\tau}{r}\left(1 + \frac{r'^2}{k^2}\right) = \iiint \frac{\sigma}{r}\left(1 + \frac{r'^2}{k^2}\right) da\, db\, dc$$

für alle Punkte x, y, z ausserhalb des mit Masse erfüllten Raumes endlich und stetig ist, dass aber, wie oben die Einführung von Polarcoordinaten zeigte, die Endlichkeit und Stetigkeit des Potentials auch innerhalb der Masse für endliche und stetige Werthe der Ableitung r' fortbesteht.

Liegt nun der angezogene Punkt ausserhalb der anziehenden Massen, so folgt durch Differentiation nach den Coordinaten und deren ersten Ableitungen

$$\Delta_{00} U - \frac{d}{dt}\Delta_{10} U = \iiint \sigma\left(\Delta_{00} W - \frac{d}{dt}\Delta_{10} W\right) da\, db\, dc,$$

wobei die anziehende Masse als ruhend betrachtet wird; da nun aus

$$r^2 = (x-a)^2 + (y-b)^2 + (z-c)^2,$$
$$rr' = (x-a)x' + (y-b)y' + (z-c)z'$$

sich, wie unmittelbar zu sehen,

$$\frac{\partial^2 W}{\partial x^2} = \frac{3(x-a)^2}{r^5} - \frac{1}{r^3} - \frac{3r'^2}{k^2 r^3} + \frac{15 r'^2 (x-a)^2}{k^2 r^5}$$
$$- \frac{12 r'(x-a) x'}{k^2 r^4} + \frac{2 x'^2}{k^2 r^3}$$

und

$$\frac{\partial^2 W}{\partial x \partial x'} = -\frac{6 r'(x-a)^2}{k^2 r^4} + \frac{2 r'}{k^2 r^2} + \frac{2 x'(x-a)}{k^2 r^3}$$

nebst den entsprechenden Ausdrücken in y und z ergiebt, so folgt, wenn

$$x'^2 + y'^2 + z'^2 = v^2$$

gesetzt wird,

$$\Delta_{00} W = -\frac{6 r'^2}{k^2 r^3} + \frac{2 v^2}{k^2 r^3}, \qquad \Delta_{10} W = \frac{2 r'}{k^2 r^2}$$

und daraus

$$\Delta_{00} W - \frac{d}{dt}\Delta_{10} W = -\frac{2}{k^2 r^2}\left(\frac{x-a}{r} x'' + \frac{y-b}{r} y'' + \frac{z-c}{r} z''\right),$$

und wir finden somit,

dass
$$\Delta_{00} U - \frac{d}{dt} \Delta_{10} U = \frac{2}{k^2} (x'' X + y'' Y + z'' Z)$$
ist, worin
$$X = -\iiint \frac{\sigma(x-a)}{r^3} \, da \, db \, dc,$$
$$Y = -\iiint \frac{\sigma(y-b)}{r^3} \, da \, db \, dc,$$
$$Z = -\iiint \frac{\sigma(z-c)}{r^3} \, da \, db \, dc$$

die Componenten der Kraft sind, welche das gegebene Massensystem nach dem Newton'schen Gesetze auf den ausserhalb der Massen befindlichen Punkt ausübt.

Um zu sehen, welchen Werth derselbe Ausdruck für einen innerhalb des Massensystems gelegenen Punkt annimmt, bilde man den nach der Coordinate z genommenen partiellen Differentialquotienten von U, welcher wegen

$$\frac{\partial r}{\partial z} = -\frac{\partial r}{\partial c}, \quad \frac{\partial r'}{\partial z} = -\frac{\partial r'}{\partial c}$$

in

$$\frac{\partial U}{\partial z} = -\iiint \sigma \frac{\partial}{\partial c}\left[\frac{1}{r}\left(1 + \frac{r'^2}{k^2}\right)\right] da \, db \, dc$$
$$= -\iiint \frac{\partial}{\partial c}\left[\frac{\sigma}{r}\left(1 + \frac{r'^2}{k^2}\right)\right] da \, db \, dc$$
$$+ \iiint \frac{\partial \sigma}{\partial c} \frac{1}{r}\left(1 + \frac{r'^2}{k^2}\right) da \, db \, dc$$

oder durch bekannte Umformung in

$$\frac{\partial U}{\partial z} = \iint \frac{\sigma}{r}\left(1 + \frac{r'^2}{k^2}\right) \cos(nz) \, ds$$
$$+ \iiint \frac{\partial \sigma}{\partial c} \frac{1}{r}\left(1 + \frac{r'^2}{k^2}\right) da \, db \, dc$$

übergeht, worin ds ein Element der Oberfläche des mit Masse erfüllten Raumes und n die nach dem Innern dieses gerichtete Normale von ds bedeutet, so dass das erste Integral als ein

Oberflächenpotential mit den Massen $\sigma \cos(nz)$, das zweite als ein Raumpotential mit der Dichtigkeit $\frac{\partial \sigma}{\partial c}$ der Massen aufzufassen ist.

Um nun den Ausdruck $\frac{\partial U}{\partial z}$ in Bezug auf seine Stetigkeit zu untersuchen, wird es nöthig sein, die Stetigkeit eines nach dem Weber'schen Gesetze wirkenden Oberflächenpotentials

$$V = \int\int \frac{\delta}{r}\left(1 + \frac{r'^2}{k^2}\right) ds$$

zu behandeln, in welchem die Dichtigkeit δ endlich sein und sich stetig auf der Fläche ändern soll, welche selbst endliche Dimensionen und überall eine endliche und stetige Krümmung hat.

Dass das Oberflächenpotential wieder für Punkte, die in endlicher Entfernung von derselben liegen, endlich ist und keinen Sprung erleidet, ist unmittelbar ersichtlich; um nun zu sehen, wie es sich damit verhält, wenn der Punkt der Fläche unendlich nahe rückt, wollen wir nach der Beweisart, wie sie gewöhnlich auch für das Newton'sche Flächenpotential angewandt wird, den Anfangspunkt der Coordinaten in den Flächenpunkt verlegen, dem sich der angezogene Punkt unendlich nähert, die z_1-Axe in die Normale der Fläche, die x_1- und y_1-Axe also in die Tangentialebene. Denken wir uns nun aus der Fläche einen unendlich kleinen Kreis — die Indicatrix, die in Folge der gemachten Annahme nur als ein Kegelschnitt angenommen werden kann, bringt keine von der Annahme des Kreises abweichende Betrachtung — mit dem Radius R ausgeschnitten, der selbst unendlich klein, aber gegen das unendlich kleine z_1 unendlich gross und von diesem unabhängig betrachtet werden darf, so wird, wenn das Flächenpotential des mit Masse constanter Dichtigkeit belegten Kreises mit V_1, das der übrigen Oberfläche mit V_2 bezeichnet wird, V_2 auch beim Durchgange des Punktes durch die Fläche endlich und stetig sein, und somit nur die Endlichkeit und Stetigkeit des Potentials V_1 zu untersuchen sein.

Da nun
$$V_1 = \delta \int_0^R \int_0^{2\pi} \frac{\varrho\, d\varrho\, d\varphi}{r_1}\left(1 + \frac{r_1'^2}{k^2}\right),$$
worin
$$r_1^2 = (x_1 - \varrho \cos \varphi)^2 + (y_1 - \varrho \sin \varphi)^2 + z_1^2,$$
$$r_1 r_1' = (x_1 - \varrho \cos \varphi) x_1' + (y_1 - \varrho \sin \varphi) y_1' + z_1 z_1'$$

ist, so ergiebt sich zunächst, wenn der Punkt, dessen Geschwindigkeitscomponenten x_1', y_1', z_1' sind, sich auf der Normale befindet, also $x_1 = 0$, $y_1 = 0$ ist, aus

$$V_1 = \delta \int_0^R \int_0^{2\pi} \frac{\varrho\, d\varrho\, d\varphi}{\sqrt{\varrho^2 + z_1^2}} \times$$
$$\left(1 + \frac{z_1^2 z_1'^2 - 2\varrho z_1 z_1'(x_1' \cos \varphi + y_1' \sin \varphi) + \varrho^2(x_1' \cos \varphi + y_1' \sin \varphi)^2}{k^2(\varrho^2 + z_1^2)}\right)$$

oder durch Integration nach φ

$$V_1 = \delta \int_0^R \frac{\varrho\, d\varrho}{\sqrt{\varrho^2 + z_1^2}} \left(1 + \frac{z_1^2 z_1'^2 + \frac{\varrho^2}{2}(x_1'^2 + y_1'^2)}{k^2(\varrho^2 + z_1^2)}\right),$$

und demnach durch Ausführung der Integration nach ϱ

$$V_1 = 2\pi\delta\left[\sqrt{R^2 + z_1^2} - \sqrt{z_1^2}\right] - \frac{2\pi\delta}{k^2} z_1^2 z_1'^2 \left[\frac{1}{\sqrt{R^2 + z_1^2}} - \frac{1}{\sqrt{z_1^2}}\right]$$
$$+ \frac{\pi\delta}{k^2}(x_1'^2 + y_1'^2)\left[-\frac{R^2}{\sqrt{R^2 + z_1^2}} + 2\sqrt{R^2 + z_1^2} - 2\sqrt{z_1^2}\right],$$

worin die Wurzeln mit positivem Zeichen zu nehmen sind; lässt man nun z_1 und R sich so der Null nähern, dass auch $\frac{z_1}{R} = 0$ ist, so ist zunächst aus diesem Ausdrucke zu ersehen, dass V_1 gegen Null convergirt, und somit das gesammte Flächenpotential V wieder endlich und stetig ist, wenn der Punkt längs der Normale die Fläche durchschneidet. Man erhält aber zugleich, wie eine leichte Rechnung zeigt, aus dem oben gefundenen Werthe von V_1 den Ausdruck

$$\frac{\partial V_1}{\partial z_1} - \frac{d}{dt}\frac{\partial V_1}{\partial z_1'} = 2\pi\delta\left[\frac{z_1}{\sqrt{R^2+z_1^2}} - \frac{z_1}{\sqrt{z_1^2}}\right]$$
$$+ \frac{4\pi\delta}{k^2} z_1 z_1''\left[\frac{z_1}{\sqrt{R^2+z_1^2}} - \frac{z_1}{\sqrt{z_1^2}}\right]$$
$$+ \frac{4\pi\delta}{k^2} z_1'^2\left[\frac{z_1}{\sqrt{R^2+z_1^2}} - \frac{z_1}{\sqrt{z_1^2}}\right]$$
$$+ \frac{2\pi\delta}{k^2} z_1'^2\left[-\frac{z_1^3}{(R^2+z_1^2)\sqrt{R^2+z_1^2}} + \frac{z_1^3}{z_1^2\sqrt{z_1^2}}\right]$$
$$+ \frac{\pi\delta}{k^2}(x_1'^2+y_1'^2)\left[\frac{R^2 z_1}{(R^2+z_1^2)\sqrt{R^2+z_1^2}} + \frac{2z_1}{\sqrt{R^2+z_1^2}} - \frac{2z_1}{\sqrt{z_1^2}}\right],$$

aus welchem sich für verschwindende Werthe von z, R, $\frac{z_1}{R}$, da
$$x_1'^2 + y_1'^2 + z_1'^2 = v^2,$$

für $z_1 > 0$ $\quad\frac{\partial V_1}{\partial z_1} - \frac{d}{dt}\frac{\partial V_1}{\partial z_1'} = -2\pi\delta\left(1+\frac{v^2}{k^2}\right)$

für $z_1 < 0$ $\quad\frac{\partial V_1}{\partial z_1} - \frac{d}{dt}\frac{\partial V_1}{\partial z_1'} = 2\pi\delta\left(1+\frac{v^2}{k^2}\right),$

also ein Sprung in dem Betrage von $-4\pi\delta\left(1+\frac{v^2}{k^2}\right)$ ergiebt, und wir erhalten hieraus *den erweiterten Poisson'schen Unstetigkeitssatz*

$$\left(\frac{\partial V}{\partial n_i} - \frac{d}{dt}\frac{\partial V}{\partial n_i'}\right) + \left(\frac{\partial V}{\partial n_a} - \frac{d}{dt}\frac{\partial V}{\partial n_a'}\right) = -4\pi\delta\left(1+\frac{v^2}{k^2}\right),$$

welcher, wenn die Geschwindigkeit des Punktes nach der Normale gerichtet ist, in

$$\left(\frac{\partial V}{\partial n_i} - \frac{d}{dt}\frac{\partial V}{\partial n_i'}\right) + \left(\frac{\partial V}{\partial n_a} - \frac{d}{dt}\frac{\partial V}{\partial n_a'}\right) = -4\pi\delta\left(1+\frac{n'^2}{k^2}\right)$$

übergeht.

Um die Stetigkeitssprünge der entsprechenden Ausdrücke für die x_1- und y_1-Coordinate zu ermitteln, müssen wir zu dem oben durch das Doppelintegral definirten Werth

$$V_1 = \delta\int_0^R\int_0^{2\pi}\frac{\varrho\,d\varrho\,d\varphi}{\sqrt{(x_1-\varrho\cos\varphi)^2+(y_1-\varrho\sin\varphi)^2+z_1^2}} \times$$
$$\left(1 + \frac{((x_1-\varrho\cos\varphi)x' + (y_1-\varrho\sin\varphi)y' + z_1 z_1')^2}{k^2((x_1-\varrho\cos\varphi)^2+(y_1-\varrho\sin\varphi)^2+z_1^2)}\right)$$

220   Die erweiterte Poisson'sche Unstetigkeitsgleichung.

zurückgehen, zunächst

$$\frac{\partial V_1}{\partial x_1},\ \frac{\partial V_1}{\partial x_1'},\ \frac{d}{dt}\frac{\partial V_1}{\partial x_1'}$$

bilden und dann $x_1 = 0$, $y_1 = 0$ setzen, wonach man, wie wiederum eine einfache Rechnung zeigt, durch Ausführung der Integration nach φ und dann nach r

$$\frac{\partial V_1}{\partial x_1} - \frac{d}{dt}\frac{\partial V}{\partial x_1'} = -\frac{2\pi}{k^2} x_1' z_1' \left[\frac{z_1}{\sqrt{R^2 + z_1^2}} - \frac{z_1}{\sqrt{z_1^2}}\right]$$
$$+ \frac{6\pi}{k^2} x' z' \left[-\frac{1}{3}\frac{R^2 z_1}{(R^2 + z_1^2)\sqrt{R^2 + z_1^2}} + \frac{2}{3}\frac{z_1}{\sqrt{R^2 + z_1^2}} - \frac{2}{3}\frac{z_1}{\sqrt{z_1^2}}\right]$$
$$- \frac{2\pi}{k^2} x_1'' \left[-\frac{R^2}{\sqrt{R^2 + z_1^2}} + 2\sqrt{R^2 + z_1^2} - 2\sqrt{z_1^2}\right]$$

erhält, so dass wiederum in unendlicher Nähe des Flächenpunktes

für $z_1 > 0$ $\quad\dfrac{\partial V_1}{\partial x_1} - \dfrac{d}{dt}\dfrac{\partial V_1}{\partial x_1'} = -\dfrac{2\pi}{k^2} x_1' z_1'$,

für $z_1 < 0$ $\quad\dfrac{\partial V_1}{\partial x_1} - \dfrac{d}{dt}\dfrac{\partial V_1}{\partial x_1'} = \dfrac{2\pi}{k^2} x_1' z_1'$

wird, und daher die Ausdrücke

$$\frac{\partial V}{\partial x_1} - \frac{d}{dt}\frac{\partial V}{\partial x_1'},\qquad \frac{\partial V}{\partial y_1} - \frac{d}{dt}\frac{\partial V}{\partial y_1'}$$

die resp. Sprünge machen

$$-\frac{4\pi\delta}{k^2} x_1' z_1',\qquad -\frac{4\pi\delta}{k^2} y_1' z_1'.$$

Gehen wir wieder zu dem ursprünglichen Coordinatensystem über, dessen Coordinaten mit x_1, y_1, z_1 in den Beziehungen stehen

$$x_1 = x\cos(xx_1) + y\cos(yx_1) + z\cos(zx_1),$$
$$y_1 = x\cos(xy_1) + y\cos(yy_1) + z\cos(zy_1),$$
$$z_1 = x\cos(xz_1) + y\cos(yz_1) + z\cos(zz_1),$$

so folgt aus dem Hülfsatze 2. des § 2.

Die erweiterte Poisson'sche Unstetigkeitsgleichung. 221

$$\frac{\partial V}{\partial x} - \frac{d}{dt}\frac{\partial V}{\partial x'} = \left(\frac{\partial V}{\partial x_1} - \frac{d}{dt}\frac{\partial V}{\partial x_1'}\right)\cos(x_1 x)$$
$$+ \left(\frac{\partial V}{\partial y_1} - \frac{d}{dt}\frac{\partial V}{\partial y_1'}\right)\cos(y_1 x)$$
$$+ \left(\frac{\partial V}{\partial z_1} - \frac{d}{dt}\frac{\partial V}{\partial z_1'}\right)\cos(z_1 x),$$

und *es werden sich somit die Sprünge der Ausdrücke*

$$\frac{\partial V}{\partial x} - \frac{d}{dt}\frac{\partial V}{\partial x'}, \quad \frac{\partial V}{\partial y} - \frac{d}{dt}\frac{\partial V}{\partial y'}, \quad \frac{\partial V}{\partial z} - \frac{d}{dt}\frac{\partial V}{\partial z'}$$

für den Durchgang durch die Fläche in der Form ergeben

$$-\frac{4\pi\delta}{k^2}n'x' - 4\pi\delta\left(1 + \frac{v^2 - n'^2}{k^2}\right)\cos(nx),$$
$$-\frac{4\pi\delta}{k^2}n'y' - 4\pi\delta\left(1 + \frac{v^2 - n'^2}{k^2}\right)\cos(ny),$$
$$-\frac{4\pi\delta}{k^2}n'z' - 4\pi\delta\left(1 + \frac{v^2 - n'^2}{k^2}\right)\cos(nz).$$

Kehren wir nun zur Betrachtung des oben definirten Raumpotentials U zurück, so war gezeigt, dass U an der Oberfläche des Raumes selbst stetig ist, und dasselbe findet für $\frac{\partial U}{\partial z}$ statt, da dieses sich aus einem Raum- und einem Flächenpotential zusammensetzte, und V, wie oben nachgewiesen worden, stetig war; es werden somit, wie durch Vertauschung von z, c mit x, a und y, b ersichtlich ist,

die Ausdrücke $\frac{\partial U}{\partial x}, \frac{\partial U}{\partial y}, \frac{\partial U}{\partial z}$ *auch an der Oberfläche des Raumes stetig sein.*

Ferner folgt aber aus den eben gefundenen Stetigkeitssprüngen eines Flächenpotentials mit den Dichtigkeiten

$$\sigma\cos(nx), \quad \sigma\cos(ny), \quad \sigma\cos(nz),$$

welches je einen Bestandtheil der Ausdrücke $\frac{\partial U}{\partial x}, \frac{\partial U}{\partial y}, \frac{\partial U}{\partial z}$ bildet, dass die Ausdrücke

$$\frac{\partial^2 U}{\partial x^2} - \frac{d}{dt}\frac{\partial^2 U}{\partial x\,\partial x'}, \quad \frac{\partial^2 U}{\partial y^2} - \frac{d}{dt}\frac{\partial^2 U}{\partial y\,\partial y'}, \quad \frac{\partial^2 U}{\partial z^2} - \frac{d}{dt}\frac{\partial^2 U}{\partial z\,\partial z'}$$

222 Die erweiterte Poisson'sche Unstetigkeitsgleichung.

für den Durchgang des Punktes durch die Oberfläche die resp. Stetigkeitssprünge erleiden

$$-\tfrac{4\pi\sigma}{k^2} n' x' \cos(nx) - 4\pi\sigma \left(1 + \tfrac{v^2 - n'^2}{k^2}\right) \cos^2(nx),$$

$$-\tfrac{4\pi\sigma}{k^2} n' y' \cos(ny) - 4\pi\sigma \left(1 + \tfrac{v^2 - n'^2}{k^2}\right) \cos^2(ny),$$

$$-\tfrac{4\pi\sigma}{k^2} n' z' \cos(nz) - 4\pi\sigma \left(1 + \tfrac{v^2 - n'^2}{k^2}\right) \cos^2(nz),$$

und somit *der Ausdruck*

$$\Delta_{00} U - \tfrac{d}{dt}\Delta_{10} U$$

den Sprung

$$-\tfrac{4\pi\sigma}{k^2} n'(x'\cos(nx) + y'\cos(ny) + z'\cos(nz)) - 4\pi\sigma\left(1 + \tfrac{v^2 - n'^2}{k^2}\right)$$

oder
$$-4\pi\sigma\left(1 + \tfrac{v^2}{k^2}\right).$$

Stellen wir dieses Resultat mit dem oben für ausserhalb der Massen gelegene Punkte erhaltenen zusammen, so finden wir, dass in der Nähe der Oberfläche

$$\Delta_{00} U - \tfrac{d}{dt}\Delta_{10} U = \tfrac{2}{k^2}(x'' X + y'' Y + z'' Z) - 4\pi\sigma\left(1 + \tfrac{v^2}{k^2}\right)$$

ist. Befindet sich nun der Punkt im Innern der angezogenen Masse, so lege man eine Fläche unmittelbar um diesen Punkt, dann wird, wenn das Potential des Massensystems, welches diesen Punkt einschliesst, mit U_1 bezeichnet wird,

$$\Delta_{00}(U - U_1) - \tfrac{d}{dt}\Delta_{10}(U - U_1) = \tfrac{2}{k^2}(x'' X_2 + y'' Y_2 + z'' Z_2)$$

sein, wenn X_2, Y_2, Z_2 die Kraftcomponenten des nach dem Newton'schen Gesetze wirkenden Massensystems bedeuten, in welchem der ausgeschiedene Punkt nicht liegt, und wir finden somit, da nach dem Obigen

$$\Delta_{00} U_1 - \tfrac{d}{dt}\Delta_{10} U_1 = \tfrac{2}{k^2}(x'' X_1 + y'' Y_1 + z'' Z_1) - 4\pi\delta\left(1 + \tfrac{v^2}{k^2}\right)$$

ist,

Die erweiterte Poisson'sche Unstetigkeitsgleichung.

dass allgemein für jedes nach dem Weber'schen Gesetze wirkende Raumpotential

$$U = \iiint \frac{\sigma}{r}\left(1 + \frac{r'^2}{k^2}\right) da\, db\, dc$$

die Beziehung besteht

$$\Delta_{00} U - \frac{d}{dt}\Delta_{10} U = \frac{2}{k^2}(x'' X + y'' Y + z'' Z) - 4\pi\sigma\left(1 + \frac{v^2}{k^2}\right),$$

worin σ die Dichtigkeit der Masse in dem Punkte bedeutet, in welchem sich der angezogene Punkt befindet, v dessen Geschwindigkeit, x'', y'', z'' dessen Beschleunigungen, und X, Y, Z die Kraftcomponenten des gesammten nach dem Newton'schen Gesetze wirkenden Massensystems darstellen.

Prüft man diese Beziehung für eine homogene Kugel von der Dichtigkeit σ und dem Radius R, deren Elemente einen im Innern derselben in der Entfernung l vom Mittelpunkte befindlichen Punkt, der die Geschwindigkeit v besitzt, nach dem Weber'schen Gesetze anziehen, so ist das im § 18. entwickelte Potential

$$W_m = 2\pi\sigma\left(R^2 - \frac{l^2}{3}\right) + \frac{8\pi\sigma}{15k^2} l^2 l'^2 + \frac{2\pi\sigma}{3k^2} R^2 v^2 - \frac{2\pi\sigma}{5k^2} l^2 v^2,$$

woraus unmittelbar die Ausdrücke

$$\Delta_{00} W_m = -4\pi\sigma\left(1 + \frac{v^2}{3k^2}\right), \quad \Delta_{10} W_m = \frac{8\pi\sigma}{3k^2} l l'$$

und daraus die Beziehung

$$\Delta_{00} W_m - \frac{d}{dt}\Delta_{10} W_m = -\frac{8\pi\sigma}{3k^2}(xx'' + yy'' + zz'') - 4\pi\sigma\left(1 + \frac{v^2}{k^2}\right)$$

folgt, welche mit der oben gefundenen allgemeinen Relation übereinstimmt, wenn man beachtet, dass die Anziehungscomponenten der Kugel, wenn deren Elemente nach dem Newtonschen Gesetze wirken, auf einen Punkt im Innern derselben, dessen Coordinaten x, y, z sind, durch

$$X = -\frac{4}{3}\pi\sigma x, \quad Y = -\frac{4}{3}\pi\sigma y, \quad Z = -\frac{4}{3}\pi\sigma z$$

dargestellt werden.

Es bedarf keiner weiteren Ausführung, wie die Poisson'sche Unstetigkeitsgleichung, sowie die andern oben entwickelten Beziehungen für das allgemeine erweiterte Newton'sche Potential beliebiger Ordnung herzuleiten sind, und ganz ähnliche Betrachtungen lassen sich durchführen, wenn die anziehende Masse als nicht ruhend angenommen wird.

§ 21.
Rückblick.

Das kinetische Potential eines Problems in der Mechanik wägbarer Massen ist in Bezug auf die Ableitungen der von einander unabhängigen Coordinaten vom zweiten Grade, und es kommen in demselben lineare Glieder in diesen Grössen nur dann vor, wenn die Bedingungsgleichungen die Zeit explicite enthalten. Um die wirklich stattfindende Bewegung eines Theiles dieses Systems von dem andern abgesondert durch Kräfte bestimmter Art und Intensität zu beschreiben, wird man die Elimination derjenigen Coordinaten und deren ersten und zweiten Ableitungen aus dem Differentialgleichungssysteme zu bewerkstelligen haben, die aus dem Systeme ausgeschieden werden sollen, und untersuchen müssen, ob die in den zu betrachtenden Coordinaten nunmehr sich ergebenden Differentialgleichungen von der zweiten oder einer höheren Ordnung wiederum ein kinetisches Potential erster oder höherer Ordnung besitzen. Da ein solcher Eliminationsprocess von Variabeln zwischen Differentialgleichungen aber im Allgemeinen auch die wiederholte Differentiation derjenigen Differentialgleichungen erfordert, welche zu den Variabeln des neu formulirten Bewegungsproblems gehören, so werden, wie die oben durchgeführten Untersuchungen lehren, die Kräfte, deren Einwirkung auf einen beliebig herausgegriffenen, von dem übrigen abgesonderten Theil des Punktesystems dieselbe Bewegung erzeugen würde, wie sie in dem gesammten Systeme durch die der Mechanik wägbarer Massen angehörigen Kräfte veranlasst wird, im Allgemeinen Kräfte höherer Ordnung sein, oder die

Bewegung durch kinetische Potentiale von höherer Ordnung als der ersten beschrieben werden. Und dasselbe gilt, wenn man nicht von Problemen der Mechanik wägbarer Massen ausgeht, sondern von solchen, welchen allgemeine kinetische Potentiale erster Ordnung oder beliebig hoher Ordnung zu Grunde liegen, so dass die Frage nach der Bewegung der einzelnen Theile eines Systemes, wenn dieselbe durch Kräfte höherer Ordnung hervorgebracht genau dieselbe sein soll, als wenn diese Theile dem vorgelegten Systeme angehören, auf welches Kräfte irgend welcher Ordnung einwirken, auf die Untersuchung der kinetischen Potentiale höherer Ordnung führt, welche wiederum den erweiterten Principien der Mechanik ihre Entstehung geben. Alle diese Untersuchungen knüpften sich aber an den durch Differentiation der Bewegungsgleichungen vollzogenen Eliminationsprocess einer Anzahl von unabhängigen Coordinaten, und diese Differentiation lässt sich nicht umgehen, so lange wir nicht bestimmte Eigenschaften der vorgelegten Bewegungsgleichungen oder des dieselben bestimmenden kinetischen Potentials voraussetzen, und deshalb waren oben die nothwendigen und hinreichenden Bedingungen für die Form des kinetischen Potentials erster Ordnung entwickelt, sowie der Weg zur Aufstellung eben dieser Bedingungen für kinetische Potentiale beliebiger Ordnung vorgezeichnet worden, wenn nur mit Hülfe algebraischer Eliminationsprocesse die wirklich stattfindende Bewegung eines aus weniger Punkten bestehenden Theilsystems als durch Einwirkung von Kräften derselben oder der nächst höheren Ordnung bewerkstelligt erkannt werden kann.

Für die Bewegungsprobleme in der Mechanik wägbarer Massen, bei welchen die Elimination einer Anzahl von Coordinaten sich ohne Differentiationsprocesse erledigen lässt, ist zunächst aus den Untersuchungen des § 15. ersichtlich, dass für den Fall, dass die linken Seiten einer Anzahl Lagrange'scher Gleichungen des Bewegungsproblems vollständige nach der Zeit genommene Differentialquotienten sind oder dass — was damit zusammenfällt — das kinetische Potential von einer Anzahl von Coordinaten unabhängig ist, die ersten Differentialquotienten der verborgenen Coordinaten lineare Functionen der ersten Differentialquotienten derjenigen Coordinaten sein werden, welche das reducirte Problem noch enthalten soll, und dass somit das neue kinetische Potential erster Ordnung wieder nur wie das vorgelegte, welches aber die actuelle und potentielle Energie getrennt besitzt, und für welches die Ableitungen der Coordinaten nur in der ersteren vorkommen, die Ableitungen der nach Elimination der verborgenen Punkte übrig gebliebenen Coordinaten auch nur im zweiten Grade besitzt, worin jedoch im Allgemeinen auch Glieder erster Dimension eintreten werden, und eine Trennung der actuellen und potentiellen Energie nicht mehr unmittelbar ersichtlich ist. Daraus folgt aber, wie eine einfache Ueberlegung auf Grund der in den §§ 15., 16., 17. ausgeführten Untersuchungen zeigt, dass dieser Fall der verborgenen Bewegung nur auf kinetische Potentiale führt, welche die ersten Ableitungen der übrig gebliebenen Coordinaten in nicht höherem Grade als dem zweiten enthalten, und dass somit für den Fall der Existenz einer im oben angegebenen Sinne erweiterten Kräftefunction für die Coordinaten des Theilsystems auch diese nur quadratisch in den Ableitungen dieser Grössen sein wird, und daher, wenn sie die Coordinaten der Punkte nur in der Form der gegenseitigen Entfernungen enthält, diese Kräftefunction eine ganze Function zweiten Grades in den ersten Ableitungen der Entfernungen sein muss, in deren Coefficienten die Entfernungen selbst beliebig eintreten dürfen — wie oben z. B. für das Weber'sche Gesetz gezeigt worden ist, welches sich durch das Newton'sche ersetzen liess, wenn noch ein dritter Punkt mit dem Systeme der beiden Punkte in bestimmter Weise verknüpft wird, der dann nur durch seine Trägheit die Wirkung des Newton'schen Gesetzes so abändert, dass für den Fall, dass der dritte Punkt verborgen bleibt, die Bewegung der beiden Systempunkte durch die Weber'sche Kräftefunction hervorgebracht erscheint. Dagegen lässt sich z. B., wie aus denselben oben aufgestellten Ausdrücken hervorgeht, leicht zeigen, dass die Bewegung eines im widerstehenden Medium sich bewegenden Punktes, dessen Widerstand eine Function der Coordinaten und der Geschwindigkeit ist, sich nicht hervorbringen lässt durch Verknüpfung mit anderen wägbaren verborgenen Massen mit demselben und Einwirkung von Kräften, die nur von den Coordinaten abhängen.

Aber es war der oben bezeichnete Fall der verborgenen Bewegung auch in der Mechanik wägbarer Massen nicht der einzige, in welchem die Bewegung eines Theilsystems wiederum durch ein kinetisches Potential erster Ordnung, in welchem jedoch selbstverständlich die actuelle und potentielle Energie wieder nicht getrennt erscheinen werden, beschrieben werden kann. Für jedes Problem in der Mechanik wägbarer Massen, dessen kinetisches Potential also aus der lebendigen Kraft und der Kräftefunction besteht, ist für den Fall holonomer Bedingungsgleichungen aus der Form derselben unmittelbar ersichtlich, dass das kinetische Potential, in den freien oder unabhängigen Coordinaten ausgedrückt, in den Ableitungen der letzteren von nicht höherem Grade als dem zweiten sein wird, aber von der Gestalt, dass, weil die Coefficienten der Quadrate dieser Ableitungen aus der Summe der Quadrate der nach den freien Coordinaten genommenen partiellen Ableitungen der sämmtlichen Coordinaten des keinen Zwangsbedingungen unterworfenen Systems bestehen, die Quadrate der ersten Ableitungen sämmtlicher unabhängigen Coordinaten mit wesentlich positiven, nicht verschwindenden, im Allgemeinen von den Coordinaten selbst abhängigen Coefficienten behaftet sind. In Folge dessen werden von den allein möglichen, für die allgemeinen kinetischen Potentiale erster Ordnung behandelten Fällen verborgener Bewegung, wie aus den dort gefundenen Formen des kinetischen Potentials hervorgeht, in der Mechanik wägbarer Massen nur die Fälle als solche verborgener Bewegung sich auffassen lassen, für welche entweder das kinetische Potential von einer Anzahl freier Coordinaten oder auch eine Reihe Lagrange'scher Bewegungsgleichungen von einer Anzahl freier Coordinaten und deren ersten Ableitungen unabhängig ist.